水利水电勘测设计单位安全生产标准化实用手册

中水珠江规划勘测设计有限公司

何宝根　麻王斌　吴　飞　　著
陆　伟　轩诗兵　陈新辉

黄河水利出版社

·郑州·

内 容 提 要

勘测设计单位实现安全生产标准化达标是《中华人民共和国安全生产法》规定的法定职责。本书依据评审规程,从目标职责、制度化管理、教育培训、现场管理、安全风险分级管控及隐患排查治理、应急管理、事故管理和持续改进等方面,以类似答卷的方式回答了在安全生产标准化过程中需要准备的表格案例样板,以方便一线作业人员具体操作,以满足勘测设计单位实现安全生产标准化达标需要。

本书主要供水利水电勘测设计行业从业者、水利安全生产标准化评估人员、水利安全生产监督部门监督人员及相关高校安全专业等方面的师生学习参考。

图书在版编目(CIP)数据

水利水电勘测设计单位安全生产标准化实用手册/
何宝根等著. —郑州:黄河水利出版社,2023.10
ISBN 978-7-5509-3780-2

Ⅰ.①水… Ⅱ.①何… Ⅲ.①水利水电工程-安全生产-标准化-中国 Ⅳ.①TV513-65

中国国家版本馆 CIP 数据核字(2023)第 213127 号

责任编辑	陈彦霞	责任校对	王单飞
封面设计	张心怡	责任监制	常红昕

出版发行　黄河水利出版社
　　　　　地址:河南省郑州市顺河路 49 号　邮政编码:450003
　　　　　网址:www.yrcp.com　E-mail:hhslcbs@126.com
　　　　　发行部电话:0371-66020550
承印单位　河南新华印刷集团有限公司
开　　本　787 mm×1 092 mm　1/16
印　　张　23.75
字　　数　570 千字
版次印次　2023 年 10 月第 1 版　　2023 年 10 月第 1 次印刷
定　　价　240.00 元

前　言

　　勘测设计单位实现安全生产标准化达标是《中华人民共和国安全生产法》规定的法定职责。2020 年 12 月 14 日中国水利企业协会发布《水利水电勘测设计单位安全生产标准化评审规程》(T/CWEC 17—2020)(简称《评审规程》),2021 年 1 月 1 日起实施。《评审规程》的颁布实施,为水利水电勘测设计单位标准化达标提供了评审依据。《评审规程》将勘测设计单位安全生产标准化分成 8 项一级评审项目,每项一级评审项目又分成若干二级、三级评审项目,分别赋予相应的分值,合计 1 000 分。8 个项目依次是①目标职责 150 分,②制度化管理 60 分,③教育培训 60 分,④现场管理 450 分,⑤安全风险分级管控及隐患排查治理 170 分,⑥应急管理 50 分,⑦事故管理 30 分,⑧持续改进 30 分。安全标准化评审达标等级分成三级,一级为最高。评审得分 90 分以上(含),且各一级评审项目得分不低于应得分的 70%,可评为一级达标;评审得分 80 分以上(含),且各一级评审项目得分不低于应得分的 70%,可评为二级达标;评审得分 70 分以上(含),且各一级评审项目得分不低于应得分的 60%,可评为三级达标。

　　水利安全生产标准化等级已成为水利生产经营单位安全生产管理水平的重要标志,并作为评价水利生产经营单位参与水利市场竞争能力的重要指标。开展安全生产标准化一级达标评审,不仅对增强勘测设计单位安全发展理念、强化安全生产红线意识、夯实安全生产基础、提升安全生产管理水平、遏制安全生产事故等发挥积极作用,而且对勘测设计单位提升市场竞争力、实现高质量发展具有十分重要的意义。

　　2022 年 12 月 29 日,中水珠江规划勘测设计有限公司成为第一批水利勘测设计单位安全生产标准化一级达标单位。为总结、提炼中水珠江规划勘测设计有限公司在安全生产标准化达标方面的工作经验,打造公司核心竞争力,给行业读者以借鉴,特撰写本书。

　　本书以《评审规程》一级、二级、三级评审项目为统领,主要介绍各评审项目标准化用表及相关案例,共分 8 章。

　　第 1 章:目标职责,主要阐述勘测设计单位安全生产目标、机构与职责、全员参与、安全生产投入、安全文化建设与安全生产信息化建设等方面的标准化用表及案例。

　　第 2 章:制度化管理,主要介绍法规标准识别、规章制度、操作规程及文档管理等方面的标准化用表及案例。

　　第 3 章:教育培训,主要介绍教育培训管理和人员教育培训等方面的标准化用表及案例。

　　第 4 章:现场管理,主要介绍设备设施管理、作业安全、职业健康和警示标志等方面的标准化用表及案例。

　　第 5 章:安全风险分级管控及隐患排查治理,主要介绍安全风险管理、隐患排查治理和预测预警等方面的标准化用表及案例。

　　第 6 章:应急管理,主要阐述应急准备、应急处置和应急评估等方面的标准化用表及案例。

第 7 章:事故管理,主要介绍事故报告、事故调查和处理及事故档案管理等方面的标准化用表及案例。

第 8 章:持续改进,主要介绍绩效评定和持续改进等方面的标准化用表及案例。

本书由何宝根、麻王斌、吴飞、陆伟、轩诗兵、陈新辉撰写,由何宝根统稿。

本书是集体智慧的结晶,在撰写过程中得到各级领导及项目组的大力支持,并参阅了大量国内外资料,何定池也为本书的撰写付出了努力,在此一并表示感谢!

由于资料收集未能全面,加之作者水平有限,错漏之处敬请读者批评指正。

作　者

2023 年 8 月

目　录

第 1 章　目标职责

目标职责总分 150 分,二级评审项目有 6 项,分别是 1.1 目标(30 分)、1.2 机构与职责(40 分)、1.3 全员参与(15 分)、1.4 安全生产投入(45 分)、1.5 安全文化建设(10 分)及 1.6 安全生产信息化建设(10 分)。

1.1　目　标

目标总分 30 分,有 6 项三级评审项目,分别是 1.1.1 安全生产目标管理制度(3 分)、1.1.2 安全生产总目标和年度目标(5 分)、1.1.3 目标分解(5 分)、1.1.4 安全生产责任书(7 分)、1.1.5 目标考核(6 分)及 1.1.6 目标奖惩(4 分)。

1.1.1　安全生产目标管理制度

该项目标准分值为 3 分。《水利水电勘测设计单位安全生产标准化评审规程》(T/CWEC 17 — 2020)(简称《评审规程》)对该项的要求如表 1-1 所示。

表 1-1　安全生产目标管理制度

二级评审项目	三级评审项目	标准分值	评分标准
1.1　目标 (30 分)	1.1.1　安全生产目标管理制度应明确目标的制定、分解、实施、检查、考核等内容	3	未以正式文件发布,扣 3 分; 制度内容不全,每缺一项扣 1 分; 制度内容不符合有关规定,每项扣 1 分

安全生产目标管理制度应明确目标的制定、分解、实施、检查、考核等内容。工程的安全生产目标考核办法可参见案例 1-1。

❈❈❈❈❈❈❈❈❈❈❈❈❈❈❈❈❈❈❈❈❈❈❈❈❈❈❈❈❈❈❈❈❈❈❈❈

【案例 1-1】　安全生产目标考核办法。

安全生产目标考核办法

1　考核原则

公司安全生产管理“以项目为主线、以行政为辅线”,实行安全生产奖励制度和事故责任追究制度,对有显著成绩的集体和个人,给予安全生产奖励;对失职和违章作业而造成事故的责任人,根据情节轻重、责任和经济损失的大小给予批评教育、经济处罚、纪律处分、解除劳动合同,直至移交司法机关追究刑事责任。

2 扣分制

公司安全生产工作考核办法实行扣分制。

项目安全生产考核办法按《×××公司安全生产管理办法》(×××办〔2015〕6号)及其补充规定执行。由办公室协同生产管理处完成,项目结算与考核结果按规定权重直接挂钩。

部门安全生产工作考核由办公室负责,一般在上级部门对公司的安全生产工作考核后1个月内进行。计分根据检查发现和以下规则进行,初始分值为100分,规则如下:

1)实现安全生产无事故的不扣分;发生事故的,按《×××公司安全生产管理办法》(×××办〔2015〕6号)》第五十六条规定的责任主体担责比例及部门涉责人数统计总扣分额后,计入涉事部门扣分。每单事故扣分基准额度如下:

(1)造成轻伤1~3人或直接经济损失2 000元以上、5万元以下的事故扣5分/起。

(2)造成轻伤超过3人或直接经济损失5万元以上、20万元以下的事故扣10分/起。

(3)造成重伤1人或直接经济损失20万元以上、50万元以下的事故扣20分/起。

(4)造成重伤2人或直接经济损失50万元以上、100万元以下的事故扣40分/起。

(5)造成重伤3人以上或死亡1人以上或直接经济损失在100万元以上的事故扣80~100分/起。

2)不响应公司安全工作部署,不执行公司安全生产管理要求的予以扣分。以下事实每发现一项次扣2分,两项次扣4分,依次类推。

(1)不按公司布置做好阶段性安全生产自查自纠工作的。

(2)不按要求提交安全生产总结报告的。

(3)不配合上级检查、隐瞒事实的。

(4)对上级检查指出的隐患不认真落实整改的。

(5)发生事故和重大隐瞒不报的。

3)玩忽职守,对高风险环节管理松懈、放任自流的予以扣分。以下每发现1例扣2分。

(1)聘请临时工未签订劳动合同的(注:事实已发生劳务关系超过一周仍未签订合同的,考核时按未签订合同论;一周内未签订合同的,可按"不及时"论,减半扣分。下列均按此办理)。

(2)租房不签协议或合同明确权利义务管控风险的。

(3)租车不签协议或合同明确权利义务管控风险的。

(4)租船不签协议或合同明确权利义务管控风险的。

(5)未落实新入职员工岗前安全教育、培训并考核合格,未保存该项有效记录和台账的。

4)违反强制性规定造成安全风险和法律责任风险的,予以扣分。发现以下事实,每例扣 2 分:

(1)发生特种作业人员(特殊工种)"无证"上岗的。

(2)特种设备"无证"作业、"带病"作业的。

(3)作业现场未按法规规定设置安全风险警示标识的。

3　奖励制

安全生产奖励按部门全年绩效工资的 3% 计提,并按如下办法分配:

(1)部门安全生产奖励总额与考核结果直接挂钩,由办公室提出意见,安全分管领导审查,总经理批准。

(2)未参加公司安全生产活动的人员不进行用于安全奖励的绩效提留,也不参加安全奖分配。

(3)各部门安全奖的分配由部门负责人根据内部各岗位安全生产责任大小和安全生产工作表现等进行分配到人,经部门分管(指导、联系)公司领导审查同意,报公司办公室会签,总经理批准后执行。

4　先进评选

公司将结合企业文化建设需要,定期组织安全生产先进单位和先进个人评选,对安全生产工作成绩优异的部门(以处为单位,人数多的以科为单位)和个人进行嘉奖。

5　处罚依据

公司对发生事故的部门和个人进行如下处罚,具体根据《×××公司安全生产管理办法》(×××办〔2015〕6 号)》第五十六条规定,由事故调查组提出意见,总经理批准确定。

(1)发生事故的项目,根据事故等级和项目生产管理有关办法,扣减该项目安全生产分值。

(2)发生事故的部门,直接承担事故损失,当年不能参与评先。

(3)事故责任者,以承担部分事故损失为经济处罚。处罚款基准总额按事故直接经济损失(保险理赔前为准)的 10% 计算,根据追责层级确定处罚总人数计算处罚总量,用于弥补事故损失。

(4)对玩忽职守造成事故的主要责任者,根据情节严重程度和损失情况,进一步给予通报批评、记过、降职、撤职、开除(解除劳动合同)等行政处罚。

(5)事故主要责任人当年不能参与评先,不能考核为优秀。

6　处罚原则

事故责任追究和具体处罚,根据事故调查结果执行。基本原则如下:

(1)追责层级及行政处罚:

①五级事故。至少逐级追究至发生事故的现场直接管理责任人(如班组长);对主要责任者给予通报批评,情节严重的给予警告等行政处分。

②四级事故。至少逐级追究至发生事故的项目经理和部门负责人;对主要责任者给予通报批评,情节严重的予以记过。

③三级事故。至少逐级追究至发生事故的项目分管领导和部门分管(指导、联系)领导以及相关职能部门负责人;对有关责任者给予通报批评,对主要责任者给予降职或开除(解除劳动合同)。

④二级事故。至少逐级追究至安全生产分管领导;对有关责任者给予通报批评、记过,对主要责任者给予撤职或开除(解除劳动合同)。

⑤一级事故。逐级追究至总经理;行政处罚同二级事故。

(2)各层级经济处罚标准按责任权重计算:

①执行层、管理层、领导层基础权重均为15%。

②导致事故的主要责任者,增加40%权重。

③导致事故的次要责任者,增加15%权重。

④责任属性比例按直接属性70%、间接属性30%计算。

(3)处罚宽严尺度根据事故损失程度和影响,特别是导致事故的情节确定,由事故调查组提出意见,报总经理批准:

①从严模式。所有涉及人员一律套用以上原则追责。

②常规模式。对未履行相关责任的人员按以上原则追责;对已经履行责任的人员,不予追责。

(4)交通违章罚款由违章司机承担。

×××工程设代组

××××年××月××日

※

1.1.2　安全生产总目标和年度目标

该项目标准分值为5分。《评审规程》对该项的要求如表1-2所示。

表1-2　安全生产总目标和年度目标

二级评审项目	三级评审项目	标准分值	评分标准
1.1　目标 (30分)	1.1.2　制定安全生产总目标和年度目标,应包括生产安全事故控制、风险管控、隐患排查治理、职业健康、安全生产管理等目标,并将其纳入单位总体经营目标	5	未以正式文件发布,扣5分; 目标内容不全,每缺一项扣1分

制定安全生产总目标和年度目标,应包括生产安全事故控制、风险管控、隐患排查治理、职业健康、安全生产管理等目标,并将其纳入单位总体经营目标。单位的安全生产总目标和年度目标可参见案例1-2。项目的安全生产总目标和年度目标可参见案例1-3。

❋❋❋❋❋❋❋❋❋❋❋❋❋❋❋❋❋❋❋❋❋❋❋❋❋❋❋❋❋❋❋❋❋❋❋❋❋❋

【案例 1-2】　公司安全生产总目标和年度目标。

×××公司关于印发××××年安全生产总目标和年度目标的通知

公司各部门、分公司、控(参)股公司：

　　为贯彻落实水利部、×××上级主管部门安全生产工作部署,进一步明确各项工作任务,切实做好××××年安全生产工作,有效预防各类生产安全事故。根据《×××上级部门办公室关于印发×××上级部门××××年安全生产工作要点的通知》(办监督〔××××〕××号)精神,结合公司安全生产实际,现制订公司××××年安全生产总目标和年度目标,现予发布,请各部门、分公司、各项目遵照执行。

　　附件:×××公司××××年安全生产总目标和年度目标

　　　　　　　　　　　　　　　　　　　　　　　　　　　　×××公司
　　　　　　　　　　　　　　　　　　　　　　　　　　××××年××月××日

×××公司××××年安全生产总目标和年度目标

　　安全生产总目标:积极推进安全生产标准化创建和一级达标工作,使安全风险始终处于受控状态,杜绝重特大和较大安全生产事故,不发生死亡事故,最大限度避免和减少重伤事故,不发生职业病,保持公司安全生产平稳态势。

　　安全生产年度目标:

　　(1)坚决杜绝较大以上安全生产事故,不发生死亡事故,最大限度避免重伤事故和减少轻伤事故,不发生职业病,确保零安全生产责任事故。

　　(2)开展危险源辨识、风险评价,落实分级管控,风险防控率100%,安全管理措施有效率100%。

　　(3)开展隐患排查治理,隐患整改率全年不低于100%。

　　(4)被稽查、督查项目不因安全生产发生被约谈及其以上责任追究情况。

❋❋❋❋❋❋❋❋❋❋❋❋❋❋❋❋❋❋❋❋❋❋❋❋❋❋❋❋❋❋❋❋❋❋❋❋❋❋

【案例 1-3】　项目安全生产总目标及年度安全生产目标。

×××公司×××项目安全生产总目标及××××年安全生产目标

××××：

　　为全面贯彻落实安全生产相关法律法规、方针政策,坚持"安全第一、预防为主、综合治理"方针,根据×××,本项目组(部)结合现场实际制定本项目安全生产总目标及××××年安全生产目标,认真贯彻并层层分解落实,确保本项目安全生产各项目标的实现。

一、安全生产总体目标

建立安全保障体系,落实全员安全生产责任制,开展危险源辨识、评价及管控,隐患排查治理和安全生产教育培训,保障安全投入,依靠科学手段提高现场安全生产管理水平,实现安全生产"零"事故……

二、××××年安全生产年度目标

(一)生产安全事故控制目标

不发生人员死亡生产安全责任事故。

(二)安全生产投入目标

安全生产投入率100%。

(三)安全生产教育培训目标

安全生产教育培训达标率100%。

(四)安全生产事故隐患排查治理目标

隐患排查整改率达100%。

(五)重大危险源监控目标

重大危险源监控率100%。

(六)应急管理目标

(1)开展应急演练。

……

(七)文明作业目标

文明作业标准化达标率100%。

(八)其他安全生产目标

(1)无重大交通责任事故。

(2)无火灾事故。

(3)无食物中毒事故。

(4)新增职业病病例为零。

(5)不发生生态(破坏)及环境(污染)事件。

×××公司×××项目组(盖项目章,如有)

××××年××月××日

1.1.3　目标分解

该项目标准分值为5分。《评审规程》对该项的要求如表1-3所示。

表 1-3　目标分解

二级评审项目	三级评审项目	标准分值	评分标准
1.1　目标（30分）	1.1.3　根据内设部门和所属单位、项目在安全生产中的职能、工作任务,分解安全生产总目标和年度目标	5	目标未分解,扣5分; 目标分解不全,每缺一个部门、单位或项目扣1分; 目标分解内容与职能、工作任务不符,每项扣1分

　　根据内设部门和所属单位、项目在安全生产中的职能、工作任务,分解安全生产总目标和年度目标。可以安全生产目标管理责任书的形式签订,应涵盖所有二级部门、分公司和生产项目。二级部门、分公司安全生产目标管理责任书可参见案例1-4。生产项目安全生产目标管理责任书可参见案例1-5。

❋❋❋❋❋❋❋❋❋❋❋❋❋❋❋❋❋❋❋❋❋❋❋❋❋❋❋❋❋❋

【案例1-4】　安全生产目标管理责任书。

×××公司××××年度安全生产目标管理责任书

　　依据《中华人民共和国安全生产法》《中华人民共和国消防法》《×××公司安全生产管理办法》等法律及规章制度,按照"谁主管谁负责,管生产必须管安全"等原则,为实现公司安全生产总目标,×××公司(权利方)与公司××二级部门(责任方)第一责任人签订××××年度安全生产目标管理责任书。

　　一、公司××二级部门或分公司负责人作为安全生产第一责任人,对本部门的安全生产工作全面负责,对部门自营项目安全生产工作负直接领导责任。××二级部门或分公司安全责任重点:项目生产过程(包括××现场、设代处/组)现场安全、人员差旅安全和本部门所辖办公场所、以公司名义租赁的员工宿舍消防、用电、用气、防盗安全,车辆、设备仪器安全等。目标:项目和本部门坚决杜绝死亡事故,不发生重伤(公司三级)及其以上事故,最大限度避免轻伤事故,不发生职业病,确保零安全生产责任事故;开展危险源辨识和风险评价,形成危险源清单;开展隐患排查治理,隐患整改率全年100%。被稽查、督查项目不因安全生产而发生被约谈及其以上责任追究情况。

　　二、认真贯彻落实上级有关安全生产(消防)的方针政策、法律法规,以及公司安全规章制度,将安全生产工作纳入本部门日常工作重要议事日程,确保本部门及业务范围内不发生安全生产责任事故。

　　三、在本部门加强《公司全员安全生产责任制》宣贯和执行力度,促进全员安全生产责任制落实到位。

四、落实水利安全生产专项整治三年行动巩固提升任务;开展安全生产标准化试运行,同心协力按期申请标准化达标等级;按时完成上级部署的其他安全生产工作任务。

五、结合本部门的工作实际,明确部门安全生产管理职责分工,制定相应的安全生产管控措施,以及安全生产事故应急处理预案或措施,并做到在日常工作中经常督促、检查和落实。

六、定期开展安全(消防)隐患自查自纠工作,发现安全隐患,及时处理。每月25日前将本部门、外业项目的危险源辨识、安全隐患自查自纠结果以及部门对外业项目的抽查结果书面报备至公司办公室。

七、认真组织本部门员工开展安全生产(消防)教育活动,每年至少培训一次,提高员工的安全生产意识、知识和防范能力,增强每个人做好安全工作的自觉性和责任感。消防安全务必使员工达到"四懂"(懂火灾的危险性、懂预防措施、懂扑救方法、懂逃生自救)、"四会"(会使用灭火器材、会处理险情事故、会报警、会组织逃生)的要求。

八、在招聘用工(含劳务派遣、实习生)、临时用工和新调入员工时,必须进行上岗前的安全教育培训,考核合格后方可录用上岗。

九、建立并保存本部门完整有效的安全管理记录(台账)。

十、如发生安全生产责任事故,根据《×××公司安全生产管理办法》中有关规定进行处理。

十一、本责任书一式二份,权利方与责任方各执一份,并从签订之日起生效,至下一年度签订日期为止。责任人如有更换,由继任人承担责任。

权利方:×××公司　　　责任方:××二级部门或分公司

代表人:　　　　　　　责任人:

×××× 年 ×× 月 ×× 日

【案例 1-5】 勘测设计项目安全生产目标管理责任书。

×××公司勘测设计项目安全生产目标管理责任书

项目名称:＿＿＿＿＿＿＿＿＿＿＿＿＿＿＿＿＿＿

依据《中华人民共和国安全生产法》《建设工程安全生产管理条例》《×××公司安全生产管理办法》等法律法规及规章制度。按照公司所有项目均实行项目分管领导下的项目经理负责制和公司安全生产管理以项目为主线、以行政为辅线,实行安全生产奖励制度和事故责任追究制度,为实现公司安全生产总目标,×××公司(权利方)与项目组/部(责任方)直接责任人签订安全生产目标管理责任书。

一、项目负责人作为组织实施所承担项目的直接责任人,对本项目的安全生产工作负责。项目安全责任重点:一是项目组/部人员在消防、用电、用气、差旅、交通、住宿、现场作业、服务等方面的安全;二是针对在建工程项目相应的法律法规安全责任等。

二、目标

本项目坚决杜绝死亡事故,不发生重伤(公司三级)及其以上事故,最大限度避免轻伤事故,确保无安全生产责任事故。

三、履行的主要安全生产职责

(1)项目生产必须遵守《中华人民共和国安全生产法》及其他有关安全生产的法律法规;认真贯彻落实上级有关安全生产的方针政策以及公司安全规章制度;做到有计划、有制度、有教育、有培训、有措施、有落实、有检查、有整改、有结果、有奖罚、有记录、有台账。

(2)做好本项目安全生产的总体策划,辨识、评估项目重大危险源并制订应急预案,提醒和督促相关专业落实安全生产技术措施和相关防护方案,建立并保存完整的项目安全管理记录和档案。

(3)组织本项目各相关专业(班、组、队)做好安全生产自查自纠工作,确保安全隐患及时发现、及时整改;了解和总结项目安全生产总体态势、协调解决项目安全问题,并根据有关要求及时报告项目安全生产工作。

(4)强化风险管理,对项目或现场作业班组自主租车、租房、租用设备和招聘临时工等工作,加强指导和监督,确保不留风险隐患;同时,根据项目任务属性等风险程度,研究和购买合适险种和必要份额的商业保险,做好项目生产风险预防和降低可能的风险损失。

(5)所辖项目发生伤亡事故时,应迅速启动应急预案、组织抢救伤员、妥善保护现场,及时报告并积极配合、协助有关部门进行善后处理、事故调查、原因分析和追责处理等。

(6)施工阶段设计项目经理附加职责:对设计项目的安全性负责,确保设计成果(工艺条件、设备类型、材料等级)满足安全生产要求;按照"三同时"原则,在新建、扩建、改建和技术改造项目中,确保设计贯彻执行国家安全技术规范和强制性条文规定,保证职业卫生设施与主体工程同时设计、同时施工、同时投入生产及使用。

本责任书自签订之日起生效,有效期至项目竣工完成时止。责任人如有更换,由继任人承担责任。

权利方:×××公司　　　　　　　　　责任方:×××项目经理

总经理:　　　　　　　　　　　　　　责任人:

　　　　　年　月　日　　　　　　　　　　　　年　月　日

❋❋❋❋❋❋❋❋❋❋❋❋❋❋❋❋❋❋❋❋❋❋❋❋❋❋❋❋❋❋

1.1.4　安全生产责任书

该项目标准分值为 7 分。《评审规程》对该项的要求如表 1-4 所示。

表1-4　安全生产责任书

二级评审项目	三级评审项目	标准分值	评分标准
1.1　目标(30分)	1.1.4　逐级签订安全生产责任书,并制订目标保证措施	7	未签订责任书,扣7分; 责任书签订不全,每缺一个部门、单位、项目或个人扣1分; 未制定目标保证措施,每缺一个部门、单位、项目或个人扣1分; 责任书内容与安全生产职责不符,每项扣1分

按照安全生产层层负责的原则,勘测设计单位要逐级签订安全生产责任书,涵盖到每个二级部门、三级部门、每个项目、每个人。二级部门、分公司安全生产目标管理责任书可参见案例1-4。生产项目安全生产目标管理责任书可参见案例1-5。二级部门与三级部门签订安全生产目标管理责任书可参见案例1-6。个人的安全生产目标管理责任书参见案例1-7。

❋❋❋❋❋❋❋❋❋❋❋❋❋❋❋❋❋❋❋❋❋❋❋❋❋❋❋❋❋❋

【案例1-6】　公司三级部门年度安全生产目标管理责任书。

×××公司×××三级部门××××年度安全生产目标管理责任书

为认真贯彻执行"安全第一、预防为主、综合治理"的方针,控制和减少伤亡事故,根据《中华人民共和国安全生产法》《中华人民共和国消防法》《×××公司安全生产管理办法》规定和公司下达给部门的安全生产目标管理责任书中要求,结合本部门实际,把部门安全生产管理目标分解至各中心(所),实现安全生产"层层负责、人人负责"。现决定与×××三级部门(责任方)第一责任人签订××××年度安全生产目标管理责任书。

一、目标任务

1. 坚决杜绝重伤(公司三级)及其以上事故,最大限度避免轻伤事故,不发生职业病,确保零安全生产责任事故。

2. 开展隐患排查治理,隐患整改率全年100%。

……

二、主要措施

1. 认真贯彻落实上级、公司有关安全生产的方针政策、法律法规,以及安全规章制度,将安全生产工作纳入日常工作重要日程,确保本三级部门范围内不发生安全生产责任事故。

2. 加强公司全员安全生产责任制宣贯,抓好全员安全生产责任制落实,将安全责任落实到每个岗位、每位员工。切实实现本三级部门安全生产目标。

3. 提高认识,要使每位员工牢固树立安全第一的思想,及时排除生产过程重点安全隐患。

4. 加强本部门人员安全宣传教育培训、考核和评估。对新入职员工开展第三级安全教育培训和考核。

5. 认真落实上级、公司和部门布置的各项安全生产工作,认真开展安全生产活动,保存安全生产工作完整台账记录。

······

三、考核要求

1. 应根据公司规定定期对本科室安全生产目标完成情况进行自查、评估、考核。

2. 如发生安全生产责任事故,根据《×××公司安全生产管理办法》中有关规定进行处理。

3. 本责任书一式二份,权利方与责任方各执一份,并从签订之日起生效,至下一年度签订日期为止。责任人如有更换,由继任人承担责任。

权利方:×××二级部门　　　　　　　责任方:×××三级部门

代表人:　　　　　　　　　　　　　　责任人:

　　　　　年　月　日　　　　　　　　　　　年　月　日

❋❋❋❋❋❋❋❋❋❋❋❋❋❋❋❋❋❋❋❋❋❋❋❋❋❋❋❋❋❋❋❋❋

【案例 1-7】　个人安全生产目标管理责任书。

×××公司×××三级部门××××年度个人安全生产目标管理责任书

为认真贯彻执行"安全第一、预防为主、综合治理"的方针,控制和减少伤亡事故,根据《中华人民共和国安全生产法》《中华人民共和国消防法》《×××公司安全生产管理办法》规定和公司下达给部门的安全生产目标管理责任书中要求,结合本部门实际,把部门安全生产管理目标分解至每位员工,实现安全生产"层层负责、人人负责"。现决定与×××员工签订××××年度安全生产目标管理责任书。

一、目标任务

1. 坚决杜绝重伤(公司三级)及其以上事故,最大限度避免轻伤事故,不发生职业病,确保零安全生产责任事故。

2. 开展隐患排查治理,隐患整改率全年 100%。

······

二、主要措施

1. 认真贯彻落实上级、公司有关安全生产的方针政策、法律法规,以及安全规章制度,将安全生产工作纳入日常工作重要日程,确保本人职责范围内不发生安全生产责任事故。

2. 加强公司全员安全生产责任制宣贯,抓好全员安全生产责任制落实,将安全责任落实到工作的每个过程、每个环节,确保安全生产。

3. 提高认识,要牢固树立安全第一的思想,及时排除生产过程重点安全隐患。

4. 加强本岗位安全知识的学习,定期参加"水安将军"学习,定期参加班组层级例会,增强安全技能。

5. 租用车辆应对司机进行安全教育,并留下记录。

6. 现场聘请的人员应对其进行安全教育培训,考核合格后才可上岗。

7. 认真落实上级、公司和部门布置的各项安全生产工作,认真开展安全生产活动,保存安全生产工作完整台账记录。

……

三、考核要求

1. 本人应根据公司规定定期对本岗位安全生产目标完成情况进行自查、整改。

2. 如发生安全生产责任事故,根据《×××公司安全生产管理办法》中有关规定进行处理。

3. 本责任书一式二份,权利方与责任方各执一份,并从签订之日起生效,至下一年度签订日期为止。

权利方:×××(三级部门)　　　　　　　责任方:×××(员工)

代表人:　　　　　　　　　　　　　　　签字:

年　月　日　　　　　　　　　　　　年　月　日

1.1.5 目标考核

该项目标准分值为 6 分。《评审规程》对该项的要求如表 1-5 所示。

表 1-5　目标考核

二级评审项目	三级评审项目	标准分值	评分标准
1.1　目标(30 分)	1.1.5　每季度对安全生产目标完成情况进行检查、评估、考核,必要时,及时调整安全生产目标实施计划	6	未定期检查、评估、考核,扣 6 分; 检查、评估、考核的部门或单位不全,每缺一个扣 1 分; 必要时,未及时调整实施计划,扣 2 分

每季度对安全生产目标完成情况进行检查、评估、考核,必要时,及时调整安全生产目标实施计划。部门季度考核可参见表 1-6,部门年度考核可参见表 1-7,安全生产目标实施计划见案例 1-8,调整需另行发文。

表 1-6　××××年第×季度安全生产目标完成情况考核记录表

被考核部门		考核日期	
考核小组		审核人	
考核情况	内容		结果
	生产安全事故		无
	风险管控率		100%
	隐患排查治理率		100%
	职业病		无
	安全生产管理达标率		100%
	安全生产教育培训率		100%
	其他情况：		
考核结果			

表 1-7　×××公司××××年安全生产目标完成情况考核记录汇总表

序号	被考核部门	考核结果	说明
1	×××		
2	×××		
3	×××		
4	×××		
5	×××		
6	×××		
7	×××		
8	×××		
9	×××		
10	×××		
11	×××		
12	×××		
13	×××		
14	×××		
15	×××		
16	×××		
17	×××		
18	×××		
19	×××		
20	×××		
21	×××		
22	×××分公司		
23	×××分公司		
24	×××分公司		
25	×××分公司		
26	×××分公司		
27	×××分公司		

制表人：　　　　　　　　审核人：　　　　　　日期：

✼✼✼✼✼✼✼✼✼✼✼✼✼✼✼✼✼✼✼✼✼✼✼✼✼✼✼✼✼✼✼✼✼✼✼✼

【案例1-8】　公司安全生产工作计划。

×××公司关于印发××××年安全生产工作计划的通知

公司各部门、分公司、控(参)股公司：

为贯彻落实水利部、×××上级主管部门安全生产工作部署,进一步明确各项工作任务,切实做好××××年安全生产工作,有效预防各类生产安全事故。根据《×××上级主管部门办公室关于印发×××上级主管部门××××年安全生产工作要点的通知》(办监督〔××××〕××号)精神,结合公司安全生产实际,现制订公司××××年安全生产工作计划,现予发布,请各部门、各公司、各项目遵照执行。

附件:公司××××年安全生产工作计划

×××公司

××××年××月××日

公司××××年安全生产工作计划

一、工作总目标

1. 坚决杜绝较大以上安全生产事故,不发生死亡事故,最大限度避免重伤事故和减少轻伤事故,不发生职业病,确保零安全生产责任事故。

2. 开展危险源辨识、风险评价,落实分级管控,风险防控率100%,安全管理措施有效率100%。

3. 开展隐患排查治理,隐患整改率全年不低于100%。

4. 被稽查、督查项目不因安全生产发生被约谈及其以上责任追究情况。

二、总体要求

以习近平新时代中国特色社会主义思想为指导,深入贯彻落实习近平总书记关于安全生产重要论述和党中央、国务院、水利部、×××上级主管部门决策部署。坚持"两个至上",围绕"两个根本",统筹发展和安全,按照"三管三必管"的原则,"以项目为主线、以行政为辅线",严格落实全员安全生产责任制。推进水利行业安全生产专项整治三年行动巩固提升,落实安全风险分级管控和隐患排查治理双重预防机制,扎实开展安全生产标准化试运行,积极申报安全生产标准化达标。进一步强化系统治理,有效防范化解各类安全风险,保持公司安全生产形势持续稳定向好。

三、重点工作

在水利部、×××上级主管部门的正确领导下,准确把握安全生产面临的新形势、新任务,以问题为导向,认真抓好以下重点工作。

1. 推进水利行业安全生产专项整治三年行动巩固提升。根据《×××上级主管部门进一步做好水利安全生产专项整治三年行动工作方案》(办监督〔××××〕××号)等前期及后续一系列文件的要求,通过持续深入推进学习贯彻习近平总书记关于安全生产重要论述,压实安全生产主体责任,强化安全风险防控,突出排查整治重大安全隐患,健全安全生产长效机制,确保三年行动各项安排部署落实见效。

2.认真落实安全风险分级管控和隐患排查治理双重预防机制。进一步完善安全风险分级管控和隐患排查治理双重预防工作机制,全面辨识危险源,科学评价风险等级,完善危险源清单、台账,实施安全风险预警,进行差异化处置,落实管控责任,并动态更新,对重大危险源和风险等级为重大的一般危险源建立专项档案并备案。全面排查整治事故隐患,如实记录和通报事故隐患排查治理情况,规范台账管理。

3.扎实开展安全生产标准化试运行和达标申报。在××××年安全生产标准化创建基础上,本年度须加强安全生产标准化宣贯和引导,按照标准规范、文件体系各项要求,规范安全基础管理,全面扎实开展安全生产标准化试运行,切实提高管理水平,强化过程资料收集,积极申报公司安全生产标准化一级达标。

4.推进落实公司全员安全生产责任制。各部门(公司)、各项目,应切实加强公司全员安全生产责任制的宣贯、学习,并认真贯彻执行。充分调动全体员工的安全生产积极性和创造性,形成人人关心安全生产、人人提升安全生产素质、人人做好安全生产的良好局面,从而整体上提升公司安全生产水平。

5.修订完善公司生产安全事故综合应急预案。根据最新《水利部生产安全事故应急预案》(水监督〔2021〕391号)精神和×××上级主管部门统一部署,按照新《生产经营单位生产安全事故应急预案编制导则》(GB/T 29639—2020)要求,结合公司实际,组织修订完善公司生产安全事故综合应急预案,进一步规范公司生产安全事故应急管理,完善应急预案体系,提高防范和应对生产安全事故能力。

6.进一步加强安全生产(消防安全)宣传教育培训。各部门(公司)、各项目要进一步加大安全生产(消防安全)宣传教育培训和安全技术交底力度,落实好新入职员工三级安全教育,把劳务派遣、实习生等人员纳入安全教育培训范围。培训内容要贴合本岗位安全生产实际,使员工真正掌握本岗位的安全知识和安全操作技能,消防安全务必使每位员工达到"四懂"(懂火灾的危险性、懂预防措施、懂扑救方法、懂逃生自救)、"四会"(会使用灭火器材、会处理险情事故、会报警、会组织逃生)的要求。安全教育务必组织好考核和对培训效果的评估,保存完整书面记录。

7.组织开展好安全生产重点活动。按照水利部、×××上级主管部门的统一部署,组织开展好"安全生产月""消防宣传月""《安全生产法》宣传周"等活动,提升公司安全文化建设,提高广大员工安全生产意识。

8.进一步强化安全生产重点监督检查。以新修编的《安全生产管理办法》为依据,进一步强化监督、检查、指导、考核,进一步重点抓好勘测外业、分公司、后勤消防、用电、用气、电梯、交通等重点环节、重点部位,以及汛期、五一劳动节、国庆节、岁末年初等重要时段安全生产工作。落实好公司安全生产月度汇报工作机制。

四、主要工作安排

××××年主要工作安排详见"公司××××年安全生产工作计划表"(见表1-8)。

表 1-8　公司××××年安全生产工作计划表

一　安全生产工作会议

序号	会议名称	主要议题	时间安排	责任部门	备注
1	××××年安全生产工作会议	总结公司××××年度安全生产工作,表彰安全生产先进单位;布置××××年度安全生产工作任务,签订年度安全生产管理责任书;传达贯彻上级有关文件精神,安全生产工作业务交流培训等	3～4 月	安全生产管理部门	根据公司安全生产领导小组要求,视情况可以调整
2	安全生产领导小组会议	根据安全生产标准化的要求:安全生产领导小组每季度至少召开一次会议;跟踪落实上次会议要求,总结分析本单位安全生产情况,评估本单位存在的风险,研究解决安全生产工作中的重大问题	一般每季度最后一个月	安全生产管理部门	

二　制度体系建设

序号	制度名称	时间安排	责任部门	备注
1	修订《××××公司生产安全事故综合应急预案》	1～3 月	安全生产管理部门组织,相关部门、人员共同参与	
2	修订《危险源辨识、风险评价与分级管控办法》	4～6 月	安全生产管理部门,技术质量管理部门	

续表 1-8

三 安全生产标准化运行及申报

序号	工作要求	时间安排	责任部门	备注
1	组织开展安全生产标准化制度体系宣贯及动员	1~4月	公司全体部门（分公司）	
2	贯彻落实公司全员安全生产责任制，各项安全生产规章制度和决策部署			
3	对照《评审规程》各项要求和公司安全生产标准化制度体系规定，认真开展各项安全生产活动，做好安全生产标准化运行，切实提高安全生产管理水平	1~12月		
4	建立并保存完整的安全管理记录和档案			
5	积极联系、沟通咨询服务单位，按照指导开展各项工作			
6	同心协力、密切配合，编纂申报材料，实现公司安全生产标准化申报一级达标			

四 责任制落实

序号	责任制名称	时间安排	责任部门	备注
1	公司与各部门（公司）签订安全生产（消防）目标管理责任书	3~4月	安全生产管理部门	安全生产领导小组第一次会议
2	公司与项目经理签订安全生产（消防）目标管理责任书	项目启动前	生产管理部门	
3	根据安全生产标准化要求，各部门逐级签订全员安全生产责任书	1~5月	各部门	
4	与分包单位签订安全生产协议书	签订分包合同时	生产管理部门、外协业务部门等外委相关部门	

续表 1-8

序号	内容与方式	培训对象	时间安排	责任部门	备注
五	安全（消防）教育培训				
1	适时选送人员参加外部主管部门组织的安全生产培训	公司领导、安全生产管理人员、安全生产技术人员	适时	安全生产管理部门、外业部门代表	按照"谁负责、谁组织、谁负责"的原则，做好培训和考核（考试）记录，对效果进行评估等
2	积极选送人员参加×××上级主管部门举办的安全（消防）培训	主要负责人、专（兼）职安全生产管理人员、安全生产技术人员	按×××上级主管部门安排	安全生产管理部门	
3	安全生产工作交流培训	各部门负责人、专（兼）职安全生产管理人员等	3~4月	安全生产管理部门	
4	安全生产标准化宣贯培训	公司领导、部门负责人、专（兼）职安全员、项目经理等	3~5月	安全生产管理部门	
5	心脏急救培训与认证	根据计划由部门推荐人员	4~5月	安全生产管理部门	
6	各部门根据本部门业务生产实际至少组织一次业务生产安全（消防）教育培训	各部门全体员工	1~12月	各部门	
7	新员工三级安全教育培训	新入职员工	7~8月	公司级（安全生产管理部门）、部门级（各部门）、岗前级（三级部门门项目组）	
8	临时聘用人员、劳务派遣人员、实习生安全教育培训	临时聘用人员、劳务派遣人员、实习生	作业（上岗）前	谁聘用、谁负责	
9	转岗新上岗人员安全教育培训	生产岗位人员转岗或离岗一年以上重新上岗者	岗前	相关部门、班组	

序号	内容与方式	培训对象	时间安排	责任部门	备注
10	特种作业人员和特种设备操作人员接受专门安全培训,定期进行资格审查	特种作业人员和特种设备操作人员	岗前	相关部门负责,人力资源管理部门协助	做好备案
11	项目其他外来人员进入作业现场前教育培训或告知	参观、学习等外来人员	进入施工作业现场前	相关项目	做好记录
12	项目安全(消防)教育培训	项目部(组)全体人员	进场前,项目周期大于一年者每年至少组织一次	相关项目	做好培训和考核(考试)记录,对效果进行评估
13	学习新的《道路交通安全违法行为记分管理办法》《机动车驾驶证申领和使用规定》、交通安全、司机安全意识及季节性行车安全宣传、教育等	公司车班司机	每季度集中学习一次	后勤服务部门(车班)	做好记录
13		有车部门、项目司机	每季度学习一次		做好记录
14	组织开展群众性环境、职业健康安全宣传教育活动,普及环境、职业健康安全知识,倡导环境、职业健康安全文化等	全体在职员工	适时	工会、党群部门	
六	安全(消防)宣传				
序号	活动内容	活动范围	活动时间	责任部门	备注
1	开展"安全生产月"活动	全公司	6~7月	各部门、各项目	

续表 1-8

序号	活动内容	活动范围	活动时间	责任部门	备注
2	开展"消防宣传月"活动	全公司	11~12 月	安全生产管理部门、后勤服务部门	
3	开展《安全生产法》宣传周"活动	全公司	12 月	各部门	

七　应急演练

序号	演练内容	时间安排	责任部门	备注
1	×××大厦消防公司综合应急演练	适时	安全生产管理部门、后勤服务部门、物管公司等	
2	档案工作突发事件应急演练	8~9 月	后勤服务部门、物管公司等	
3	电梯应急演练	6~7 月	后勤服务部门、物管公司等	
4	治安事件应急演练	8~9 月	后勤服务部门、物管公司等	
5	燃气泄漏应急演练	10~11 月	后勤服务部门、物管公司、餐饮公司等	
6	实验室机械伤害应急演练	4~10 月	××实验室	
7	外业人员溺水应急演练	4~8 月	地勘部门（选取 1 个钻探作业现场）	
8	人身意外伤害应急演练	4~8 月	测绘部门（选取 1 个测绘作业现场）	

续表 1-8

八

（一）安全大检查活动

序号	检查主题	时段	责任部门	备注
1	汛前、汛期安全大检查	3~8月	安全生产管理部门、各相关部门、项目	形成检查记录并报备至安全生产管理部门
2	春节、国庆节等重大节日时期安全检查	重点节日活动前	安全生产管理部门、各部门、各项目	
3	其他专项安全检查	按水利部、上级主管部门、公司部署	安全生产管理部门、各部门、各项目	
4	部门、生产项目贯彻执行劳动保护，按规定配置和正确使用个人劳动防护用品等检查	适时	工会	

（二）重点、关键部位和环节日常检查

序号	检查对象	重点检查内容	检查频率	责任人	备注
1	档案资料室	消防、用电、防盗等	每月不少于一次	×××	形成检查记录并报备至安全生产管理部门
2	物资仓库	消防、用电、防盗等	每月不少于一次	×××	
3	车班车辆	车容车貌、刹车制动、灯光系统、车审、年检、保险等	每月不少于一次	车班负责人	
			司机每次出车前	司机	
4	文印部（含××基地车间）	消防、用电、防盗、机械设备等	每季度不少于一次	×××（×××督查）	

注：本计划表安排的工作任务将作为部门（公司）年度安全绩效考核评分的重要依据。

❋❋❋❋❋❋❋❋❋❋❋❋❋❋❋❋❋❋❋❋❋❋❋❋❋❋❋❋❋❋❋❋❋❋❋

1.1.6　目标奖惩

该项目标准分值为 4 分。《评审规程》对该项的要求如表 1-9 所示。

表 1-9　目标奖惩

二级评审项目	三级评审项目	标准分值	评分标准
1.1　目标 （30分）	1.1.6　定期对安全生产目标完成情况进行奖惩	4	未定期奖惩，扣 4 分； 奖惩不全，每缺一个部门或单位扣 1 分

定期对安全生产目标完成情况进行奖惩。部门季度考核见表 1-6,部门年度考核见表 1-7。考核情况应与安全生产奖金挂钩,如优秀的可上浮 20% 的安全生产奖金。安全生产实行一票否决制,安全生产目标不达标,年度考核不能被评为优秀等。

1.2　机构与职责

机构与职责总分 40 分,有 4 项三级评审项目,分别是 1.2.1 安全生产领导小组（5分）、1.2.2 安全生产领导小组会议（10 分）、1.2.3 安全生产管理机构（10 分）、1.2.4 安全生产责任制（15 分）。

1.2.1　安全生产领导小组

该项目标准分值为 5 分。《评审规程》对该项的要求如表 1-10 所示。

表 1-10　安全生产领导小组

二级评审项目	三级评审项目	标准分值	评分标准
1.2　机构与职责（40分）	1.2.1　成立由单位主要负责人、其他班子成员、部门负责人和所属单位主要负责人等组成的安全生产委员会（或安全生产领导小组）。人员变化时及时调整,并以正式文件发布	5	未以正式文件发布,扣 5 分； 成员不全,每缺一位领导或部门负责人扣 1 分； 人员发生变化未及时调整发布,扣 1 分

成立由单位主要负责人、其他班子成员、部门负责人和所属单位主要负责人等组成的安全生产委员会（或安全生产领导小组）。安全生产领导小组人员组成可参见案例1-9。

❀❀❀❀❀❀❀❀❀❀❀❀❀❀❀❀❀❀❀❀❀❀❀❀❀❀❀❀❀❀❀❀❀❀❀❀

【案例1-9】 安全生产领导小组设置。

×××公司关于调整公司安全生产领导小组成员的通知

公司各部门、分公司、控（参）股公司：

根据公司领导班子分工，结合相关部门职能、人员变动，为确保公司生产、消防、交通、环境及职业健康等安全工作的有效管理和领导，经研究决定，公司安全生产领导小组成员调整如下：

组　长：×××

副组长：×××、×××

成　员：×××（公司领导）、×××（各部门负责人）、×××（各分公司领导）

公司安全生产领导小组日常管理工作由公司安全生产管理部门负责。

同时为更好地推动公司安全生产各项工作的落实，重新明确各部门（分公司）兼职安全员，名单见表1-11。

表1-11　各部门（分公司）兼职安全员名单

序号	部门（分公司）	兼职安全员	序号	部门（分公司）	兼职安全员
1	×××	×××	16	×××	×××
2	×××	×××	17	×××	×××
3	×××	×××	18	×××	×××
4	×××	×××	19	×××	×××
5	×××	×××	20	×××	×××
6	×××	×××	21	×××	×××
7	×××	×××	22	×××	×××
8	×××	×××	23	×××	×××
9	×××	×××	24	×××	×××

续表 1-11

序号	部门(分公司)	兼职安全员	序号	部门(分公司)	兼职安全员
10	×××	×××	25	×××	×××
11	×××	×××	26	×××	×××
12	×××	×××	27	×××	×××
13	×××	×××	28	×××	×××
14	×××	×××	29	×××	×××
15	×××	×××	30	×××	×××

1.2.2　安全生产领导小组会议

该项目标准分值为 10 分。《评审规程》对该项的要求如表 1-12 所示。

表 1-12　安全生产领导小组会议

二级评审项目	三级评审项目	标准分值	评分标准
1.2　机构与职责(40 分)	1.2.2　安全生产委员会(安全生产领导小组)每季度至少召开一次会议,跟踪落实上次会议要求,总结分析本单位的安全生产情况,评估本单位存在的风险,研究解决安全生产工作中的重大问题,并形成会议纪要	10	会议频次不够,每少一次扣 1 分; 未跟踪落实上次会议要求,每次扣 1 分; 重大问题未经安全生产委员会(安全生产领导小组)研究解决,每项扣 1 分; 未形成会议纪要,每次扣 1 分

安全生产委员会(安全生产领导小组)每季度至少召开一次会议,跟踪落实上次会议要求,总结分析本单位的安全生产情况,评估本单位存在的风险,研究解决安全生产工作中的重大问题,并形成会议纪要。安全生产领导小组会议纪要格式见表 1-13。

表 1-13　×××公司安全生产领导小组会议纪要

会议主题					
主持人		会议时间	月　　日	会议地点	
参加会议 人员					
内容:					
编写人		审查人		批准人	

1.2.3　安全生产管理机构

该项目标准分值为 10 分。《评审规程》对该项的要求如表 1-14 所示。

表 1-14　安全生产管理机构

二级评审项目	三级评审项目	标准分值	评分标准
1.2　机构与职责(40 分)	1.2.3　按规定设置安全生产管理机构或者配备专(兼)职安全生产管理人员,建立健全安全生产管理网络	10	未按规定设置安全生产管理机构或者配备专(兼)职安全生产管理人员,扣 10 分; 专(兼)职安全生产管理人员配备不全,每少一人扣 2 分; 人员能力不符合要求,每人扣 2 分; 安全生产管理网络不健全,扣 2 分

按规定设置安全生产管理机构或者配备专(兼)职安全生产管理人员,建立健全安全生产管理网络。

安全生产管理机构设置可参见案例 1-10。

安全员设置可参见案例 1-9。

❈❈❈❈❈❈❈❈❈❈❈❈❈❈❈❈❈❈❈❈❈❈❈❈❈❈❈❈❈❈❈❈❈❈❈❈❈❈

【案例 1-10】　安全生产管理机构设置。

关于明确公司安全生产管理机构及职能的通知

(××××人〔××××〕××号)

公司各部门、分公司、控(参)股公司:

根据工作需要,经研究决定:

公司××部门是公司安全生产管理部门,下设行政科、安全科、离退办,负责公司日常行政管理、安全生产、公司体检、劳动保护、计划生育及其相关业务工作。各部门设立专(兼)职安全生产管理人员,协助部门负责人负责部门的日常安全管理工作。

以上决定从××××年××月××日起算。

××× 公司

××××年××月××日

❈❈❈❈❈❈❈❈❈❈❈❈❈❈❈❈❈❈❈❈❈❈❈❈❈❈❈❈❈❈❈❈❈❈❈❈❈❈

1.2.4　安全生产责任制

该项目标准分值为 15 分。《评审规程》对该项的要求如表 1-15 所示。

表 1-15　安全生产责任制

二级评审项目	三级评审项目	标准分值	评分标准
1.2　机构与职责(40分)	1.2.4　建立健全并落实全员安全生产责任制,明确各岗位的责任人员、责任范围和考核标准等内容。主要负责人是本单位安全生产第一责任人,对本单位的安全生产工作全面负责。其他负责人对职责范围内的安全生产工作负责,各级管理人员应按照安全生产责任制的相关要求,履行其安全生产职责;其他从业人员按规定履行安全生产职责。勘测设计人员的安全生产责任制应符合《水利安全生产标准化通用规范》(SL/T 789—2019)的相关规定	15	未以正式文件发布,扣15分;责任制内容不全,每缺一项扣2分;责任制内容不符合有关规定,每项扣2分

　　建立健全并落实全员安全生产责任制,明确各岗位的责任人员、责任范围和考核标准等内容。主要负责人是本单位安全生产第一责任人,对本单位的安全生产工作全面负责。其他负责人对职责范围内的安全生产工作负责,各级管理人员应按照安全生产责任制的相关要求,履行其安全生产职责;其他从业人员按规定履行安全生产职责。勘测设计人员的安全生产责任制应符合 SL/T 789—2019 的相关规定。

　　全员安全生产管理制度可参见案例 1-11。

【案例 1-11】　全员安全生产管理制度。

×××公司关于印发公司全员安全生产管理制度的通知

(××××安〔××××〕××号)

公司各部门、分公司、控(参)股公司:

　　为贯彻落实水利部、×××上级主管部门安全生产工作部署,进一步明确全员安全生产责任,现颁布公司全员安全生产管理制度,请各部门、各分公司、各项目遵照执行。

　　附件:公司全员安全生产管理制度

×××公司

××××年××月××日

公司全员安全生产管理制度

第一节　部门(机构) 安全生产职责

第一条　安全生产领导小组主要职责：

（一）研究解决公司安全生产中的重大问题。

（二）研究部署、指导协调、检查督促公司安全生产工作。

（三）指导和组织协调公司安全生产事故调查处理和应急、救援工作。

（四）研究落实上级交办的其他安全生产工作。

第二条　公司安全生产管理部门主要负责：

（一）组织制定公司安全生产管理规章制度，确保安全生产工作制度化、程序化、标准化、常态化。

（二）拟订公司年度安全生产工作计划，协助组织召开公司层面安全生产工作会议。

（三）组织开展危险源辨识和评估、督促落实重大危险源的安全管理措施，制止和纠正"三违"行为。

（四）组织公司层面安全生产意识教育、安全知识培训和应急演练。

（五）组织对公司各部门贯彻执行安全生产规章制度、落实安全生产防范措施、排查整改安全隐患等情况进行监督和检查。

（六）对公司二级及以上项目或特殊项目派出项目安全管理员，监控项目安全生产状态。

（七）报告公司安全生产工作动态，必要时提出安全警示。

（八）组织安全生产评先、事故调查处理，提出初步意见等。

第三条　公司工会主要安全责任：

（略）

第四条　公司生产管理部门主要负责：

（略）

第五条　综合服务部门主要负责：

（略）

第六条　公司各部门是公司安全生产工作的具体执行机构，也是本部门安全生产工作的管理和操作机构，主要负责：

（一）贯彻落实国家安全生产方针、政策、法律法规、规定、标准和公司相关规章制度，贯彻落实公司和本部门安全生产工作计划。

（二）辨识、评估本部门业务危险源和风险等级，制订相应的管理方案、相关操作规程，完善安全保障措施。

（三）加强日常安全隐患排查管理，确保事故隐患及时发现、及时整改，实现生产平安。

（四）加强安全教育和培训，落实新入职员工第二级、第三级安全教育培训和考核，强化应急预案和演练,参与事故调查和分析、处理,落实有关措施和处理结果。

(五)根据公司统一安排,参与对其他部门安全生产的交叉检查。

(六)各部门根据自身业务特点配备兼职安全员,协助本部门日常安全生产管理工作,完成公司交办的工作任务,根据需要指定分管安全生产的部门班子成员,协助本部门安全生产工作的组织落实和监督管理。

第七条　设代组(处)主要职责:

(一)贯彻"安全第一、预防为主、综合治理"的方针,根据安全生产法律法规、标准和公司相关规定,结合工作实际,建立健全设代现场安全管理规定。

(二)全面落实安全生产责任制及安全生产教育培训制度、安全风险分级管控及隐患排查治理双预防机制、安全生产事故报告制度、责任追究及处理制度,杜绝安全生产违规行为,确保现场服务人员人身和财产安全。

第八条　监测(检测)项目部主要职责:

(一)认真贯彻落实发包方有关规定、决定和指示,按发包方的要求组织开展工作。

(二)结合项目实际建立健全项目安全保障措施。

(三)编制项目或单项工作方案或冬雨期方案(措施)时必须同时编制安全技术措施,并经发包方审批后方可实施,当改变原方案时,必须重新报批。

(四)在工作过程中切实把好安全教育、检查、措施、交底、防护、文明、验收等七关,做到预防为主。

(五)发生伤亡事故,要立即用最快捷的方式向发包方报告,并积极组织抢救伤员,保护好现场。

第九条　总承包项目部主要职责

(略)

第二节　主要岗位安全职责

第十条　董事长、党委书记是公司安全生产第一责任人,对本单位安全生产工作负总责。

(一)研究落实党中央安全生产方针政策、法律法规,以及上级党委关于安全生产的决策部署和指示精神。

(二)把安全生产重大问题纳入党委会研究审议事项。

(三)研究落实安全生产管理机构设置及主要职责。

(四)批准公司安全生产年度工作计划及对安全生产工作有突出贡献或对事故负主要责任的部门或个人的考评或处理结果。

(五)听取和检查公司安全生产工作报告(情况),在紧急需要时对公司安全生产抢险救灾做出决定,事后向上级有关部门报告等。

第十一条　总经理是公司生产经营业务安全生产第一责任人,对公司生产经营工作安全负总责。

(略)

第十二条　公司分管安全生产工作领导是公司安全生产管理的直接责任人,对公司日常安全生产工作全面负责。

(一)组织制定公司生产安全事故综合应急预案和年度安全生产工作计划。

(二)组织召开公司年度安全生产工作会议,部署安全生产活动月工作,指挥重大安全事故应急预案演练。

(三)部署隐患排查,检查安全措施落实情况,解决安全生产工作中存在的问题。

(四)了解和掌握公司安全生产动向,向主要领导报告公司安全生产总体态势,提出相关决策建议。

(五)根据具体情况,指导、协调或组织生产安全事故的善后处理,主持事故调查,确定事故责任,提出追责处理意见等。

第十三条　公司总工程师有关职责:

(略)

第十四条　公司工会主席有关职责:

(略)

第十五条　项目分管领导是所分管项目安全生产工作的直接责任人,对所分管项目的安全生产工作全面负责。

(一)部署、指导、督促和批准项目的总体计划中应包含安全管理计划,安全管理计划应明确项目安全总体目标,在进行危险源辨识和风险评价基础上,制订各风险环节相应的安全防范手段和措施,并进行控制。

(二)了解和掌握项目安全生产态势,及时部署项目隐患排查、督促落实安全措施,协调解决项目生产中存在的安全问题。

(三)根据具体情况,指导、协调、参与或配合项目安全事故的善后处理、事故调查、原因分析和追责处理等。

第十六条　项目分管总工程师是项目成果的总把关人,对项目成果的安全性负责。

(略)

第十七条　项目经理是组织实施所承担项目的直接责任人,对本项目安全生产工作负责。

(一)做好本项目安全生产工作策划,提出项目安全生产明确的目标,辨识、评估项目危险源并制定明确的控制措施和预案,提醒和督促相关专业落实安全生产技术措施和相关防护方案,建立并保存完整的项目安全管理记录和档案。

(二)组织本项目各相关专业(班、组)做好安全生产自查自纠工作,确保安全隐患及时发现、及时整改。了解和总结项目安全生产总体态势,协调解决项目安全问题,并根据有关要求及时报告项目安全生产工作。

(三)强化风险管理,对项目或现场作业班组自主租车、租房、租用设备和招聘临时用工等工作,加强指导和监督,确保不留风险隐患;同时,根据项目任务属性等风险程度,研究和购买合适险种与必要份额的商业保险,做好项目生产风险预防和降低可能的风险损失。

（四）所辖项目发生伤亡事故时，应迅速启动应急预案、组织抢救伤员、妥善保护现场，及时报告并积极配合、协助有关部门进行善后处理、事故调查、原因分析和追责处理等。

第十八条　项目副经理对项目分工范围内安全生产负责，承担上述项目经理的相关责任。各岗位副职的安全生产责任依此类推，不再单独列出。

第十九条　项目专业负责人（含勘测作业班组长等）是项目安全生产的基层管理者，主要负责：

（一）认真执行公司和所在部门有关安全生产的指示和规定，贯彻落实项目总体计划有关安全生产的各项要求，指导和督促本专业设计人员贯彻落实国家和行业有关规程、规范和强制性标准，协助组织开展内部安全生产自查、自纠等。

（二）发现危及安全的紧急情况时，应立即采取应急措施或暂停作业，遇不能自行处理的隐患要及时上报相关领导协助解决；发生伤亡事故时，要立即组织抢救，保护现场，并及时上报（必要时可越级上报）。

（三）勘测作业现场班组长附加职责：根据项目具体特点辨识、评估本班组（队）作业面临的危险源并制定相应的安全风险管理方案，以及现场安全工作制度；开好工前、工后会，做好安全交底、安全教育和培训并保存相关记录资料；指导和督促本作业班组（队）各岗位员工严格执行安全操作规程，正确使用劳动保护用品，拒绝违反安全技术规范的生产指令；组织员工坚持交班制和工间安全检查制，做好设备的维护和保养，定期清理工作和生活场地，保持安全、整洁、卫生。

对公司允许情况下的自主租车、租房、租用设备和招聘临时用工等工作，强化风险管理意识，确保合同先行、保险先行、教育培训先行和台账记录先行。

第二十条　项目其他人员是项目安全生产的直接执行者和直接责任者，必须做到：

（一）认真学习和严格遵守公司安全生产规章制度和劳动纪律，遵守现场管理规定。

（二）严格执行项目总体计划和上级领导有关安全生产的各项要求，积极参加项目安全生产的各项活动。

（三）爱护和正确使用机器、仪器、工具等设备，正确使用劳动保护用品，严格按操作规程操作，防止事故发生，做到安全文明生产。

（四）项目生产人员应贯彻执行国家和行业有关规程、规范以及强制性标准规定，确保产品安全可靠。

第二十一条　项目现场查勘负责人，由项目经理或项目分管领导（未明确项目经理前）指定，负责查勘工作安全，主要工作：

（略）

第二十二条　部门分管（指导）领导对所分管（指导）部门的安全生产工作负相应的领导责任。

（一）指导、督促部门做好日常安全管理。

（二）了解和掌握部门安全生产态势，帮助协调解决部门内部无法解决的安全问题，并根据具体情况及时与分管安全领导沟通或向董事长报告。

（三）根据具体情况，指导、协调、参与或配合部门安全事故的善后处理，以及事故调查、原因分析和追责处理等。

第二十三条　各部门负责人是本部门安全生产第一责任人，也是本部门安全生产教育培训的第一责任人和安全生产工作的资源提供者，主要负责：

（一）贯彻落实公司安全规章制度以及其他相关的安全举措，把安全生产工作纳入部门日常工作重要议事日程，为本部门和所承担项目任务提供落实安全措施所需的适宜资源。

（二）组织对本部门全员每年至少一次的安全教育，特别要组织对部门新入职员工进行部门级岗前安全教育培训及考核，考核不合格人员不得上岗。要通过内部教育培训确保本部门员工树立安全意识，具备必要的安全生产知识，熟悉公司安全生产规章制度和相关业务安全作业规程，掌握本岗位安全操作技能，了解事故应急处理措施，知悉自身在安全生产方面的权利和义务。

（三）定期组织开展部门内部和所承担项目任务现场的安全自查自纠活动，全面了解和掌握本部门所辖场所、设施设备、人员、车辆等方面的安全生产情况，发现隐患立即整改。遇有重大安全隐患且无法自行解决时，立即报告相关领导组织有关人员研究解决，同时组织制定可行的临时安全措施。

（四）解决安全生产工作中的各项实际问题。视部门专业和实际情况需要，制定部门相关安全生产管理规定、应急方案，按规定给从事野外勘察、测量作业和设代、现场查勘等人员配备安全防护用品，督促所辖三级部门开展各项安全管理活动，配合公司各项安全生产监督管理工作，组织落实相关不符合项整改等。

（五）部门所辖场所、任务范围内发生生产安全事故时，应按规定及时报告和组织现场救援，并参与或协助、配合事故调查处理相关工作。

第二十四条　三级部门负责人是公司安全生产的基层管理者，是三级部门安全生产第一责任人，对本三级部门安全生产工作负直接管理责任。

（略）

第二十五条　安全员既是公司安全生产管理制度的贯彻执行者，又是所在部门安全生产工作的具体推动者，负责协助本部门安全生产管理工作：

（一）公司专职安全员在公司分管安全领导和部门负责人的直接领导下开展工作，关注收集并宣传国家、行业、公司安全生产形势信息及管理动态，负责贯彻执行国家有关安全生产和劳动保护的法律法规，起草和贯彻落实公司安全生产管理规章制度，拟订公司安全生产工作计划，编制重大安全风险管理方案和公司生产安全事故综合应急预案，组织公司安全生产宣传教育和知识培训，检查、抽查和总结安全生产工作，及时报告各阶段生产安全态势，建立安全生产工作台账，参与事故调查处理，按要求及时统计、上报安全生产有关信息等。

（二）部门兼职安全员负责认真贯彻执行公司劳动保护和安全生产相关规章制度，根据所在部门工作及业务范围，协助领导辨识危险源，制订安全生产工作计划，完善内部管理制度及编制风险管理方案、工器具安全生产操作规程、生产安全事故应急预案，宣传安全生产理念和知识，检查安全措施落实情况，协助排查事故隐患，参与或指导督促隐患整改、制止违规操作，收集安全生产相关信息，宣传相关安全动态，总结安全生产自查自纠工作，记录安全生产相关工作并存档，按要求及时统计、上报相关信息情况。

（三）项目安全管理员配合生产管理，对项目安全进行监督、检查、考核和协调。各项目外业现场根据实际设立项目兼职安全员，协助项目安全管理员落实项目现场安全生产相关工作。

第二十六条　公司其他基层员工是安全生产的直接执行者和直接责任者，必须认真学习和严格遵守公司安全生产规章制度和劳动纪律，积极参加安全生产的各项活动，爱护和正确使用机器设备、仪器、工具及劳动保护用品，严格按操作规程操作，防止事故发生，做到安全文明生产。一旦发生事故或紧急情况，应配合上级指挥，积极参与救援和应急处置。所有员工有对安全生产中存在的问题进行报告和举报的义务。

第二十七条　各岗位的法定安全生产职责应严格贯彻执行，在此不再赘述。

第三节　安全生产责任

第二十八条　公司安全生产工作实行责任制管理。各部门及各主要岗位安全生产责任参见前述相关规定以及年度安全生产（消防）目标管理责任书有关要求。

各级人员对应岗位职责分为领导责任、管理责任和执行责任；从紧密程度分为直接责任和间接责任；从因果关系和影响角度分为主要责任和次要责任。主要原则如下：

（一）基层员工是具体工作的实际执行者、操作者，对工作范围内的安全生产工作负直接责任，协作者负间接责任。

（二）项目经理（分工副经理）、项目专业负责人（含现场勘测班组长）是项目生产的实际组织者和协调者，对分工范围内的安全生产工作负直接管理责任；其中上级对下级分工范围内的安全生产工作负间接管理责任。

（三）各部门各级负责人作为本部门所承担项目任务的资源提供者和管理者，对承担项目任务范围内的安全生产工作负间接管理责任。

直接管理责任由派至项目的相关负责人承担，其中上级对下级分工范围内的安全生产工作负连带管理责任。

（四）二级部门负责人作为本部门行政负责人，对本部门内部安全生产工作和部门自营项目安全生产工作负直接领导责任，内部三级部门负责人对三级部门内安全生产工作负直接管理责任。

（五）职能部门负责人在职能范围内对全公司安全生产工作负管理责任。内部设正式专职管理人员的，专职安全员负直接管理责任、部门负责人负间接管理责任。项目明确安全管理员的，其负直接管理责任。

（六）项目分管领导是整个项目组织协调的总指挥，对项目安全生产工作负直接领导责任。

（七）项目分管总工程师是整个项目技术质量的总指导、总把关,在技术层面对项目安全负直接领导责任。

（八）公司总工程师是公司技术领导,在重大技术层面对公司产品安全负直接领导责任,对项目产品安全负间接领导责任。

（九）公司分管安全生产领导协助董事长全面、具体统筹全公司安全生产工作,对公司安全生产的统筹管理负直接领导责任。

（十）公司董事长对公司安全生产工作全面负责,对公司安全生产工作负总责。

（十一）根据事故调查分析结论,作为导致事故发生的主要原因或直接原因的行为主体对事故负主要责任,作为导致事故发生次要原因或间接原因的行为主体对事故负次要责任。

1.3 全员参与

全员参与总分 15 分,有两项三级评审项目,分别是 1.3.1 定期评估考核（10 分）、1.3.2 激励约束机制(5 分)。

1.3.1 定期评估考核

该项目标准分值为 10 分。《评审规程》对该项的要求如表 1-16 所示。

表 1-16 定期评估考核

二级评审项目	三级评审项目	标准分值	评分标准
1.3 全员参与(15 分)	1.3.1 定期对各部门、所属单位和从业人员的安全生产职责的适宜性、履职情况进行评估和监督考核	10	未进行评估和监督考核,扣 10 分;评估和监督考核不全,每缺一个部门、单位或个人扣 2 分

定期对各部门、所属单位和从业人员的安全生产职责的适宜性、履职情况进行评估和监督考核。安全生产管理制度和职责的适宜性评估会议纪要见表 1-17,部门和部门负责人安全生产职责考核汇总见表 1-18,部门/项目从业人员安全生产职责考核记录见表 1-19。

表 1-17　安全生产管理制度和职责的适宜性评估会议纪要

会议内容	安全生产管理制度和职责的适宜性评估会			
主持人	×××	分管领导		×××
参加会议人员	×××、×××、×××、×××、×××、×××、×××			

内容：

　　××××年××月××日上午,在公司×××会议室召开了安全生产管理制度和职责的适宜性评估会,对公司××××年度安全生产管理办法、部门和从业人员的安全生产责任制、考核管理、绩效评定等有关安全生产管理体系文件的有效性、充分性和适宜性和履职情况进行了讨论、评估和监督。

　　经与会人员认真讨论,认为单位和从业人员的安全生产履职情况良好,目前运行的安全生产责任制和监督考核等制度是合适的。

　　与会人员签名：

编写人		审查人		批准人	

表 1-18　××××年部门和部门负责人安全生产职责考核汇总表

序号	部门名称	部门负责人	考核结果	备注
1	×××	×××		
2	×××	×××		
3	×××	×××		
4	×××	×××		
5	×××	×××		
6	×××	×××		
7	×××	×××		
8	×××	×××		
9	×××	×××		
10	×××	×××		
11	×××	×××		
12	×××	×××		
13	×××	×××		
14	×××	×××		
15	×××	×××		
16	×××	×××		
17	×××	×××		
18	×××	×××		
19	×××	×××		
20	×××	×××		
21	×××	×××		
22	××分公司	×××		
23	××分公司	×××		
24	××分公司	×××		
25	××分公司	×××		
26	××分公司	×××		
27	××分公司	×××		

考核小组：　　　　　　　　　审核人：　　　　　　　　　　　日期：

表 1-19　××××年××部门/项目从业人员安全生产职责考核记录表

内容	姓名								
	×××	×××	×××	×××	×××	×××	×××	×××	×××
××××年度安全生产目标									
设计成果执行规范和强制性条文									
安全设施和专篇设计									
注明施工安全的重点部位和环节									
设计、安全交底									
办公场所用电、消防安全									
安全生产(消防)教育培训、演练									
现场服务遵守安全管理									
考核结果									

注:1. 本表适用于除部门负责人外所有从业人员的考核。

2. 表中各考核项根据部门从业人员安全生产责任书中的职责进行调整,合格打"√",不合格打"×",不涉及打"/"。

考核人:(部门兼职安全员签名)　　　　　　　　日期:

审核人:(部门负责人或部门分管安全领导签名)　　日期:

1.3.2　激励约束机制

该项目标准分值为 5 分。《评审规程》对该项的要求如表 1-20 所示。

表 1-20　激励约束机制

二级评审项目	三级评审项目	标准分值	评分标准
1.3　全员参与 （15 分）	1.3.2　建立激励约束机制,鼓励从业人员积极建言献策,建言献策应有回复	5	未建立激励约束机制或未实施,扣 5 分; 建言献策未回复,每次扣 1 分

建立激励约束机制,鼓励从业人员积极建言献策,建言献策应有回复。安全生产建言献策记录见表 1-21,安全生产建言献策回复记录见表 1-22。

表 1-21　安全生产建言献策记录表

部门(单位)	
姓名	
建议标题	

建议内容:

记录部门:

××××年××月××日

表 1-22　安全生产建言献策回复记录表

部门（单位）	
姓名	
建议标题	

建议内容：

回复内容：

回复部门：

××××年××月××日

1.4　安全生产投入

安全生产投入总分45分,有6项三级评审项目,分别是1.4.1安全生产费用保障制度(3分)、1.4.2资金投入(15分)、1.4.3费用使用计划(5分)、1.4.4费用使用台账(10分)、1.4.5费用检查与公开(6分)和1.4.6相关保险(6分)。

1.4.1　安全生产费用保障制度

该项目标准分值为3分。《评审规程》对该项的要求如表1-23所示。

表1-23　安全生产费用保障制度

二级评审项目	三级评审项目	标准分值	评分标准
1.4　安全生产投入(45分)	1.4.1　安全生产费用保障制度应明确费用的提取、使用和管理的程序、职责及权限	3	未以正式文件发布,扣3分; 制度内容不全,每缺一项扣1分; 制度内容不符合有关规定,每项扣1分

安全生产费用保障制度应明确费用的提取、使用和管理的程序、职责及权限。安全生产费用保障制度可参见案例1-12。

※※※※※※※※※※※※※※※※※※※※※※※※※※※※※※※※※※※※※

【案例1-12】　安全生产费用保障制度。

×××公司关于印发安全生产费用保障制度的通知

(××××安〔××××〕××号)

公司各部门、分公司、控(参)股公司:

为贯彻落实水利部、×××上级主管部门安全生产工作部署,进一步明确全员安全生产责任,现颁布公司安全生产费用保障制度,请各部门、分公司、各项目遵照执行。

附件:公司安全生产费用保障制度

×××公司

××××年××月××日

公司安全生产费用保障制度

第一条　公司采取预算管理等措施确保安全生产投入。

(一)项目安全生产措施经费是项目经费预算组成部分,由生产管理部门负责下达,在项目总经费预算表中列支。

(二)部门安全生产管理经费是部门年度预算组成部分,根据各部门和公司安全生产管理需求预算与实施。

第二条　公司财务部门根据审批后各部门(含公司公共部分)预算中有关安全生产管理经费,编制公司年度安全生产费用预算。

各项目预算的安全生产措施费,由生产管理部门统一汇总,作为年度公司项目安全措施预算总投入。

第三条　安全生产经费应当用于以下安全生产事项:

(一)完善、改造和维护安全防护设施设备支出,包括施工现场临时用电系统、洞口、临边、机械设备、高处作业防护、交叉作业防护、防火、防爆、防尘、防毒、防雷、防台风、防地质灾害、地下工程有害气体监测、通风、临时安全防护等设施、设备支出。

(二)配备、维护、保养应急救援器材、设备支出和应急演练支出。

(三)开展重大危险源和事故隐患评估、监控和整改支出。

(四)安全生产检查、评价、咨询和标准化建设支出。

(五)配备和更新现场作业人员安全防护用品与职业健康支出。

(六)勘测设计外业及现场服务、工程建设项目管理及监理应急器械、药品支出。

(七)安全生产宣传、教育、培训支出。

(八)安全生产适用的新技术、新标准、新工艺、新装备的推广应用支出。

(九)安全设施及特种设备检测检验支出。

(十)公司办公大楼、基地等场所年度消防费用。

其他与安全生产直接相关的支出。

根据公司各部门开展专业实际,分类列举了具体使用范围,见表1-24。

表1-24　安全生产经费使用范围

序号	属性	专业	使用范围	
			项目名称	具体要求
1	项目生产	地勘测绘	①安全警示牌、标志牌	在易发事故(或危险)处设置明显的、符合国家标准要求的安全警示标志牌
			②现场安全围挡	
			③五牌一图、企业标志	
			④现场防火	消防器材配置符合消防要求
			⑤现场办公室、宿舍	符合消防、用电、用气安全要求
			⑥现场临时用电	具有良好接地,"一机、一闸、一保护"
			⑦临边、洞口、坑井等防护	
			⑧交叉作业、高空作业防护	
			⑨安全防护用品和职业健康	
			⑩现场应急器械、应急药品和应急演练支出	
			⑪额外为野外作业人员购置的意外伤害保险	
			⑫其他与安全生产直接相关的支出	

续表 1-24

序号	属性	专业	使用范围	
			项目名称	具体要求
2	项目生产	设代海外	①购置现场自身人员安全防护用品与职业健康支出	
			②额外为现场自身人员购置的意外伤害保险	
			③现场自身人员的办公室、宿舍	符合消防、用电、用气安全要求
			④其他与安全生产直接相关的支出	
3	后勤服务	服务部门	①办公场所消防、电梯等安全设施、设备及特种设备定期检测、检验、维护、保养等支出	
			②办公场所消防器材配备、维护、更换等支出	
			③办公区域安全警示标志、标识设置、更换等支出	
			④其他与安全生产直接相关的支出	
4	日常管理	安全生产管理部门	①日常监督检查等相关费用	
			②安全生产宣传、教育、培训支出	
			③应急演练支出	
			④公司体检费用	
			⑤其他与安全生产直接相关的支出	
5		其他部门	其他部门按照职责分工对有关安全生产工作开展的教育培训、隐患排查治理、监督检查等与安全生产直接相关的费用	

第四条　公司财务部门负责建立安全生产经费使用台账,执行安全经费预算,保障安全生产资金投入,专款专用,并以适当方式公开使用情况。

第五条　日常安全生产经费报销严格执行《×××公司资金管理办法》中"资金使用及报销审批程序和权限"的规定。

第六条　各部门按照职责分工对有关安全措施费用计取、支付、使用实施监督管理,安全生产管理部门对安全措施费用使用情况抽查,确保专款专用。在安全生产标准化年度自评时,将检查安全生产经费使用情况列入自评报告中并下发公司各部门。

第七条　为加强公司安全生产事后管理,给不幸在工作活动中发生人身意外伤亡事故的员工提供保障,公司结合实际为员工购买意外伤害身故、意外残疾、意外医疗等补充商业保险。公司统一投保的人员范围为在职员工、劳务派遣人员、退休返聘人员及实习生。

第八条　公司意外伤害保险由人力资源部门归口管理。人力资源部门根据上年度公司意外伤害保险理赔情况,结合公司实际提出合理性意见,拟订年度具体保障方案,包括统一投保人员保障方案及野外作业或现场管理服务等增保方案,经公司领导审批通过后实施。

第九条　根据岗位和工作性质做风险评估,风险较大、在野外作业或现场管理服务、在境外项目的相关人员(含劳务派遣、退休返聘、实习生)应额外增加意外伤害保险保障力度。各部门(项目)临时聘用的劳务人员、分(子)公司借调到公司本部的人员等,应根据岗位在其提供服务期间购买意外伤害保险。

第十条　有以上情况需要购买意外伤害保险的,由各部门(项目)向人力资源部门提交具体人员名单及信息进行投保。短期野外作业或现场管理服务人员因实际需要调整增保时间,由其所在部门对接保险公司进行调整。

第十一条　人力资源部门建立公司动态意外伤害保险管理台账,各相关部门(项目)须建立各自意外伤害保险登记台账。

第十二条　如发生意外伤害事件,相关部门(项目)应及时通知公司人力资源部门及保险公司,并提供相关材料。人力资源部门协同相关部门按照保险合同约定的理赔程序,办理理赔事项,使伤亡人员得到及时、足额的赔付。

1.4.2　资金投入

该项目标准分值为 15 分。《评审规程》对该项的要求如表 1-25 所示。

表 1-25　资金投入

二级评审项目	三级评审项目	标准分值	评分标准
1.4　安全生产投入(45分)	1.4.2　按有关规定保障安全生产所必需的资金投入	15	资金投入不足,每项扣 3 分

按有关规定保障安全生产所必需的资金投入。资金投入按照安全生产费用保障制度的相关规定执行。

1.4.3　费用使用计划

该项目标准分值为 5 分。《评审规程》对该项的要求如表 1-26 所示。

表 1-26　费用使用计划

二级评审项目	三级评审项目	标准分值	评分标准
1.4　安全生产投入(45分)	1.4.3　根据安全生产需要编制安全生产费用使用计划,并按程序审批	5	未编制安全生产费用使用计划,扣 5 分; 审批程序不符合规定,扣 3 分

根据安全生产需要编制安全生产费用使用计划,并按程序审批。安全生产费用使用计划见表 1-27。

表 1-27　××××年安全生产费用投入年度使用计划审批表

编制部门	财务管理部门
使用计划	费用投入年度使用计划： 1. 安全生产检查支出_____万元； 2. 安全生产宣传、教育、培训支出_____万元； 3. 现场安全设施材料、作业人员安全防护用品支出_____万元； 4. 安全生产责任保险支出_____万元； 5. 配备、维护、保养消防设施及消防演练支出_____万元； 6. 特种设备检测检验支出_____万元； 7. 标准化建设支出_____万元； 8. 安全生产信息化建设支出_____万元； 9. 按比例直接支付分包单位的安全支出_____万元； 10. 其他_____万元； 合计：_____万元。 编制人：　　　　　　　编制日期：
审批结果	 审批人：　　　　　　　审批日期：

1.4.4　费用使用台账

该项目标准分值为 10 分。《评审规程》对该项的要求如表 1-28 所示。

表 1-28　费用使用台账

二级评审项目	三级评审项目	标准分值	评分标准
1.4　安全生产投入(45 分)	1.4.4　落实安全生产费用使用计划,并保证专款专用,建立安全生产费用使用台账	10	无正当理由未落实安全生产费用使用计划,每项扣 3 分; 未专款专用,每项扣 2 分; 未建立安全生产费用使用台账,扣 10 分; 台账内容不全,每缺一项扣 1 分

落实安全生产费用使用计划,并保证专款专用,建立安全生产费用使用台账。安全生产费用投入使用台账见表 1-29。

表 1-29　××××年安全生产费用投入使用台账

日期	凭证号	摘要	金额/元	费用类别

续表 1-29

日期	凭证号	摘要	金额/元	费用类别

1.4.5　费用检查与公开

该项目标准分值为 6 分。《评审规程》对该项的要求如表 1-30 所示。

表 1-30　费用检查与公开

二级评审项目	三级评审项目	标准分值	评分标准
1.4　安全生产投入(45 分)	1.4.5　定期对安全生产费用使用计划的落实情况进行检查,对存在的问题进行整改,并以适当方式公开安全生产费用提取和使用情况	6	未定期进行检查,扣 6 分; 对存在的问题未整改,每项扣 1 分; 未适当公开安全生产费用提取和使用情况,扣 3 分

定期对安全生产费用使用计划的落实情况进行检查,对存在的问题进行整改,并以适当方式公开安全生产费用提取和使用情况。安全生产费用提取和使用情况可采用职代会方式进行公开,费用检查见表 1-31。

表 1-31　××××年安全生产费用投入使用检查记录表

被检查部门	财务处	检查日期	
检查人		审核人	
检查项目		计划费用/万元	实际使用费用/万元
1. 安全生产检查支出			
2. 安全生产宣传、教育、培训支出			
3. 现场安全设施材料、作业人员安全防护用品支出			
4. 安全生产责任保险支出			
5. 配备、维护、保养消防设施及消防演练支出			
6. 特种设备检测检验支出			
7. 标准化建设支出			
8. 安全生产信息化建设支出			
9. 按比例直接支付分包单位的安全支出			
10. 其他			
总计			
检查结果			
整改措施			
整改结果确认			

1.4.6　相关保险

该项目标准分值为 6 分。《评审规程》对该项的要求如表 1-32 所示。

表 1-32　相关保险

二级评审项目	三级评审项目	标准分值	评分标准
1.4　安全生产投入(45 分)	1.4.6　按照有关规定,为从业人员及时办理相关保险	6	未办理相关保险,扣 6 分; 参保人员不全,每缺一人扣 1 分

按照有关规定,为从业人员及时办理相关保险。按照公司安全生产费用保障制度,结合公司实际为员工购买意外伤害身故、意外残疾、意外医疗等补充商业保险,并留下相应的记录。公司统一投保的人员范围为在职员工、劳务派遣人员、退休返聘人员及实习生。

1.5　安全文化建设

安全文化建设总分 10 分,有 2 项三级评审项目,分别是 1.5.1 文化理念和行为准则(3 分)、1.5.2 安全文化建设规划和计划(7 分)。

1.5.1　文化理念和行为准则

该项目标准分值为 3 分。《评审规程》对该项的要求如表 1-33 所示。

表 1-33　文化理念和行为准则

二级评审项目	三级评审项目	标准分值	评分标准
1.5　安全文化建设(10 分)	1.5.1　确立本单位安全生产和职业病危害防治理念及行为准则,并教育、引导全体人员贯彻执行	3	未确立理念或行为准则,扣 3 分; 未教育、引导全体人员贯彻执行,扣 3 分

确立本单位安全生产和职业病危害防治理念及行为准则,并教育、引导全体人员贯彻执行。公司安全生产和职业病危害防治理念:诚信守法促改进;健康平安出效益,构建和谐,人人有责。安全生产和职业病危害防治行为准则可参见案例 1-13。

【案例 1-13】　安全生产和职业病危害防治行为准则。

为确保安全生产和职业健康安全方针和理念得到有效实施,公司提出安全生产和职业病危害防治行为准则。广大员工应自觉予以遵守。

(1)认真履行岗位安全责任,为企业安全负责、为部门安全负责、为同事安全负责、为自己安全负责、为个人家庭幸福负责。

（2）自觉遵守国家、行业和公司的各种安全生产管理法律法规、规章制度。要坚决与"违章、麻痹、不负责任"三大敌人做斗争。努力做到"不伤害自己、不伤害别人、不被别人伤害、保护别人不受伤害"。

（3）遵守消防安全管理的各项法律法规、规章制度，积极学习灭火与火场逃生知识，熟悉各种灭火器材的使用方法和逃生线路，保持消防器材完好。

（4）遵守生产中设备设施安全管理的各项操作规程、规定，不准疲劳作业、不准酒后作业、禁止盲目作业，不得将机械设备借予无资格、未经公司准许的人员操作。操作机器设备中或正在检查、检修、检测中不准接打手机、看信息。

（5）日常工作中不违章指挥、不违章作业、不盲目作业、不违反劳动纪律。特别是动火作业、高处作业、密闭空间作业，以及对人体有害、对公司财物有损害等特殊环境场所作业时，必须执行审批程序，设立监护人，保证作业安全，并正确佩戴和使用劳动防护用品。

（6）服从管理，听从正确指挥，有权拒绝违章指挥。工作中不准许抱有侥幸心理，不准为省时省力采取不符合规定的简易方法处置。紧急情况简易处置，必须有专人看护并及时修正，避免发生意外事故。

（7）支持安全生产管理人员和上级安全生产监察部门的督导工作，积极接受安全管理人员和其他人员对自己不安全行为的批评和建议并及时改正。不准许抱有抵触心理，更不允许采取打击、报复安全管理人员和其他指出自己不安全行为的人员。

（8）及时提醒同事注意安全，主动制止同事的不安全行为，对发现事故隐患或者其他不安全因素，立即向现场安全生产管理人员或者本单位负责人报告。

（9）自觉接受公司、部门、班组的安全教育和技术培训，自觉执行安全教育和技术培训要求的各种安全措施，积极参加公司举办的各种安全培训和安全学习、安全活动、事故应急演练，掌握作业所需的安全生产知识，提高安全生产技能，增强事故预防和应急处理能力。

（10）积极参与公司的安全文化建设，努力营造和谐的安全生产氛围，培养良好的工作习惯和安全价值观。

（11）必须站在"以人为本"的高度去审视安全生产工作。始终把"以人为本"作为公司首要的核心价值观。在安全工作方面，把职工的生命健康作为公司最大的财富，把安全作为公司最大的效益来看待。

（12）必须从满足职工的安全需求出发抓安全。把不断改善职工的工作环境和条件作为公司的重要使命。

（13）必须以开放的观念推进安全工作。充分学习、借鉴国内外先进企业的安全管理经验，消化吸收，为我所用。

（14）必须以创新的思维不断为安全工作注入生机和活力。用新的理念指导安全工作，用新的思路分析安全工作，用新的方法落实安全工作，用新的标准要求安全工作。

（15）必须以科学的态度去研究安全工作的规律。尊重客观规律，充分运用科学的理论和方法，加强过程控制，坚信安全工作一分耕耘，一分收获。

（16）必须在职工中树立崇尚安全、摒弃违章的观念。通过教育、引导、约束，培养一支遵章守纪的高素质职工队伍。

×××公司

××××年××月××日

❋❋❋❋❋❋❋❋❋❋❋❋❋❋❋❋❋❋❋❋❋❋❋❋❋❋❋❋❋❋❋❋

1.5.2　安全文化建设规划和计划

该项目标准分值为 7 分。《评审规程》对该项的要求如表 1-34 所示。

表 1-34　安全文化建设规划和计划

二级评审项目	三级评审项目	标准分值	评分标准
1.5　安全文化建设(10 分)	1.5.2　制定安全文化建设规划和计划,按 AQ/T 9004、AQ/T 9005 开展安全文化建设活动	7	未制定安全文化建设规划或计划,扣 7 分; 未按计划开展安全文化建设活动,每项扣 2 分; 单位主要负责人未参加安全文化建设活动,扣 2 分

制定安全文化建设规划和计划,按 AQ/T 9004、AQ/T 9005 开展安全文化建设活动。安全文化建设规划可参见案例 1-14,安全文化建设计划可参见案例 1-15。

❋❋❋❋❋❋❋❋❋❋❋❋❋❋❋❋❋❋❋❋❋❋❋❋❋❋❋❋❋❋❋❋

【案例 1-14】　安全文化建设规划。

公司"十四五"时期安全文化建设规划

(2021—2025 年)

安全文化建设是一项长期性、战略性的任务,事关员工个人安危、家庭福祉,事关公司企业形象、事业发展,事关社会稳定、各方和谐。为促进公司安全生产体制机制的进一步完善,强化全员安全生产意识和安全生产工作技能,更好打造和谐有序、高效可控的安全生产有利环境,结合《公司"十四五"战略发展规划(2021—2025 年)》,特制定公司"十四五"时期安全文化建设规划(2021—2025 年),作为公司"十四五"规划的补充。

一、安全生产及安全文化建设现状

(一)持续推进取得较好成效

在习近平新时代中国特色社会主义思想的指引下,公司自觉把"生命至上"摆在"以人民为中心"的重要位置,坚持统筹安全(生产)和发展两个大局。经过多年的实践和努力,公司安全生产体制机制逐步完善,全员安全生产意识普遍提高,安全生产环境和安全生产氛围日渐优化。主要表现是:设立了安全生产领导小组、明确了归口管理部门并配备了专职安全管理人员,安全生产组织保障和管理制度体系总体健全,"安全生产月"活动定期开展,管生产必管安全、管业务管安全、管行业管安全等各级安全生产责任制有力推进,安全生产宣传动员和三级培训教育落实较好,全员安全生产意识普遍提高,项目及部门隐患排查与整改、应急管理与预案演练坚持不懈,检查监督和考核激励不断加强,双预防机制建设取得成效、标准化建设持续推进,连续多年未发生安全生产责任事故。

（二）存在一些不足

由于公司业务规模和业务种类不断拓展,公司面临的安全生产风险日趋复杂、防范压力只增不减。同时,公司规模不断发展,人员层次、用工种类多样,安全意识、防范能力有所差异,有些场所仍存在安全生产责任制和双重预防机制落实不够扎实、安全操作规程缺失、警示标志设置不到位等不足。

二、安全文化建设指导思想

坚持"安全第一、预防为主"指导方针,坚持"人民至上、生命至上"的理念、坚持服务公司高质量发展,坚守"安全生产无小事"观点,以推进安全生产标准化为抓手,扎实推进安全生产文化建设,为员工幸福生活和公司和谐稳定营造良好氛围。

三、安全文化建设目标任务

（一）总体目标

积极推进安全生产标准化创建和一级达标工作,并逐步运行,全面培育规范有序的行为习惯,形成上下重视安全生产、层层落实安全责任、人人想安全、人人懂安全的工作环境和良好气氛,使安全风险始终处于受控状态,杜绝重特大和较大安全责任事故,不发生死亡事故、不发生职业病,保持公司安全生产平稳态势。

至公司"十四五"期末（2025 年）,"层层重视安全生产,人人自觉安全生产"成为思想自觉和行动自觉。

（二）具体任务

深入贯彻"人民至上、生命至上"的理念,坚持底线思维、坚持问题导向,以强化宣传教育引导和监督考核管理为手段,不断完善安全生产责任制和双重预防机制,统筹好安全与发展两个大局。主要目标任务如下:

（1）加强提高对安全生产形势认识。认真组织学习贯彻习近平新时代中国特色社会主义思想主题教育,特别是关于安全生产的重要指示批示精神,深刻认识当前安全生产形势,统一思想,提高全公司认识。

（2）进一步完善安全生产体制机制。大力营造安全生产标准化势在必行的认同感和氛围,并提炼包括安全价值观、安全愿景、安全使命和安全目标等在内的公司安全承诺。××××年改进完善实施。

（3）实现安全生产标准化一级达标。公司领导和各部门负责人均能自觉对安全承诺的实施起示范和推进作用,在追求卓越的安全绩效、质疑安全问题方面能以身作则,在推进和辅导员工改进安全绩效上具备必要的能力。计划××××年底前通过一级达标申报。

（4）强力培育安全生产文化。重点是强化制度的贯彻落实,所有与安全相关的活动均要求执行已通过评审认证的安全生产标准化体系规定,全面落实安全责任,持续培育

"人人重视安全生产"的意识和按程序、按规程办事的规范化安全行动习惯。

（5）持续强化安全行为习惯。在安全行动习惯形成的基础上，趁热打铁，不断加强宣传教育、改进管理机制、完善奖惩手段，形成管理层自觉抓安全生产，员工自觉响应落实、主动积极作为的安全生产工作自律氛围，实现从主要靠管理层管理和约束，向自觉、自律的自我约束转变。

关键标志包括但不限于：

①全体员工均能充分理解公司的安全承诺，熟知自己岗位的安全责任和不遵守规程可能引发的潜在不利后果；能积极主动参与安全事务改进活动，对"建立在信任和免责备基础上的微小差错报告机制"能够理解和宽容。

②管理层与基层员工都能自觉、主动、规范地执行标准化体系规定，能够对安全相关的工作保持质疑的态度、对任何安全异常和事件保持警觉并主动报告，即使在生产经营压力很大时，也不容忍走捷径或违反操作规程。

③各项目负责人能自觉、主动加强与承包商的沟通和交流，必要时给予培训，确保服务提供方清楚公司的要求和标准。

④部门之间、员工之间、上下级之间、公司与相关方之间，能够就安全问题保持畅通有效的沟通、交流和协作，有从差错中学习和改进提升的良好态度与氛围。

四、安全文化建设主要方法和保障措施

公司安全文化是公司企业文化的重要组成部分，公司"十四五"规划中有关企业文化建设的主要方法与措施，同样适用于公司安全文化建设。针对安全文化建设的特点，进一步补充拓展如下：

（1）积极凝练员工普遍认同的安全文化理念。

积极总结、提炼并形成得到广大员工普遍认同和自觉执行的公司安全文化理念。通过宣传、教育、奖惩、标识等安全文化活动，促使员工从不得不服从管理的被动执行状态，转变成按制度主动、自觉地依规行动，实现由"他律"到"自律"的自动管理。

（2）科学运用安全管理理论和原理。

积极总结、寻找安全规律，引导员工学习、理解和遵循、驾驭诸如安全木桶原理、安全链条原理、球体斜坡原理、场所移动效应、暗箱效应、漏斗接地效应、安全周期率等安全管理理论原理，更加自觉地践行安全生产标准化，不断开创安全生产的新局面。

（3）积极发掘和培植安全生产先进典型。

积极做好发掘和培植安全生产先进样板工程、先进模范人物，通过宣传、报道等，立样板、树典型，充分发挥先进典型安全行为和安全态度的示范作用。同时，积极引用学习外部安全生产先进典型案例。

（4）强化与相关方的协同联动。

公司各部门、各项目应强化与相关方的沟通协调，多渠道积极宣传、普及公司安全文化理念和安全知识，确保员工和相关方充分理解并践行公司安全承诺，切实落实好各方安全责任，积极营造层层重视安全、人人懂安全、处处讲安全的安全人文环境。

❋❋❋❋❋❋❋❋❋❋❋❋❋❋❋❋❋❋❋❋❋❋❋❋❋❋❋❋❋❋❋❋❋❋

【案例 1-15】　安全文化建设计划。

××××年安全文化建设计划

安全文化建设是安全生产工作的基础和灵魂,为切实加强安全文化建设工作,全面贯彻"安全第一、预防为主、综合治理"的方针,全面夯实安全文化的基层基础,推动公司安全生产工作再上新台阶,特制定本计划。

一、指导思想

以"安全发展"理念为指导,按照安全生产"以人为本"的要求,开展形式多样、实施有效的安全文化建设活动,通过潜移默化的安全文化教育熏陶,形成全体员工"关注安全、以人为本"的氛围,推动安全文化建设活动广泛深入开展。

二、工作计划

(1)结合公司实际生产现状,制定出安全生产理念、年度安全生产目标。由公司根据制定的具体目标值,组织落实检查与考核。不断建立健全安全管理机制,确保各项安全工作落实到人、监督到人。加强各种例会制度,对参会情况实行年度考核管理制度,与年度奖励挂钩。

(2)认真贯彻执行各项安全规章制度。每季度组织一次安全生产检查,检查情况有记录,及时消除安全隐患,纠正违章违纪行为。定期组织安全管理人员进行安全生产专业培训。适时组织岗位安全操作的技能训练,举行安全疏散演习,提高自我保护能力。

(3)在公司办公区设置安全文化宣传栏。

(4)不断完善更新新员工安全教育培训、领导干部安全教育培训、全员安全教育培训、特种作业人员安全教育培训等培训内容,并制作培训教材,便于员工在学习过程中通俗易懂。

(5)认真组织"安全生产管理体系"培训;全面提升干部职工安全生产意识和安全文化素质,着力建设本质安全型企业。

(6)加大安全投入。每年初做出各项安全费用的支出计划,重点使用在消防装置的更新维护上、重要部位和重点场所的监控上、员工安全防护上。

(7)采用激励机制,鼓励公司员工积极参加各项安全活动,对在安全活动中取得优异成绩的员工进行表扬和奖励。

安全文化建设工作计划见表 1-35。

×××公司

××××年××月××日

表 1-35　××××年度安全文化建设工作计划表

序号	活动内容	活动时间	备注
1	公司与各部门签订安全生产（消防）目标管理责任书	××××年3月	
2	学习新的《道路交通安全违法行为记分管理办法》《机动车驾驶证申领和使用规定》、交通安全、司机安全意识、季节性行车安全宣传、教育等	每季度集中学习一次	
3	组织开展群众性环境、职业健康安全宣传教育活动，普及环境、职业健康安全知识，倡导环境、职业健康安全文化等	适时	
4	开展"安全生产月"活动	6~7月	
5	开展"《安全法》宣传周"活动	12月	
6	电梯应急演练	6~7月	
7	汛前汛期安全大检查	3~8月	
8	春节、国庆节等重大节日时期安全检查	重大节日活动前	

1.6　安全生产信息化建设

安全生产信息化建设总分 10 分，有 1 项三级评审项目，即安全生产信息系统（10 分）。

安全生产信息系统标准分值为 10 分。《评审规程》对该项的要求如表 1-36 所示。

表 1-36　安全生产信息系统

二级评审项目	三级评审项目	标准分值	评分标准
1.6　安全生产信息化建设（10分）	根据实际情况，建立安全生产电子台账管理、重大危险源监控、职业病危害防治、应急管理、安全风险管控和隐患自查自报、安全生产预测预警等信息系统，利用信息化手段加强安全生产管理工作	10	未建立信息系统，扣10分；信息系统内容不全，每缺一项扣2分

　　根据实际情况,建立安全生产电子台账管理、重大危险源监控、职业病危害防治、应急管理、安全风险管控和隐患自查自报、安全生产预测预警等信息系统,利用信息化手段加强安全生产管理工作。各单位可根据自己的实际情况建立安全生产信息系统,内容应齐全,见图1-1。

图 1-1　安全生产信息系统

第 2 章　制度化管理

制度化管理总分 60 分,二级评审项目有 2.1 法规标准识别(10 分)、2.2 规章制度(16 分)、2.3 操作规程(18 分)、2.4 文档管理(16 分)。

2.1　法规标准识别

法规标准识别总分 10 分,有 3 项三级评审项目,分别是 2.1.1 法规标准规范管理制度(3 分)、2.1.2 法规标准识别(4 分)、2.1.3 向员工传达(3 分)。

2.1.1　法规标准规范管理制度

该项目标准分值为 3 分。《评审规程》对该项的要求如表 2-1 所示。

表 2-1　法规标准规范管理制度

二级评审项目	三级评审项目	标准分值	评分标准
2.1　法规标准识别(10 分)	2.1.1　安全生产法律法规、标准规范管理制度应明确归口管理部门、识别、获取、评审、更新等内容	3	未以正式文件发布,扣 3 分; 制度内容不全,每缺一项扣 1 分; 制度内容不符合有关规定,每项扣 1 分

安全生产法律法规、标准规范管理制度应明确归口管理部门、识别、获取、评审、更新等内容。法规标准规范管理制度可参见案例 2-1。

❈❈❈❈❈❈❈❈❈❈❈❈❈❈❈❈❈❈❈❈❈❈❈❈❈❈❈❈❈❈❈❈❈

【案例 2-1】　法规标准规范管理制度。

×××公司关于印发法规标准规范管理制度的通知

(××××安〔××××〕××号)

公司各部门、分公司、控(参)股公司:

为贯彻落实水利部、×××上级主管部门安全生产工作部署,进一步明确全员安全生产责任,现颁布公司法规标准规范管理制度,请各部门、各公司、各项目遵照执行。

附件:公司法规标准规范管理制度

×××公司

××××年××月××日

公司法规标准规范管理制度

第一条　公司安全生产管理部门负责《安全生产法规标准与其他要求控制清单》的审核;组织相关部门对识别的法律法规及其他要求进行符合性评价;识别和收集上级部门有关安全生产的通知、公报等,及时传达贯彻并传送给服务部门档案资料室;向各部门宣传适用的法律法规及其他要求,并对执行情况进行监督检查。

第二条　档案资料管理部门负责识别和获取与本公司活动有关的安全生产法律法规、标准规范与其他要求;负责《安全生产法规标准与其他要求控制清单》的编制、更新和发布;负责作废的法律法规和技术标准的回收和销毁。

第三条　各部门负责识别和获取与部门职能或业务有关的安全生产法律法规、标准规范及其他要求,并及时传送到档案资料管理部门;从《安全生产法规标准与其他要求控制清单》中摘录、识别本部门适用的法律法规、标准规范及其他要求,及时传达给部门员工,并遵照执行;对于失效、废止的安全生产法律法规和技术标准,应及时从使用场所收回;设代、地勘、测绘负责人和项目经理负责收集本项目所在地(含海外项目)的地方安全生产法律法规及有关要求,及时传送给档案资料室;与外单位合作的部门,负责将有效的安全生产法律法规、标准规范及其他要求传送给相关方。

第四条　工作程序

(一)获取、识别

1.公司各部门、各项目可通过政府及相关部委网站、上级发文、国家标准化管理委员会以及标准化刊物等途径获取安全生产法律法规和技术标准相关信息。根据公司生产、活动和服务过程中所有的危险、有害因素,结合法律法规的最新内容及版本,识别适用的法律法规、标准和其他要求。

2.适用的法律法规、标准规范及其他要求包括:

(1)全国人大颁布的安全生产法律,如刑法、安全生产法、职业病防治法、劳动法、劳动合同法、突发事件应对法等;

(2)国务院和省级人大颁布的有关安全生产的法规;

(3)国务院各部、委、局和省级人民政府颁布的安全生产规章制度;

(4)国家、地方和行业颁布的安全标准;

(5)我国已签署的关于劳动保护的国际公约;

(6)各级政府有关安全生产方面的规范性文件,上级主管部门、地方和相关行业有关的安全生产要求、非法规性文件和通知、技术标准规范等。

3.档案资料室根据公司安全生产所需,做好相关法律法规和技术标准的征订工作。

(二)更新与实施

1.档案资料室应及时收集新版(含更替、修订)安全生产法律法规和技术标准信息,每年编制或更新一次"安全生产法规标准与其他要求控制清单"(见表2-2),由安全生产管理部门审核、公司安全分管领导批准后,在公司内网发布。

2.各部门应将本部门相关内容及时传达给部门员工和相关方,以便遵照执行。

3.各部门对控制清单中受控的法律法规和技术标准有增减意见时,可向档案资料室提出,以便在更新时修改。

表 2-2　安全生产法规标准与其他要求控制清单

序号	文号、标准号	名称	实施日期	被替代文号、标准号	备注

(三)作废处理

1. 对于失效、废止的法律法规和技术标准,借阅人应及时归还档案资料室。档案资料管理部门要及时做好销账、销卡工作,并从书架撤出实物。

2. 对于需要存查备用的失效、废止法律法规和技术标准,档案资料室应在实物及账本、检索卡、借阅卡上分别加盖红色"作废"标识章,另行登记和存放,原则上不再借阅,仅供室内查阅。

(四)符合性评价

安全生产管理部门应每年组织一次对公司适用的安全生产法律法规和标准规范及其他要求进行符合性评价,填写"安全生产法律法规与其他要求合规性评价表"(见表2-3),避免违规现象和行为,确保公司和从业人员及相关方能够按照法律法规要求进行安全生产和开展业务活动。

表 2-3　安全生产法律法规与其他要求合规性评价表

序号	适用法律法规及其他要求名称	适用条款	评价情况记录	不符合说明

❀❀❀❀❀❀❀❀❀❀❀❀❀❀❀❀❀❀❀❀❀❀❀❀❀❀❀❀❀❀

2.1.2　法规标准识别

该项目标准分值为 4 分。《评审规程》对该项的要求如表 2-4 所示。

表 2-4　法规标准识别

二级评审项目	三级评审项目	标准分值	评分标准
2.1　法规标准识别(10分)	2.1.2　职能部门和所属单位应及时识别、获取适用的安全生产法律法规和其他要求,归口管理部门每年发布一次适用的清单,建立文本数据库	4	未发布清单,扣4分; 识别和获取不全,每缺一项扣1分; 法律法规或其他要求失效,每项扣1分; 未建立文本数据库,扣4分

职能部门和所属单位应及时识别、获取适用的安全生产法律法规和其他要求,归口管理部门每年发布一次适用的清单,建立文本数据库。标准识别清单见表 2-5,法律法规标准清单见表 2-6,两者应实时更新,并建立文本数据库进行管理。

表 2-5　标准识别清单

序号	标准名称	标准编号	发布日期 (年-月-日)	实施日期 (年-月-日)
1	《水利水电勘测设计单位 安全生产标准化评审规程》	T/CWEC 17—2020	2020-12-15	2021-01-01
2	《生产经营单位安全生产 事故应急预案编制导则》	AQ/T 9002—2006	2006-09-20	2006-11-01
3	《企业安全生产 标准化基本规范》	AQ/T 9006—2010	2010-04-15	2010-06-01
4	《安全预评价导则》	AQ 8002—2007	2007-01-04	2007-04-01
5	《安全评价通则》	AQ 8001—2007	2007-01-04	2007-04-01
6	《地质勘探安全规程》	AQ 2004—2005	2005-02-21	2005-05-01
7	《安全验收评价导则》	AQ 8003—2007	2007-01-04	2007-04-01
8	《企业安全文化建设导则》	AQ/T 9004—2008	2008-11-19	2009-01-01
9	《企业安全文化建设评价准则》	AQ/T 9005—2008	2008-11-19	2009-01-01
10	《生产安全事故应急 演练基本规范》	AQ/T 9007—2019	2019-08-12	2020-02-01
11	《生产安全事故应急 演练评估规范》	AQ/T 9009—2015	2015-03-06	2015-09-01
12	《生产经营单位生产安全 事故应急预案评估指南》	AQ/T 9011—2019	2019-08-12	2020-02-01
13	《地质勘查安全防护 与应急救生用品(用具)技术规范》	AQ/T 2071—2019	2019-08-12	2020-02-01
14	《地质勘查安全防护 与应急救援用品(用具)配备要求》	AQ 2049—2013	2013-06-08	2013-10-01
15	《测绘作业人员安全规范》	CH 1016—2008	2008-02-13	2008-03-01

续表 2-5

序号	标准名称	标准编号	发布日期 （年-月-日）	实施日期 （年-月-日）
16	《消防安全疏散标志 设计、施工及验收规范》	DBJ/T 15-42—2005	2005-05-13	2005-06-15
17	《电力系统继电保护及安全 自动装置柜（屏）通用技术条件》	DL/T 720—2013	2013-11-28	2014-04-01
18	《混凝土坝安全监测技术规范》	DL/T 5178—2016	2016-02-05	2016-07-01
19	《水电水利工程施工 安全防护设施技术规范》	DL 5162—2013	2013-11-28	2014-04-01
20	《电业安全工作规程 （发电厂和变电所电气部分）》	DL 408—1991	1991-03-18	1991-09-01
21	《水电枢纽工程等级 划分及设计安全标准》	DL 5180—2003	2003-01-09	2003-06-01
22	《农村低压安全用电规程》	DL 493—2015	2015-04-02	2015-09-01
23	《农村电网低压电气 安全工作规程》	DL/T 477—2021	2021-12-22	2022-03-22
24	《电业安全工作规程 电力线路部分》	DL 409—1991	1991-03-18	1991-09-01
25	《水利水电工程施工作业 人员安全操作规程》	DL/T 5373—2017	2017-11-15	2018-03-01
26	《质量、职业健康安全和环境整合 管理体系规范及使用指南》	DL/T 1004—2006	2006-09-14	2007-03-01
27	《水电水利工程爆破 安全监测规程》	DL/T 5333—2021	2021-04-26	2021-10-26
28	《水电水利工程金属结构与机电 设备安装安全技术规程》	DL/T 5372—2017	2017-11-15	2018-03-01
29	《水电水利工程施工作业 人员安全技术操作规程》	DL/T 5373—2017	2017-11-15	2018-03-01

续表 2-5

序号	标准名称	标准编号	发布日期 (年-月-日)	实施日期 (年-月-日)
30	《水电水利工程施工 通用安全技术规程》	DL/T 5370—2017	2017-11-15	2018-03-01
31	《水电水利工程土建 施工安全技术规程》	DL/T 5371—2017	2017-11-15	2018-03-01
32	《电梯制造与安装安全规范 第1部分:乘客电梯和载货电梯》	GB/T 7588.1—2020	2020-12-14	2022-07-01
33	《电梯制造与安装安全规范 第2部分:电梯部件的 设计原则、计算和检验》	GB/T 7588.2—2020	2020-12-14	2022-07-01
34	《职业健康安全管理体系 要求及使用指南》	GB/T 45001—2020	2020-03-06	2020-03-06
35	《爆破安全规程》	GB 6722—2014	2014-12-05	2015-07-01
36	《地震勘探爆炸安全规程》	GB 12950—1991	1991-06-05	1992-03-01
37	《继电保护和安全自动 装置技术规程》	GB/T 14285—2006	2006-08-30	2006-11-01
38	《岩土工程勘察安全标准》	GB/T 50585—2019	2019-02-13	2019-08-01
39	《化学品生产单位 特殊作业安全规范》	GB 30871—2014	2014-07-24	2015-06-01
40	《个体防护装备配备 规范 第1部分:总则》	GB 39800.1—2020	2020-12-24	2022-01-01
41	《安全标志及其使用导则》	GB 2894—2008	2008-12-11	2009-10-01
42	《道路交通标志和标线 第2部分:道路交通标志》	GB 5768.2—2022	2022-03-15	2022-10-01

续表 2-5

序号	标准名称	标准编号	发布日期 (年-月-日)	实施日期 (年-月-日)
43	《消防安全标志 第 1 部分:标志》	GB 13495.1—2015	2015-06-02	2015-08-01
44	《工作场所职业病危害警示标识》	GBZ 158—2003	2003-06-03	2003-12-01
45	《图形符号 安全色和安全标志》	GB/T 2893		
		GB/T 2893.1—2013	2013-07-19	2013-11-30
		GB/T 2893.2—2020	2020-03-31	2020-10-01
		GB/T 2893.3—2010	2011-01-10	2011-07-01
		GB/T 2893.4—2013	2013-07-19	2013-11-30
		GB/T 2893.5—2020	2020-03-31	2020-10-01
46	《生产经营单位生产安全事故应急预案编制导则》	GB/T 29639—2020	2020-09-29	2021-04-01
47	《职业健康安全管理体系 要求及使用指南》	GB/T 45001—2020	2020-03-06	2020-03-06
48	《低压电气装置 第 4~41 部分:安全防护电击防护》	GB/T 16895.21—2020	2020-12-14	2021-07-01
49	《建设项目工程总承包管理规范》	GB/T 50358—2017	2017-05-04	2018-01-01
50	《建筑施工门式钢管脚手架安全技术标准》	JGJ/T 128—2019	2019-07-30	2020-01-01
51	《公路工程施工安全技术规范》	JTG F90—2015	2015-02-10	2015-05-01
52	《建筑施工扣件式钢管脚手架安全技术规范》	JGJ 130—2011	2011-01-28	2011-12-01
53	《施工现场临时用电安全技术规范》	JGJ 46—2005	2005-04-15	2005-07-01

续表 2-5

序号	标准名称	标准编号	发布日期 （年-月-日）	实施日期 （年-月-日）
54	《建筑施工安全检查标准》	JGJ 59—2011	2011-12-07	2012-07-01
55	《风电场工程安全验收 评价报告编制规程》	NB/T 31027—2012	2012-08-23	2012-12-01
56	《风电场安全标识设置设计规范》	NB/T 31088—2016	2016-01-07	2016-06-01
57	《水电工程安全鉴定规程》	NB/T 35064—2015	2015-10-27	2016-03-01
58	《风电场工程安全预评价 报告编制规程》	NB/T 31028—2012	2012-08-23	2012-12-01
59	《水电工程劳动安全与 工业卫生设计规范》	NB 35074—2015	2015-10-27	2016-03-01
60	《陆上风电场工程安全 文明施工规范》	NB/T 31106—2016	2016-12-05	2017-05-01
61	《水利水电工程土建 施工安全技术规程》	SL 399—2007	2007-11-26	2008-02-26
62	《水利水电工程施工安全 防护设施技术规范》	SL 714—2015	2015-05-22	2015-08-22
63	《泵站现场测试与安全检测规程》	SL 548—2012	2012-04-23	2012-07-23
64	《水工钢闸门和启闭机 安全运行规程》	SL/T 722—2020	2020-04-15	2020-07-15
65	《土石坝安全监测技术规范》	SL 551—2012	2012-03-28	2012-06-28
66	《水利水电工程施工通用 安全技术规程》	SL 398—2007	2007-11-26	2008-02-26
67	《水利水电工程施工作业 人员安全操作规程》	SL 401—2007	2007-11-26	2008-02-26

续表 2-5

序号	标准名称	标准编号	发布日期 （年-月-日）	实施日期 （年-月-日）
68	《水利水电工程安全监测设计规范》	SL/T 725—2016	2016-05-23	2016-08-23
69	《水库大坝安全管理 应急预案编制导则》	SL/Z 720—2015	2015-09-22	2015-12-22
70	《水工钢闸门和启闭机 安全检测技术规程》	SL/T 101—2014	2014-04-22	2014-07-22
71	《水利水电工程机电设备 安装安全技术规程》	SL 400—2016	2016-12-20	2017-03-20
72	《水利安全生产标准化通用规范》	SL/T 789—2019	2019-11-13	2020-02-13
73	《小型水电站施工安全规程》	SL 626—2013	2013-09-06	2013-12-06
74	《水利水电工程金属结构与机电 设备安装安全技术规程》	SL 400—2007	2007-11-26	2008-02-26
75	《水利水电工程施工安全管理导则》	SL/T 721—2015	2015-07-31	2015-10-31
76	《水利水电工程金属结构制作 与安装安全技术规程》	SL/T 780—2020	2020-06-30	2020-09-30
77	《风电场工程等级划分及 设计安全标准(试行)》	FD 002—2007	2007-09-07	2007-09-07
78	《水利后勤保障单位安全 生产标准化评审规程》	T/CWEC 20—2020	2020-12-15	2021-01-01
79	《水利工程项目法人安全 生产标准化评审标准》			
80	《水利工程建设标准强制性条文》		2020-01-01	2020-01-01

表 2-6 法律法规、标准清单

序号	标准名称	标准编号	发布日期 (年-月-日)	实施日期 (年-月-日)
1	《中华人民共和国安全生产法》 (2021 年修正)	中华人民共和国 主席令第八十八号	2021-06-10	2021-09-01
2	《中华人民共和国消防法》 (2021 年修正)	中华人民共和国 主席令第八十一号	2021-04-29	2021-04-29
3	《中华人民共和国道路交通 安全法》(2021 年修正)	中华人民共和国 主席令第八十一号	2021-04-29	2021-04-29
4	《中华人民共和国特种设备安全法》	中华人民共和国 主席令第四号	2013-06-29	2014-01-01
5	《中华人民共和国职业病防治法》 (2021 年修正)	中华人民共和国 主席令第二十四号	2018-12-29	2018-12-29
6	《中华人民共和国防汛条例》	中华人民共和国 国务院令第 588 号	2011-01-08	2011-01-08
7	《国务院关于进一步加强 安全生产工作的决定》	国发〔2004〕2 号	2004-01-09	2004-01-09
8	《生产安全事故应急 预案管理办法》	中华人民共和国 应急管理部令第 2 号	2019-07-11	2019-09-01
9	《水利水电建设工程蓄水安全 鉴定暂行办法》(2017 年修正)	水利部令第 49 号	2017-12-22	2017-12-22
10	《建设项目(工程)劳动安全 卫生预评价管理办法》	劳动部令第 10 号	1998-02-05	1998-02-05
11	《水库大坝安全鉴定办法》	水建管〔2003〕271 号	2003-06-24	2003-08-01
12	《水利水电建设工程蓄水 安全鉴定暂行办法》	水建管〔1999〕177 号	1999-04-16	1999-04-16
13	《水电建设工程施工 安全管理暂行办法》	电水农〔1993〕583 号	1993-12-27	1993-12-27

续表 2-6

序号	标准名称	标准编号	发布日期 (年-月-日)	实施日期 (年-月-日)
14	《关于特大安全事故 行政责任追究的规定》	中华人民共和国 国务院令第 302 号	2001-04-21	2001-04-21
15	《生产经营单位安全培训规定》	国家安全生产监督 管理总局令第 80 号	2015-05-29	2015-07-01
16	《安全生产许可证条例》	中华人民共和国 国务院令第 397 号	2004-01-13	2004-01-13
17	《地震安全性评价管理条例》	中华人民共和国 国务院令第 323 号	2001-11-15	2002-01-01
18	《生产安全事故报告 和调查处理条例》	中华人民共和国 国务院令第 493 号	2007-04-09	2007-06-01
19	《安全生产许可证条例》 （2014 年修正）	中华人民共和国 国务院令第 653 号	2014-07-29	2014-07-29
20	《危险化学品安全管理条例》 （2013 年修正）	中华人民共和国 国务院令第 645 号	2013-12-07	2013-12-07
21	《地震安全性评价管理条例》 （2019 年修正）	中华人民共和国 国务院令第 709 号	2019-03-02	2019-03-02
22	《水库大坝安全管理条例》 （2018 年修正本）	中华人民共和国 国务院令第 698 号	2018-03-19	2018-03-19
23	《建设工程安全生产管理条例》	中华人民共和国 国务院令第 393 号	2003-11-24	2004-02-01
24	《危险化学品安全管理条例》 （2011 年修订）	中华人民共和国 国务院令第 591 号	2011-03-02	2011-12-01
25	《水利工程建设 安全生产管理规定》	水利部令第 26 号	2005-07-22	2005-09-01

续表 2-6

序号	标准名称	标准编号	发布日期 （年-月-日）	实施日期 （年-月-日）
26	《建设项目（工程）劳动 安全卫生监察规定》	劳动部令第 3 号	1996-10-17	1997-01-01
27	关于印发《房屋建筑和市政基础设施 工程施工安全监督规定》的通知	建质〔2014〕153 号	2014-10-24	2014-10-24
28	《施工现场安全防护用具及 机械设备使用监督管理规定》	建建〔1998〕164 号	1998-09-04	1998-09-04
29	关于印发《建筑工程安全防护、 文明施工措施费用及使用 管理规定》的通知	建办〔2005〕89 号	2005-06-07	2005-09-01
30	《广东省道路交通 安全条例》（2014 年修正）	广东省第十二届人民代表 大会常务委员会公告第 20 号	2014-09-25	2014-09-25
31	《四川省安全生产条例》	四川省人民代表大会常务 委员会公告第 90 号	2006-11-30	2007-01-01
32	《广东省安全生产条例》（2013 年修正）	广东省第十二届 人民代表大会 常务委员会公告第 3 号	2013-09-27	2014-01-01
33	《四川省工程建设场地地震 安全性评价管理规定》	四川省人民政府令第 78 号	1996-02-29	1996-05-01
34	《重庆市安全生产条例》	重庆市人民代表 大会常务委员会 公告〔2015〕第 37 号	2015-12-08	2016-03-01
35	《贵州省安全生产条例》 （2022 年修正）	贵州省人民代表大会 常务委员会公告 （2022 第 8 号）	2022-05-25	2022-06-01
36	《广东省房屋建筑工程和 市政基础设施工程质量 安全检测管理规定》	粤建管字〔2003〕97 号	2003-08-01	2003-08-01
37	《广西壮族自治区工程建设场地 地震安全性评价管理规定》	广西壮族自治区 人民政府令第 9 号	1997-08-25	1997-09-01

续表 2-6

序号	标准名称	标准编号	发布日期 (年-月-日)	实施日期 (年-月-日)
38	广东省人民政府颁布《广东省工程建设场地地震安全性评价工作管理规定》的通知	粤府〔1995〕85 号	1995-10-12	1995-11-01
39	《广东省道路交通安全条例》	广东省人民代表大会常务委员会公告第 54 号	2006-01-18	2006-05-01
40	《贵州省安全生产条例》	贵州省人民代表大会常务委员会公告第 1 号	2006-07-19	2006-09-01
41	《广东省安全生产条例》（2011 年修正）	广东省人大公告第 62 号	2006-09-28	2006-09-28
42	《江西省安全生产条例》	江西省人大常委会公告第 95 号	2007-03-29	2007-05-01
43	《广东省道路交通安全条例》（2011 年修订）	广东省人民代表大会常务委员会公告第 61 号	2011-03-30	2011-10-01
44	广西壮族自治区实施《危险化学品安全管理条例》办法	广西壮族自治区人民政府令第 85 号	2013-01-31	2013-04-01
45	《云南省建设工程场地地震安全性评价管理规定》	云南省人民政府令第 58 号	1998-05-18	1998-05-18
46	《关于落实建设工程安全生产监理责任的若干意见》	建市〔2006〕248 号	2006-10-16	2006-10-16
47	《电气安全工作规程》	电子工业部〔87〕电生字 8 号	1987-01-02	1987-01-02
48	关于印发《建筑工程安全生产监督管理工作导则》的通知	建质〔2005〕184 号	2005-10-13	2005-10-13
49	《江西省工程建设场地地震安全性评价管理办法》	江西省人民政府令第 98 号	2000-06-09	2000-07-01
50	《海南省工程场地地震安全性评价管理办法》	海南省人民政府令第 98 号	1996-12-22	1996-12-22
51	《水利水电工程劳动安全与工业卫生设计规范》	GB 50706—2011	2011-07-26	2012-06-01

2.1.3　向员工传达

该项目标准分值为 3 分。《评审规程》对该项的要求如表 2-7 所示。

表 2-7　向员工传达

二级评审项目	三级评审项目	标准分值	评分标准
2.1　法规标准识别(10 分)	2.1.3　及时向员工传达并配备适用的安全生产法律法规和其他要求	3	未及时传达或配备,扣 3 分; 传达或配备不到位,每少一人扣 1 分

及时向员工传达并配备适用的安全生产法律法规和其他要求。可通过单位网站向员工传达安全生产法律法规标准信息,见图 2-1。重要的文件应有签收记录。

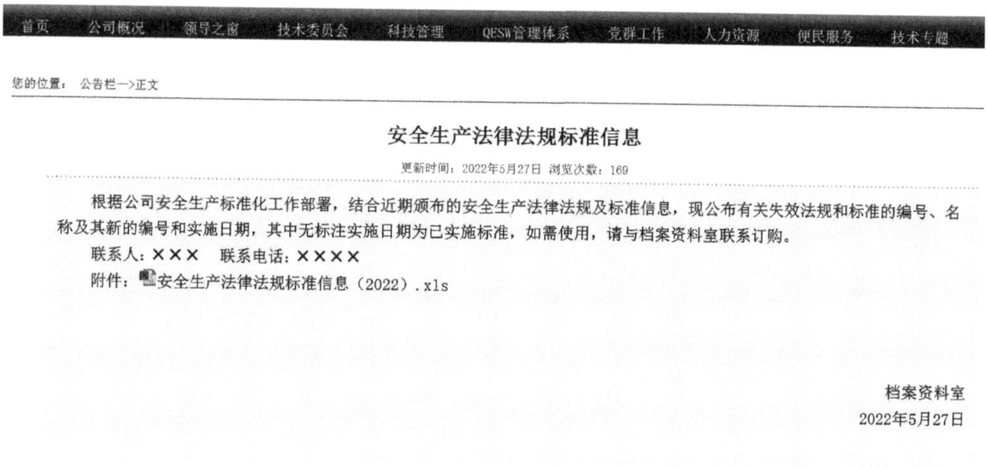
首页　公司概况　领导之窗　技术委员会　科技管理　QESW管理体系　党群工作　人力资源　便民服务　技术专题

您的位置：公告栏—>正文

安全生产法律法规标准信息

更新时间：2022年5月27日　浏览次数：169

根据公司安全生产标准化工作部署，结合近期颁布的安全生产法律法规及标准信息，现公布有关失效法规和标准的编号、名称及其新的编号和实施日期，其中无标注实施日期为已实施标准，如需使用，请与档案资料室联系订购。

联系人：×××　联系电话：××××

附件：安全生产法律法规标准信息（2022）.xls

档案资料室

2022年5月27日

图 2-1　安全生产法律法规和标准信息

2.2　规章制度

规章制度总分 16 分,有 2 项三级评审项目,分别是 2.2.1 建立规章制度(12 分)、2.2.2 规章制度发放与培训(4 分)。

2.2.1　建立规章制度

该项目标准分值为 12 分。《评审规程》对该项的要求如表 2-8 所示。

表 2-8　建立规章制度

二级评审项目	三级评审项目	标准分值	评分标准
2.2　规章制度（16 分）	2.2.1　及时将识别、获取的安全生产法律法规和其他要求转化为本单位规章制度,结合本单位实际,建立健全安全生产规章制度体系。规章制度内容应包括但不限于: 1. 目标管理; 2. 全员安全生产责任制; 3. 安全生产考核奖惩管理; 4. 安全生产费用管理; 5. 安全生产信息化; 6. 法律法规标准规范管理; 7. 文件、记录和档案管理; 8. 教育培训; 9. 特种作业人员管理; 10. 设备设施管理; 11. 文明施工、环境保护管理; 12. 安全技术措施管理; 13. 安全设施"三同时"管理; 14. 交通安全管理; 15. 消防安全管理; 16. 汛期安全管理; 17. 用电安全管理; 18. 危险物品管理; 19. 劳动防护用品(具)管理; 20. 班组安全活动; 21. 相关方安全管理(包括工程分包方安全管理); 22. 职业健康管理; 23. 安全警示标志管理; 24. 危险源辨识、风险评价与分级管控; 25. 隐患排查治理; 26. 变更管理; 27. 安全预测预警; 28. 应急管理; 29. 事故管理; 30. 绩效评定管理	12	未及时转化制定规章制度,并以正式文件发布,每项扣 3 分; 转化的规章制度内容不全,每项扣 1 分; 转化的规章制度内容不符合有关规定,每项扣 1 分

及时将识别、获取的安全生产法律法规和其他要求转化为本单位规章制度,结合本单位实际,建立健全安全生产规章制度体系。规章制度内容应包括但不限于:①目标管理;②全员安全生产责任制;③安全生产考核奖惩管理;④安全生产费用管理;⑤安全生产信息化;⑥法律法规标准规范管理;⑦文件、记录和档案管理;⑧教育培训;⑨特种作业人员管理;⑩设备设施管理;⑪文明施工、环境保护管理;⑫安全技术措施管理;⑬安全设施"三同时"管理;⑭交通安全管理;⑮消防安全管理;⑯汛期安全管理;⑰用电安全管理;⑱危险物品管理;⑲劳动防护用品(具)管理;⑳班组安全活动;㉑相关方安全管理(包括工程分包方安全管理);㉒职业健康管理;㉓安全警示标志管理;㉔危险源辨识、风险评价与分级管控;㉕隐患排查治理;㉖变更管理;㉗安全预测预警;㉘应急管理;㉙事故管理;㉚绩效评定管理。

各单位应根据本单位的实际情况建立相应安全生产方面的规章制度,并行文发放,把制度融于实际生产活动当中,要克服"两张皮"现象。劳动保护用品管理制度可参见案例 2-2。其他制度不再一一列出。

❈❈❈❈❈❈❈❈❈❈❈❈❈❈❈❈❈❈❈❈❈❈❈❈❈❈❈❈❈❈❈❈

【案例 2-2】 劳动保护用品管理制度。

×××公司关于印发劳动保护用品管理办法的通知

(××××安〔××××〕××号)

公司各部门、分公司、控(参)股公司:

为贯彻落实水利部、×××上级主管部门安全生产工作部署,进一步明确全员安全生产责任,现颁布公司劳动保护用品管理办法,请各部门、各公司、各项目遵照执行。

附件:公司劳动保护用品管理办法

×××公司
××××年××月××日

公司劳动保护用品管理办法

第一章 总 则

第一条 为了合理购置和使用劳动保护用品,有效地降低公司职工职业健康安全风险,保护员工在生产过程中的安全和健康,特制定本办法。

第二条 本办法适用于公司及其所属场所的劳动保护用品管理。

第三条 本办法所称的劳动保护用品是指:

(一)由劳动者个人使用,以提防或减轻劳动场所存在或潜在的危害因素对人身造成危害的用品器具。

(二)安放于劳动场所、公共场所、危险场所以及其他需要特殊防护措施的场所等安全防护设施、用品器具,以及必要的应急救生用品。

第四条　公司劳动保护用品发放标准由安全生产归口管理部门根据有关法律法规和公司实际商相关部门编制或修订，未经同意，各部门不得私自变更标准和自行购买发放应由公司统一采购的劳动保护用品。

第五条　劳动保护用品是为了预防工伤事故和职业病而采取的一种防护措施，不同于福利待遇，由公司或所在部门免费发给员工使用，不得折发现金。

<h2 style="text-align:center">第二章　职　责</h2>

第六条　安全生产管理部门是安全生产和职业健康安全归口管理部门，负责按照国家相关政策规定和职业危害因素，制定劳动保护用品的管理办法和发放标准；负责对公司所属场所劳动保护用品的使用情况进行检查。

第七条　后勤综合服务部门是公司劳动保护用品管理的实施部门，负责有效合理配置或推荐使用、采购、验收、发放劳动保护用品，并做好各项记录。

第八条　工会监督劳动保护用品有关管理制度的落实情况，维护员工劳动安全合法权益。

第九条　各部门对本部门职责管理范围及场所使用的劳动保护用品进行管理。各部门负责部门劳动保护用品使用的计划、申领和非统一采购劳动保护用品的采购、验收、发放，并检查、督促及指导正确有效使用。

第十条　工地项目部或外业现场相关人员负责安全防护设施、劳动保护用品的管理，负责计划、申领和非统一采购劳动保护用品的采购、验收、发放，并检查、督促及指导正确有效使用。

第十一条　监察审计部门负责对采购工作廉洁从业情况进行监督和发现问题的处理。

<h2 style="text-align:center">第三章　编制计划</h2>

第十二条　各部门根据本部门人员、岗位及所管辖的场所情况，按公司劳动保护用品发放标准编制配置计划，明确使用对象、发放标准、品种等，部门负责人审查，办公综合管理部门审核，部门分管(指导)领导批准。

第十三条　后勤综合服务部门根据各部门的需求，编制公司劳动保护用品购置计划，明确采购物品数量、型号、品质等级等，后勤综合服务部门负责人审查，分管领导批准。

第十四条　项目现场专用、公用或特殊需要配置安放的安全防护设施、劳动保护用品，以及应急救生用品，由需用方提出补充计划，报项目或部门负责人审查，办公综合管理部门会签，项目或部门分管(指导)领导批准。

第十五条　劳动保护用品购置计划经费列入各部门年度安全生产成本预算。

<h2 style="text-align:center">第四章　采　购</h2>

第十六条　统一采购的保护用品由后勤综合服务部门根据公司相关规定组织办理。个人防护用品不得购买代用品。非统一采购保护用品，采购前须向后勤综合服务部门报备，其他审批流程不变。

第十七条　采购劳动保护用品必须符合相关质量要求，且生产厂家应具有合法生产

（经营）资格和政府有关部门颁发的生产许可证。

第十八条　采购权限：

（一）带企业形象标识功能的作业装、安全防护头盔等，由后勤综合服务部门按公司相关要求统一定制或采购。

（二）其他劳动保护用品根据具体情况确定采购实施主体：广州市地区以外的项目工地或外业现场，可申请并按已获批准的购置计划自行就地就近安排采购；其他部门以及单次采购三万元及以上的劳动保护用品，由后勤综合服务部门统一按采购计划安排采购。

第十九条　采购部门对其所采购的劳动保护用品的质量、合格性负责，并按采购计划和采购权限执行。

第二十条　劳动保护用品验收由采购部门组织进行，验收重点检验其生产合法性、质量合格性。验收按公司相关规定执行。未经验收合格不得投入使用。

第五章　发放及使用

第二十一条　各部门必须严格按公司有关规定标准发放或领用劳动保护用品。项目工地现场必须使用公司统一定制的安全防护头盔和作业装，任何部门和个人都不得扣发、滥发、挪用和替用劳动保护用品。

第二十二条　未明确的个人防护用品款式、规格、发放标准，由需要使用的部门或项目自行制定，报办公室审核后按相关规定批准、执行。

第二十三条　所有进入需要使用劳动保护用品场所的员工、外聘人员、外方人员，都必须正确、有效地佩戴和使用劳动保护用品。该场所的所属部门/单位必须免费提供必需的防护用品，场所负责人为防护用品使用的检查、监督责任人。

第二十四条　劳动保护用品发放前要进行严格检查，发现超过安全使用期限或失去安全效能的，不得发放使用，并隔离存放，做好标识或按规定销毁。

第二十五条　发放劳动保护用品部门应对领用人所领用物品进行台账登记，专人管理。

第六章　检查与监督

第二十六条　各使用部门定期或不定期检查职责管理范围内本办法执行情况，及时向后勤综合服务部门反馈劳动保护用品的使用及质量情况。

第二十七条　办公综合服务部门不定期检查、监督本办法执行情况，及时纠正违反本办法的行为，并按公司安全生产管理制度实施奖罚。

第二十八条　工会不定期开展现场劳动保护监督检查，发现问题，可要求有关部门及时整改，存在问题严重的，可提请主管部门跟进处理。

第七章　附　则

第二十九条　本办法自颁布之日起实施。

第三十条　本办法由工会负责解释。

2.2.2　规章制度发放与培训(4分)

该项目标准分值为 4 分。《评审规程》对该项的要求如表 2-9 所示。

表 2-9　规章制度发放与培训

二级评审项目	三级评审项目	标准分值	评分标准
2.2 规章制度(16分)	2.2.2　及时将安全生产规章制度发放到相关工作岗位,并组织培训	4	工作岗位发放不全,每缺一个扣 1分; 规章制度发放不全或无培训记录,每缺一项扣 1 分

及时将安全生产规章制度发放到相关工作岗位,并组织培训。规章制度发放签收见表 2-10,安全教育培训记录见表 2-11,会议签到见表 2-12。

表 2-10　××××发放签收表

日期:　　　年　　　月　　　日　　　　　　　　　经办人:

序号	部门	姓名	签收	序号	部门	姓名	签收

表 2-11　安全教育培训记录表

培训主题						
受培训部门/项目名称			主讲人		记录整理人	
教育培训类型	□主要负责人、专(兼)职安全员　　□其他管理人员　　　□员工 □新员工_____级教育培训　　　　□操作规程教育培训 □"四新"投入使用前教育培训　　　□重新上岗前教育培训　□其他培训					
培训时间	年　　月　　日		地点		学时	
教育培训内容：						
参加教育培训人员(或安全教育培训会议签到表)：						
教育培训效果	□达到预期效果　　　　　　　　□未达到预期效果					

表 2-12 会议签到表

项目名称：_____

会议主题：_____ 主持人：_____

会议地点：_____ 时间： 年 月 日

序号	姓名	部门	职务职称	序号	姓名	部门	职务职称
1				20			
2				21			
3				22			
4				23			
5				24			
6				25			
7				26			
8				27			
9				28			
10				29			
11				30			
12				31			
13				32			
14				33			
15				34			
16				35			
17				36			
18				37			
19				38			

2.3　操作规程

操作规程总分 18 分,有 3 项三级评审项目,分别是 2.3.1 建立操作规程(8 分)、2.3.2"四新"操作规程(4 分)、2.3.3 操作规程发放与培训(6 分)。

2.3.1　建立操作规程

该项目标准分值为 8 分。《评审规程》对该项的要求如表 2-13 所示。

表 2-13　建立操作规程

二级评审项目	三级评审项目	标准分值	评分标准
2.3 操作规程（18 分）	2.3.1　引用或编制勘测、检测、监测、科研试验等作业活动和仪器设备安全操作规程,并确保从业人员参与编制和修订	8	未以正式文件发布,每项扣 3 分; 操作规程内容不全,每项扣 1 分; 操作规程内容不符合有关规定,每项扣 1 分; 规程的编制和修订无从业人员参与,每项扣 1 分

引用或编制勘测、检测、监测、科研试验等作业活动和仪器设备安全操作规程,并确保从业人员参与编制和修订。如无人机航摄系统操作规程可参见案例 2-3。

❀❀❀❀❀❀❀❀❀❀❀❀❀❀❀❀❀❀❀❀❀❀❀❀❀❀❀❀❀❀❀❀❀❀❀❀❀❀❀

【案例 2-3】　无人机航摄系统操作规程。

×××公司关于印发无人机航摄系统操作规程的通知

（××××安〔××××〕××号）

公司各部门、分公司、控(参)股公司:

为贯彻落实水利部、×××上级主管部门安全生产工作部署,进一步明确全员安全生产责任,现颁布公司无人机航摄系统操作规程,请各部门、各公司、各项目遵照执行。

附件:无人机航摄系统操作规程

×××公司

××××年××月××日

无人机航摄系统操作规程

1 系统组成

无人机航摄系统是具有 GPS 导航、自动测姿测速、远程数控及监测的无人机低空定时摄影系统,系统以无人驾驶飞行器为飞行平台,以高分辨率数字遥感设备为机载传感器,以获取低空高分辨率遥感数据为应用目标,主要用于地理数据的快速获取和处理。其包括数据采集系统和数据后处理系统。

无人机航摄数据采集系统通常由飞行平台、便携式地面站和地面遥控设备三部分组成。飞行平台又分为无人机、机载电子设备和任务载荷(区别无人机与普通航模飞机的关键因素)三部分。其中自驾仪为核心电子设备,如图 2-2 所示。地面监控设备如图 2-3 所示。

图 2-2　自驾仪

无人机航摄数据后处理系统包括相应的工作站硬件及航摄处理软件。硬件工作站对 CPU 速度、内存大小、显存、硬盘速度等均有较高的要求。目前,软件系统主要采用适普航摄处理软件、PI×ELGRID 无人机航摄处理软件及 PI×4D 航摄处理软件。

2 地面站操作规程

(略)

3 摄影系统操作规程

(略)

4 无人机航摄作业操作规程

(略)

5 安全保障及应急操作规程

5.1 安全设置

安全设置界面见图 2-4。

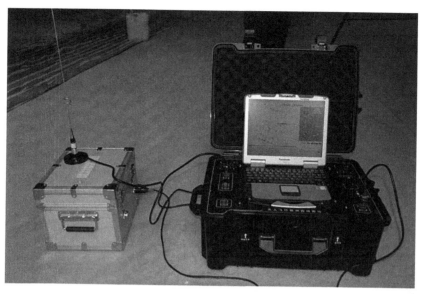

图 2-3　地面监控设备

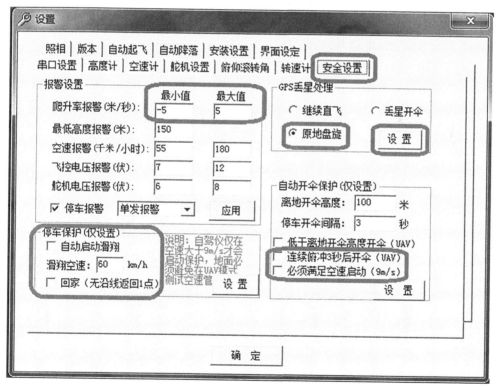

图 2-4　安全设置界面

（1）爬升率报警值设为±5 m/s 或±8 m/s。

（2）GPS 丢星处理：原地盘旋。因无 GPS 信号，飞机会飘，飘向未知。

（3）停车保护（仅设置）：自动启动滑翔，滑翔空速为 60 km/h。

回家（无沿线返回 1 点）。

关于停车保护取消方法：关闭电源再开才可以取消。

（4）自动开伞保护（仅设置）：一般勾选后两项。

注：一般情况下，停车保护两项不需要设置，或慎重设置。右边栏"GPS 丢星处理"和"自动开伞保护（仅设置）"可以设置。

在遇到紧急情况时一定要沉着冷静，可以按下面的一些提示来操作。

5.2　应急操作规程

1）发动机停车

立即启动滑翔空速。

如果此时飞机高度较高，飞行控制正常，离起飞点距离较近，有滑翔回到起飞点的可能，可以立即改变目标飞行点为 1 点，让飞机自动滑回起飞点，然后遥控操作降落。

如果不能滑翔回到起飞点，可以采取先改变目标飞行点为 1 点，尽量往回滑行，等到高度不能再低时开伞降落。

如果没有降落伞，将飞机用 CPV 模式或者 UAV 模式向无人区引导，然后让其自然滑翔到地面迫降。

在发动机停车后，如果要滑翔，请立即将提前输入的飞机最佳滑翔空速发送给飞机，此时，无论飞机处于 UAV、CPV、RPV 的哪种模式，飞机都将以此空速滑行（导航正常执行），除非关闭飞控电源重新开机。

2）高度急剧下降

高度急剧下降有可能是以下几种原因：

一是遇到下沉气流，只要飞机还有足够的高度，可以先观察，如果感觉没有减缓趋势，立即使用紧急开伞命令。一定要保证飞机离地面还有足够的高度进行停车，延时几秒开伞。

二是飞机机械故障，例如舵面脱落。如果发现飞机的下降速度达到 30 m/s 以上，请立即使用紧急开伞命令。

三是传感器故障，立即使用紧急开伞命令。

3）GPS 丢星处理

如果在地面测试 GPS 定位正常，则有可能在飞行区域受到干扰，如果通信距离足够，可以让飞机继续直飞一段，飞出干扰区，等定位正常后，重新设置目标点绕开干扰区域。

如果飞机离起飞点不远，高度不高，地面操作人员有时间可以到达飞机丢星位置，可以让飞机原地盘旋，等操作手赶到之后处理。

如果经过一段时间，飞机都还不能定位，有可能是 GPS 天线固定不好，滑落导致不能定位，请立即使用紧急开伞命令，保护设备和安全。

4）电压不足

如果电池出现电压不足报警，请立刻修改目标航点为 1 点尽量往回飞。一般从出现电压报警到电池完全耗尽还有 20~30 min。如果不能坚持到飞回起飞点，请立即使用紧急开伞命令。

5）高空风速过大

在地面起飞前，要保证风速不大于飞机巡航速度的一半。如果起飞后在高空风速过大,试着修改目标点的高度,让飞机在风速较低的高度层飞行。

6　无人机系统维护与保养

6.1　发动机维护与保养

化油器清理,化油器是发动机控制发动机油气混合比的元器件,对化油器的保养清洁直接影响发动机的效率及性能。首先加油一定要用油滤,防止汽油燃料杂质堵塞化油器。在执行 3~5 个架次飞行任务后,即旋开化油器十字螺丝,用化油器清洗剂喷洗化油器,保证化油器维持较好的工作状态。

周期方法:

火花塞清洁保养,在发动机油针调节不够理想时,尤其在富油状态下,容易引起火花塞积碳,影响发动机点火。每 6~8 个架次拆下火花塞,查看积碳情况,如积碳过重,用钢锯或刀片清理火花塞。同时,注意重新调节油针,油气混合不要过度富油,对于点火头间隙过大烧损厉害的即时更换火花塞。

缸体清理保养,在飞行作业过程中发现发动机动力不足或声音异常,静态时转动螺旋桨缸压不足,或者在检查火花塞时发现积碳过重,对于好久没有清理缸体的发动机要进行缸体整体保养。发动机缸体保养主要是对缸体上表面清除积碳,清洁活塞环及卡位上的积碳,这些是造成发动机压缩比及缸压变化的主要因素。在做好清洁后,发动机即会恢复到高效有力的状态。

6.2　电子系统维护

自驾仪维护,自驾仪器不能长期在阳光下暴晒,防止温度过高,在地面静止时做好遮阴保温。对于自驾仪上各个接头注意旋紧插紧,防止振动松落,对电源 GPS 天线及天台天线等接头用热熔胶进行加固。空速管胶管接头经常插拔,注意不要损坏漏气,应小心插拔。

电池维护,镍氢电池在飞行前做好充电,最好进行放电后再进行下一次充电。不过充、过放电。注意舵机电池和点火电池不要插混。上机电池一定要进行电压量测检查,对于电压不足的电池一定不能上机。均衡使用各组电池。

相机维护,入相机仓后做好防振保护,相机上边放置减振海绵。不需调节的各参数旋钮开关用热熔胶固定好,防止参数错乱。上机前下机后用镜头布擦好镜头。CF 存储卡每次上机前记得格式化清空,防止容量不足。在 10 个架次左右对 CF 存储卡进行一次低速格式化。防止航片存储出错。每次飞行结束后做好航片备份。

6.3　机身维修与保养

每次飞行结束后,将机身上的油渍擦洗干净。将发动机化油器上因湿度大留下的污渍清洗掉。起飞前对所有的连接机构、螺丝螺母进行全面排查检查,争取将隐患都留在地面。飞机机身装车时用海绵等做好防撞防挤等防护措施。

7　数据后处理操作规程

(略)

✳✳

2.3.2　"四新"操作规程

该项目标准分值为 4 分。《评审规程》对该项的要求如表 2-14 所示。

表2-14　"四新"操作规程

二级评审项目	三级评审项目	标准分值	评分标准
2.3 操作规程（18分）	2.3.2 在新技术、新材料、新工艺、新设备设施投入使用前，组织编制或修订相应的安全操作规程，并确保其适宜性和有效性	4	"四新"投入使用前，未组织编制或修订安全操作规程，每项扣2分；"四新"操作规程内容不符合有关规定，每项扣1分

在新技术、新材料、新工艺、新设备设施投入使用前，组织编制或修订相应的安全操作规程，并确保其适宜性和有效性。如船载激光三维扫描系统操作规程可参见案例2-4。

【案例2-4】　船载激光三维扫描系统操作规程。

×××公司关于印发船载激光三维扫描系统操作规程的通知

（××××安〔××××〕××号）

公司各部门、分公司、控（参）股公司：

　　为贯彻落实水利部、×××上级主管部门安全生产工作部署，进一步明确全员安全生产责任，现颁布公司船载激光三维扫描系统操作规程，请各部门、各公司、各项目遵照执行。

　　附件：船载激光三维扫描系统操作规程

×××公司

××××年××月××日

船载激光三维扫描系统操作规程

1　概述

1.1　实施背景

　　作为水利工程建设和河道治理保护的基础支撑技术，水利工程测量常需获得河道水下及两岸地形数据，传统的接触式单点测量，水下及陆地分开作业，外业工作量大，工作效率低，两岸山高坡陡时，尤其难以保证测量人员的人身安全。

　　近年来，测绘领域高新技术不断革新：长距离三维激光扫描仪基于激光测距原理，突破了传统的单点测量,可无接触式快速获取高精度的三维点云;多波束测深仪高度集成了水声技术、计算机技术、数字化传感器等多种技术,实现了"点—线"测量到"线—面"测量的跨越;光纤罗经等硬件设备以及数据后处理技术的不断成熟,使得水下陆地一体化地形测量成为现实。在测量船上装置长距离三维激光扫描仪和多波束测深仪,随着测量船的推进,可同步采集水下及两岸的三维点云数据。结合测量级光纤罗经提供的姿态方位数据,以及 GPS 定位及授时功能,经过后处理,可获得精度可靠、数据完整的河道三维模型,实现河道可视化三维测量和动态漫游,提高作业效率,保障测量人员的人身安全,更为有效地保障流域管理前期工作的顺利开展。

1.2　系统组成

船载激光三维扫描系统主要集成了 RIEGL VZ-1000 三维激光扫描仪、R2Sonic 2022 多波束测深仪、iXSEA OCTANS 光纤罗经,以及 GPS、声速剖面仪和控制电脑等硬件设备,其中部分设备配备了专业软件,用于操控设备及处理数据,此处主要介绍硬件部分。

1.2.1　RIEGL VZ-1000 三维激光扫描仪

RIEGL VZ-1000 三维激光扫描系统由奥地利瑞格公司研发生产,集成了 VZ-1000 三维激光扫描仪、RiSCAN PRO 软件以及单反数码相机,三者的结合能够实现:①赋予点云真实色彩,建立接近真实场景的三维模型;②精确识别目标细节,便于区分地物地类;③实时定位,距离、面积和体积测量等。RIEGL VZ-1000 示意见图 2-5。

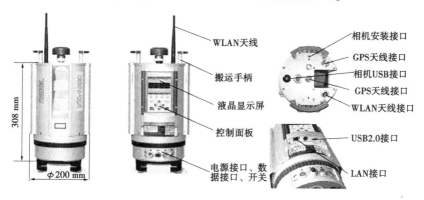

图 2-5　RIEGL VZ-1000 示意

RIEGL VZ-1000 三维激光扫描仪拥有 RIEGL 独一无二的全波形回波技术(waveform digitization)及实时全波形数字化处理和分析技术(on-line waveform analysis),每秒可发射高达 30 万点的纤细激光束,提供高达 0.000 5°的角分辨率,最大扫描距离为 1 200 m,扫描视场范围 100°×360°(垂直×水平),100 m 处单次扫描精度为 5 mm。基于 RIGEL 独特的多棱镜快速旋转扫描技术,使其能够产生完全线性、均匀分布、单一方向、完全平行的扫描激光点云线。RIEGL VZ-1000 技术参数见表 2-15。

表 2-15　RIEGL VZ-1000 技术参数

扫描参数	垂直扫描(线扫描)	水平扫描(面扫描)
扫描角度范围	100°(−40°~60°)	0°~360°
扫描机制原理	旋转反射棱镜	旋转激光头
扫描速度	3~120 线/s	0°/s~60°/s

RiSCAN PRO 软件可用于扫描仪操作及数据处理,以目录树结构将数据存储为 XML 文件格式,提供了包括全球坐标系拼接在内的全自动和半自动四种拼接方式,并可接口其他后处理软件。

RIEGL VZ-1000 三维激光扫描仪轻便、坚固且易操作,外业采集具备高速、高精度及长测距等优势,内业数据处理提供全方位的专业解决方案,这些优势使得其在地形和矿产测量、建筑和正射影像测量、考古及文化遗产、隧道测量、工程监测、三维建模等领域均有应用,且技术日趋成熟。

1.2.2　R2Sonic 2022 多波束测深仪

R2Sonic 2022 是第五代宽带超高分辨率浅水多波束回声测深系统(见图 2-6),由美国 R2Sonic 公司开发生产,系统主要包括三个部分:紧凑轻便的发射阵、接收阵和干端声呐接口模块,在 500 m 全量程范围内性能稳定、数据质量可靠,代表了当前世界最先进的水下声学技术和最新的多波束设备结构和设计,主要指标如下:

(1)工作频率:可在 200~400 kHz 范围内实时在线选择 20 多个工作频率,以达到最佳量程和条带覆盖宽度。

(2)分辨率:波束大小为 1°×1°,量程分辨率为 1.25 cm。

(3)条带覆盖宽度:在 10°~160°范围内在线连续可调。

(4)具备条带扇区实时在线旋转功能,可实现水底到垂直岸壁的高质量测量。

1.2.3　iXSEA OCTANS 光纤罗经

iXSEA OCTANS 光纤罗经是唯一经 IMO 认证的测量级罗经(见图 2-7),内含 3 个光纤陀螺和 3 个加速度计,内置自适应升沉预测滤波器,可实时提供精确可靠的运动姿态数据。系统启动 5 min 后,即可获得稳定的输出数据,包括真北方位角 Heading、横摇 Roll、纵摇 Pitch 以及升沉 Heave。光纤罗经主要性能指标见表 2-16。

图 2-6　R2Sonic 2022 多波束测深仪　　　图 2-7　　iXSEA OCTANS 光纤罗经

表 2-16　光纤罗经主要性能指标

性能指标		取值
航向	精度	0.1°× Secant 纬度
	分辨率	0.01°
稳定时间	静态	<1 min
	各种条件	<5 min
升沉	精度	5 cm 或 5%(取较大值)
横滚、俯仰	动态精度	0.01°
	量程	无限制
	分辨率	0.001°
工作环境	工作/储存温度	−40~60 ℃/80 ℃
	对热冲击效应不敏感,无须预热;对纬度或航速无限制	

1.2.4　辅助设备

主要的辅助设备包括 GPS、声速剖面仪和控制电脑。GPS 有主副 GPS 各一个,分别用于提供导航定位以及时间信息;声速剖面仪用于测量河道不同水深处的声速值,用于后处理的声速改正;控制室中的控制电脑安装了 R2Sonic 声呐控制软件和 QINsy 采集软件,可操控相关设备,可视化显示测量进程和测量数据。

1.2.5　设备安装及船体坐标系

各主要部件的安装位置如图 2-8 所示,RIEGL VZ−1000 扫描仪装置在船顶左舷边缘,底部为焊接固定的螺旋基座。多波束测深仪的探头固定在船头左舷,探头需没入水中。GPS 包括主副 GPS 各一个,均位于左舷船顶,两者距离介于 1~2 m,两者连线平行于船体中心线。光纤罗经固定在船体重心位置的甲板上,上方商标符号指向航行方向。

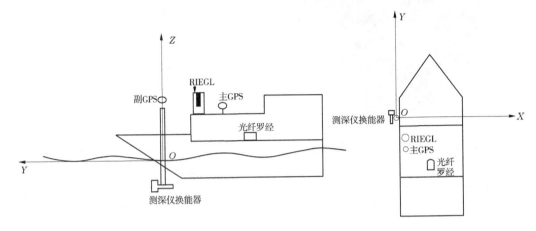

图 2-8　设备安装位置及船体坐标系

此外,为标定所有设备在测量船上的位置,定义船体坐标系:以测量船前进的方向为 Y 轴正方向,船体右侧为 X 轴正方向,垂直船体向上为 Z 轴正方向,原点 $O(0,0,0)$ 位于探杆与水面的交点处,如表 2-17 所示,换能器(量到换能器最底部)、IMU、主 GPS 在坐标系中的方位通常列表统计,其中换能器 $X = 0$ m,$Y = -0.182$ m 为固定值。

表 2-17　设备船体坐标

设备名	X/m	Y/m	Z/m
换能器	0	−0.182	×××
IMU	×××	×××	×××
主 GPS	×××	×××	×××

1.2.6　设备连接

船载激光三维扫描系统使用的设备较多,各个设备的串口分配和信号连通十分关键,需注意区分与调试。如图 2-9 所示,GPS、RIEGL 扫描仪、光纤罗经和多波束测深仪都是通过交换机实现与计算机之间的数据传输及通信,可见交换机在设备连接中的重要性,必须确保其线路连接准确无误。

(1)串口分配为:GPS 为 COM5,姿态仪和罗经均为 COM6,ZDAPPS 为 COM7,PPS Adapter 为 COM8。各个设备在交换机上的通信连接如图 2-10 所示。

(2)仪器连接完毕后,可打开 Template Manager 窗口(见图 2-11)中的 I/O Tester 测试设备通信是否连接成功。

若设备已连通,其通信窗口会有信号写入;若无信号输入,需检查串口及线路是否正常。

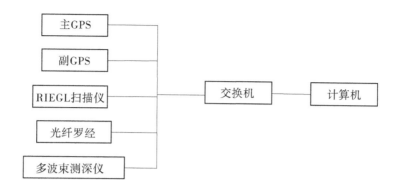

2-9　数据传输及通信

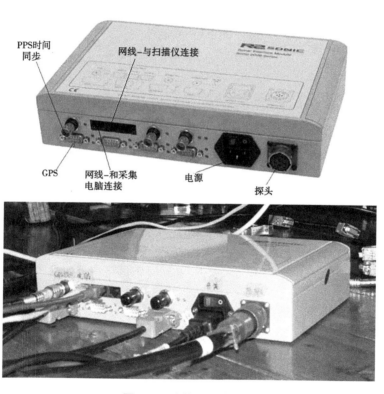

图 2-10　交换机线路连接

2　船载激光三维扫描系统

　　船载激光三维扫描系统集成了 RIEGL VZ-1000 三维激光扫描仪、iXSEA OCTANS 光纤罗经、R2Sonic 2022 多波束测深仪及 GPS 等新技术,作业时随着测量船行进,RIEGH VZ-1000 三维激光扫描仪实时获取两岸点云,R2Sonic 2022 多波束测深仪同时采集水下地形,结合 iXSEA OCTANS 光纤罗经的同步姿态和方位角参数以及 GPS 精确的定位授时信息,经过后处理的各项改正,可得到水下、陆地一体化三维模型,从而实现水域、陆地一体化测量。

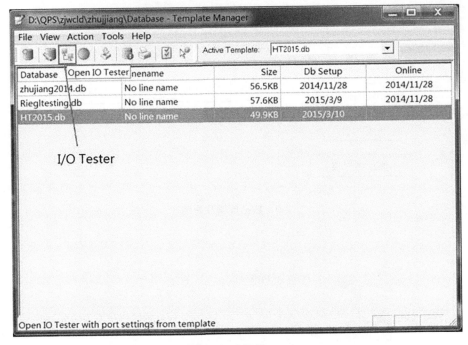

图 2-11　I/O Tester

2.1　声速剖面仪和 SeaCast 软件设置

2.1.1　声速剖面仪操作说明

(1)声速剖面仪中的黑色皮套为保护套,红色皮套为工作套,红色工作套插上即可工作。声速剖面仪需要定期充电。

(2)绿灯闪指正常工作,绿灯亮指电量足,黄灯亮指电量弱。

(3)插上红色工作套即可测量,测量时,先将声速剖面仪放入水中感受一下温度,一般 30 s 左右即可,然后将仪器匀速沉入水中,触到河床再将仪器匀速提起,仪器自动记录沉入和提起的声速。

(4)声速剖面仪的工作电压为 9 V。

(5)表面声速仪和声速剖面仪的设置相同。

……

2.4.8　安全等注意事项

(1)RIEGL VZ-1000 三维激光扫描仪的扫描模式选择 LineScanDemo。另外,扫描仪激光头不得扫描聚光物体,比如棱镜。

(2)测量船工作时,需同时安排人员观测潮位;若测区较大潮位变化明显,需分多站同时观测潮位变化,用于内业数据处理的潮位改正。

(3)本次试验只选择了 WGS84 坐标,输出数据均为以 WGS84 基准的成果。若需输出 1954 北京坐标系成果,建数据库时可另外新增一个 1954 北京坐标系基准。

2.4.9　QINSy 数据校准

2.4.9.1　扫描仪数据校准

扫描仪数据校准,包括姿态校准和潮位改正,姿态校准包括横摇 Roll、纵摇 Pitch、艏向偏差 Heave 三项改正,必须先求得这三项改正值;潮位改正根据潮位观测值进行。三项姿态改正值的求取思路为:选取两个来回的四条测线作为校准线,经潮位改正后,在校准线上分别选取切片求取三项改正值。求得姿态改正值后,首先对扫描仪原始数据(∗.db)做姿态校准,数据回放输出∗.qdb 后做潮位改正,最终导出得到 Leica Cyclone(∗.pts)数据。

　　(1)打开 QINSy 软件(见图 2-12),选择数据回放 Replay 功能,导出几条测线的数据作为校准线。

　　……

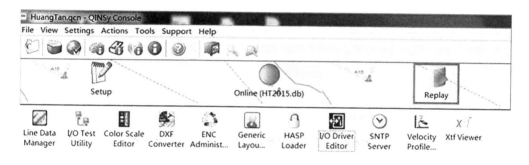

图 2-12　QINSy 软件

3　岸站三维激光地形扫测

　　(略)

❈❈❈❈❈❈❈❈❈❈❈❈❈❈❈❈❈❈❈❈❈❈❈❈❈❈❈❈❈❈❈

2.3.3　操作规程发放与培训

　　该项目标准分值为 6 分。《评审规程》对该项的要求如表 2-18 所示。

表 2-18　操作规程发放与培训

二级评审项目	三级评审项目	标准分值	评分标准
2.3　操作规程（18分）	2.3.3　安全操作规程应发放到相关作业人员,并组织培训学习	6	未及时发放到相关作业人员,每缺一人扣 1 分; 未组织有关人员培训学习,扣 2 分

　　安全操作规程应发放到相关作业人员,并组织培训学习。操作规程发放签收见表 2-10,安全教育培训记录见表 2-11,会议签到见表 2-12。

2.4 文档管理

文档管理总分 16 分,有 4 项三级评审项目,分别是 2.4.1 文件管理制度(3 分)、2.4.2 记录管理制度(3 分)、2.4.3 档案管理制度(3 分)和 2.4.4 制度的适用性(7 分)。

2.4.1 文件管理制度

该项目标准分值为 3 分。《评审规程》对该项的要求如表 2-19 所示。

表 2-19 文件管理制度

二级评审项目	三级评审项目	标准分值	评分标准
2.4 文档管理(16 分)	2.4.1 文件管理制度应明确文件的编制、审批、标识、收发、使用、评审、修订、保管、废止等内容,并严格执行	3	未以正式文件发布,扣 3 分; 制度内容不全或不符合有关规定,每项扣 1 分; 未按规定执行,每项扣 1 分

文件管理制度应明确文件的编制、审批、标识、收发、使用、评审、修订、保管、废止等内容,并严格执行。安全生产文件管理制度可参见案例 2-5。

❈❈❈❈❈❈❈❈❈❈❈❈❈❈❈❈❈❈❈❈❈❈❈❈❈❈❈❈❈❈❈❈❈❈❈❈❈❈

【案例 2-5】 安全生产文件、记录和档案管理制度。

×××公司关于印发安全生产文件、记录和档案
管理制度的通知

(××××安〔××××〕××号)

公司各部门、分公司、控(参)股公司:

为贯彻落实水利部、×××上级主管部门安全生产工作部署,进一步明确全员安全生产责任,现颁布公司安全生产文件、记录和档案管理制度,公司成文信息控制程序,公司科技档案管理规定,请各部门、各公司、各项目遵照执行。

附件:公司安全生产文件、记录和档案管理制度
公司成文信息控制程序
公司科技档案管理规定

×××公司

××××年××月××日

公司安全生产文件、记录和档案管理制度

第一条 公司安全生产有关文件纳入公文范畴管理。有关文件的编制、审批、标识、收发、使用、评审、修订、保管、废止等按照公司有关公文制度执行。

第二条 公司有关安全生产记录的填写、收集、标识、保管和处置等根据安全生产管理制度和质量、环境、职业健康安全和水安全管理体系相关规定执行。

第三条 公司设代、工程监测等项目现场的安全生产有关文件、记录,应按照项目业主相关规定执行。

第四条 公司在咨询、勘测、设计等生产活动以及在行政、经营、人事、技术、会计、党群等管理工作中,形成的具有保存价值、按规定需整理归档的各种形式的有关安全生产材料,纳入公司档案范畴管理。

第五条 公司安全生产档案的收集、整理、标识、移交、保管、使用、处置等按照公司档案管理制度执行。

第六条 公司设代、工程监测等项目现场安全生产有关档案,应根据项目业主要求进行收集、整编、移交,同时根据公司档案管理制度相关规定,向公司档案资料室移交一套相关档案。

公司成文信息控制程序

1 目的和范围

为了确保质量、环境、职业健康安全和水安全管理体系有效运行,对成文信息有效控制,确保任何场所作业人员使用的纸质、电子文件信息适用并予以妥善保护;同时对信息更改、修订及外部成文信息进行适当的识别和控制,特制定本程序。

本程序适用于公司质量、环境、职业健康安全和水安全管理体系成文信息、工程项目成文信息以及外部成文信息。

成文信息主要有文件和记录两种形式。

2 职责

2.1 办公综合管理部门负责公司内外部文书文件的接收、传递、送审、发放和归档;负责公司环境安全文件的编制和发放。

2.2 人力资源管理部门负责有关培训、职(执)业资格、劳资用工、劳动保护有关文件的编制、获取和传递。

2.3 经营管理部门负责经营活动中的文件编制和管理。

2.4 生产管理部门、生产部门负责公司项目生产活动中的文件编制和管理。

2.5 质量管理部门负责组织公司 QESW 管理体系文件的编制、评审、发放、标识和更改;

负责公司法律法规(含质量、环境、职业健康安全和水安全管理体系法律法规)、技术标准有效版本清单的审批。

2.6　BIM 技术应用部门负责 BIM 技术的开发、推广应用等相关文件的编制和管理。

2.7　综合服务部门

(1)档案资料管理部门负责收集及更新法律法规和技术标准(含 QESW 管理体系常用法规标准控制清单),对公司档案管理软件系统进行管理和维护;

(2)信息管理部门负责编制、更新和发布计算机软件有效版本控制清单;

(3)文印部门负责公司报告、图纸等项目文件的登记和出版;

(4)后勤服务部门负责公司后勤管理工作相关文件和记录的编制与管理。

2.8　项目经理(项目负责人)负责组织本工程项目技术文件及相关文件的编制、传递和归档;负责组织本项目外来文件的收集、验证、传递和归档。

2.9　各部门负责人负责对有关质量、环境、职业健康安全和水安全管理体系文件的宣贯,组织对本部门工程技术文件及相关文件的编制、校审和归档。

2.10　各部门兼职档案资料员负责对本部门文件和资料的收集、接收、传递、保管及归档,负责将所获取的与本专业有关的政策、法律法规、技术标准等及时传达至档案资料室;将计算机软件信息及时传达至信息部。

3　工作程序

3.1　成文信息范围

(1)质量、环境、职业健康安全和水安全管理体系文件;

(2)适用法律法规和专业技术标准强制性条文;

(3)相关专业技术标准;

(4)专业性计算机应用软件;

(5)来自相关主管部门、业主等与本公司产品、活动和服务有关的外来文件;

(6)本公司质量、环境、职业健康安全和水安全管理体系运行过程中形成的项目管理文件及工作文件等;

(7)记录。

3.2　成文信息控制

3.2.1　文件控制

1)管理体系文件

(1)质量、环境、职业健康安全和水安全管理体系方针由董事长负责拟定;公司质量、环境、职业健康安全和水安全管理体系目标由管理者代表负责组织制定、评审,总经理批准发布;质量、环境、职业健康安全和水安全管理体系管理手册由质量管理部门负责编制,管理者代表核定,总经理批准。程序文件及作业文件由质量管理部门负责组织相关部门骨干编制,部门负责人审查,管理者代表/分管副总经理/总工程师核定,总经理批准、发布。

（2）质量管理部门负责质量、环境、职业健康安全和水安全管理体系文件的发放、标识、更改的控制和管理；管理体系文件的作废，由质量管理部门登记造册，质量管理部门负责人审查，管理者代表批准，质量管理部门负责收回、销毁。

（3）因换版而作废的质量、环境、职业健康安全和水安全管理体系文件纸质版，质量管理部门及时按分发号收回受控本，除应保留一份归档外，其余造册销毁，以防止使用作废文件。若由于法律或其他原因需保留的作废文件，应加盖红色"作废"印章后隔离存放。电子格式则在公司办公信息系统按原规定的审核、批准流程同步执行。

2）公司编制的有关文件

（1）项目有关文件的编制、审批、评审、更改和标识执行《水利水电工程咨询、设计过程控制程序》《工程勘察过程控制程序》《测绘过程控制程序》《工程检测监测过程控制程序》《招标代理过程控制程序》及《勘测设计产品校审制度》等产品有关规定。

（2）项目技术成果文件的发放范围和数量由项目经理确定，经营管理部门负责按《公司印章管理办法》规定对外交付并记录。

（3）各部门兼职档案资料员，负责本部门项目有关文件资料的收集、分类、传递、保管，按《科技档案管理规定》要求归档。

（略）

公司科技档案管理规定

1　目的和范围

为了完整地保存和科学地管理本公司的科技档案，充分发挥档案的功能和作用，特制定本规定。

本规定适用于公司承担和完成的勘测、咨询、设计、招标代理等产品及其管理工作中形成的具有保存价值，按规定需整理归档保存以备查考的各种载体的技术文件材料及引进的重要技术、设备的文件材料（包括纸质文件、图纸、电子载体以及实物档案等）。

2　职责

2.1　公司分管领导对档案管理实行统筹规划，组织协调，负责档案相关文件的批准。

2.2　综合服务部门负责公司档案工作的监督和指导，负责档案管理相关文件的审核。

2.3　综合服务部门档案资料室负责全公司科技档案的收集、整编、保管、统计、鉴定、提供利用等管理工作；物资采购部门负责公司 5 万元以上固定资产的文件材料的收集、整理和归档等工作，通知档案人员参加验收并在记录表上签字。

2.4　项目经理（项目负责人）应在项目总体计划中明确项目文件材料的归档期限。按归档期限组织各专业负责人做好本项目文件材料的整理和归档工作，对所归档文件材料的完整性、准确性、系统性负责。

2.5　各二级部门负责人按归档期限组织本部门做好工程项目（含二级经营项目）的归档

工作,对归档材料的完整性、准确性、系统性进行监督。

2.6　各项目专业负责人或室主任协助项目经理组织工程技术人员进行归档,对项目本专业归档文件材料的完整性、准确性、系统性负责。

2.7　设代组长负责组织对设代过程中形成文件的收集、整理和归档工作,并对归档材料的完整性、准确性、系统性负责。

2.8　部门兼职档案资料员负责本部门归档材料的收集、整理、预立卷和归档工作。

2.9　各专业技术人员按归档要求整理手头材料,交兼职档案员统一保管和归档。

2.10　生产管理部门负责将已完成项目清单交付给档案资料室。

2.11　技术质量管理部门负责公司获奖证书和管理体系文件的归档。

2.12　公司在生产活动中摄录的声像材料,由摄录者负责归档。

3　归档制度

3.1　归档范围和保管期限见公司相关表格。

3.2　归档范围

　　归档工作实行预立卷制度,实行本部门产生的科技文件材料由本部门负责整理归档的原则。

3.2.1　技术报告印刷件、原稿及电子版本(光盘)、综合性文件等由项目经理整理归档。

3.2.2　各部门产生、收集和获得的文件材料,由各专业处(室)整理并由兼职档案员负责归档。项目专业负责人对本专业归档清单签字认可。

3.2.3　现场设代的文件材料,由设代组兼职档案员负责整理归档。设代负责人对归档清单签字认可。

3.2.4　各部门牵头完成的工程项目或引进技术,由牵头部门负责整理归档。部门负责人对归档清单签字认可。

3.2.5　声像材料在活动结束后两周,由摄录者负责整理归档。

3.2.6　物资采购部门在采购5万元以上的仪器设备开箱验收后1个月内,将相关资料整理归档。

3.2.7　生产经营管理部门按年提供已完成项目清单给档案资料室,以便档案人员做好催档工作;在项目结算时应核查项目资料是否归档,如未完成归档,不予以结清项目经费。

3.3　归档时间

3.3.1　工程勘测咨询设计成果在通过审查批复后3个月内整理归档。施工图设计阶段勘测设计成果,按子项工程完成后3个月内整理归档。

3.3.2　招标代理成果在成果交付顾客后1个月内整理归档。

3.4　归档要求

3.4.1　凡归档的文件材料,纸质文件必须做到字迹工整、图样清晰,不准用易褪色的书写材料书写、绘制,并且不得使用金属物装订。蓝图须按规定折叠整齐,统一以A4纸大小为标准。电子载体采用质量好、不可擦写光盘(只读光盘)归档。声像材料由制作人将所拍摄的照片(底片)、录像带等材料按专题进行分类,并注明时间、地点、人物、主题等,及时归档。实物档案原件需要陈列或使用的应先将照片或复制件归档。使用完后将原件归档。

3.4.2 归档内容及数量。

归档内容包括原稿、计算书、底图、原图、项目材料、复制件、光盘以及声像、计算机软件等。归档数量如下:

(1)技术文件报告原稿、计算书、综合性文件、质量记录等纸质文件材料归档 1 份;计算书若是打印件,需同时归档电子版本。

(2)施工图设计阶段,底图和光盘各归档 1 份;其他阶段,如有出版报告附图的,底图可不归档,但必须归档报告附图和光盘各 1 份。

(3)成套设计报告、专题报告及附图、附件的归档,公司项目归档 3 套,测绘项目、自营项目归档 1 套,分公司项目归档 1 套。成套设计报告、专题报告及附图归档时,要在报告扉页盖章,咨询成果文件可行性研究之前阶段及专题报告出版时需加盖单位公章,初步设计报告及施工图阶段报告加盖勘测设计专用章。

(4)具有保存价值的照片,归档 1 套。

(5)其他技术文件及设备、仪器有关文件,归档 1 份。

3.4.3 各部门兼职档案资料员做好应归档的文件材料的预立卷工作,归档原件材料应按序整理并用线装订好,光盘储存的文件内容应有目录说明。

❈❈❈❈❈❈❈❈❈❈❈❈❈❈❈❈❈❈❈❈❈❈❈❈❈❈❈❈❈❈❈❈❈❈❈❈❈❈

2.4.2 记录管理制度

该项目标准分值为 3 分。《评审规程》对该项的要求如表 2-20 所示。

表 2-20 记录管理制度

二级评审项目	三级评审项目	标准分值	评分标准
2.4 文档管理(16 分)	2.4.2 记录管理制度应明确记录管理职责及记录的填写、收集、标识、保管和处置等内容,并严格执行	3	未以正式文件发布,扣 3 分; 制度内容不全或不符合有关规定,每项扣 1 分 未按规定执行,每项扣 1 分

记录管理制度应明确记录管理职责及记录的填写、收集、标识、保管和处置等内容,并严格执行。安全生产记录管理制度可参见案例 2-5。

2.4.3 档案管理制度

该项目标准分值为 3 分。《评审规程》对该项的要求如表 2-21 所示。

表 2-21　档案管理制度

二级评审项目	三级评审项目	标准分值	评分标准
2.4 文档管理（16分）	2.4.3　档案管理制度应明确档案管理职责及档案的收集、整理、标识、保管、使用和处置等内容,并严格执行	3	未以正式文件发布,扣 3 分; 制度内容不全或不符合有关规定,每项扣 1 分; 未按规定执行,每项扣 1 分

　　档案管理制度应明确档案管理职责及档案的收集、整理、标识、保管、使用和处置等内容,并严格执行。档案管理制度可参见案例 2-5。

2.4.4　制度的适用性

　　该项目标准分值为 7 分。《评审规程》对该项的要求如表 2-22 所示。

表 2-22　制度的适用性

二级评审项目	三级评审项目	标准分值	评分标准
2.4 文档管理（16分）	2.4.4　根据评估、检查、自评、评审、事故调查等发现的相关问题,及时修订安全生产规章制度、操作规程,确保其有效和适用	7	未及时修订,每项扣 1 分; 修订内容不全或不符合有关规定,每项扣 1 分

　　根据评估、检查、自评、评审、事故调查等发现的相关问题,及时修订安全生产规章制度、操作规程,确保其有效和适用。制度的适用性评估见表 2-23。

表 2-23 安全生产管理制度和职责的适用性评估会议纪要

会议内容	安全生产管理制度和职责的适用性评估会		
主持人	×××	分管领导	×××
参加会议人员	×××、×××、×××、×××、×××、×××、×××		

内容：

　　××××年××月××日上午,在公司×××会议室召开了安全生产管理制度适用性评估会,对公司××××年度安全生产管理办法、部门和从业人员的安全生产责任制、考核管理、绩效评定等有关安全生产管理体系文件的有效性、充分性、适用性和履职情况进行了讨论、评估和监督。

　　经与会人员经过认真讨论,认为单位和从业人员的安全生产履职情况良好,目前运行的安全生产责任制和监督考核等制度是合适的。

　　与会人员签名：

编写人		审查人		批准人	

第 3 章　教育培训

教育培训总分 60 分,二级评审项目有 3.1 教育培训管理(10 分)和 3.2 人员教育培训(50 分)。

3.1　教育培训管理

教育培训管理总分 10 分,有 2 项三级评审项目,分别是 3.1.1 安全教育培训制度(3 分)和 3.1.2 培训计划(7 分)。

3.1.1　安全教育培训制度

该项目标准分值为 3 分。《评审规程》对该项的要求如表 3-1 所示。

表 3-1　安全教育培训制度

二级评审项目	三级评审项目	标准分值	评分标准
3.1 教育培训管理(10 分)	3.1.1 安全教育培训制度应明确归口管理部门、培训的对象与内容、组织与管理、检查和考核等要求	3	未以正式文件发布,扣 3 分; 制度内容不全,每缺一项扣 1 分; 制度内容不符合有关规定,每项扣 1 分

安全教育培训制度应明确归口管理部门、培训的对象与内容、组织与管理、检查和考核等要求。安全教育培训制度可参见案例 3-1。

꙳꙳꙳꙳꙳꙳꙳꙳꙳꙳꙳꙳꙳꙳꙳꙳꙳꙳꙳꙳꙳꙳꙳꙳꙳꙳꙳꙳꙳꙳꙳꙳꙳꙳꙳꙳

【案例 3-1】　安全教育培训制度。

×××公司关于印发安全教育培训制度的通知

(××××安〔××××〕××号)

公司各部门、分公司、控(参)股公司:

　　为贯彻落实水利部、×××上级主管部门安全生产工作部署,进一步明确全员安全生产责任,现颁布公司安全教育培训制度,请各部门、各公司、各项目遵照执行。

　　附件:公司安全教育培训制度

×××公司

××××年××月××日

公司安全教育培训制度

第一条 安全教育培训作为公司教育培训不可或缺的内容,由公司培训管理部门将各部门提出的安全教育培训需求在公司年度教育培训办班计划中列出并认真组织实施。

第二条 公司进行安全教育培训的主要人员包括主要负责人、部门负责人、安全生产管理人员、特种作业人员和其他从业人员。

公司对新入职员工实施三级安全教育制度,分别为第一级(公司级)、第二级(二级部门级)、第三级(三级部门级)。

第三条 公司各级各类人员的安全教育培训内容和学时应满足《生产经营单位安全培训规定》《水利部关于贯彻落实〈国务院安委会关于进一步加强安全培训工作的决定〉进一步加强水利安全培训工作的实施意见》等有关法规、标准规定。新职工上岗前至少进行 24 学时培训,每年至少进行 8 学时再培训。特种作业人员按规定参加年度安全教育培训或继续教育,学时按主管部门要求执行。

第四条 公司每年组织一次专题安全生产教育培训,重点培训各部门负责人和专兼职安全生产管理人员,普及安全知识、提升管理能力、交流工作经验。每年组织一次新员工入职安全培训,作为第一级安全教育培训,确保新员工对公司安全生产制度、形势和特点、警示标志等基本知识和基本要求有充分的了解和理解,建立安全生产风险防范意识。

第五条 各部门特别是外业部门应每年至少对本部门全体在职人员开展一次安全生产教育培训。

第六条 各三级部门负责对当年度新入职员工进行第三级安全教育培训和考核。重点培训和考核岗位安全生产特点,岗位易发生事故的不安全因素及防范对策,安全操作规定、劳动纪律,岗位安全作业环境及使用的机具、设备的安全要求,正确使用安全防护装置(设施)及个人劳动防护用品等。

第七条 新开工的项目外业班组,开工前必须组织安全教育培训,落实安全交底。

第八条 根据"谁组织、谁负责"的原则,公司各级安全教育培训由各相关机构和项目如实记录安全生产教育培训时间、内容、参加人员以及考核结果等情况;建立安全教育培训档案,内容包括培训通知、培训资料、实施现场照片、考试考核记录、成绩单、培训效果评价等,并根据评价结论进行持续改进。

第九条 公司安全生产管理部门监督、检查各相关部门及项目开展安全教育,并将检查结果纳入安全生产专项考核范畴。

❈❈❈❈❈❈❈❈❈❈❈❈❈❈❈❈❈❈❈❈❈❈❈❈❈❈❈❈❈

3.1.2 培训计划

该项目标准分值为 7 分。《评审规程》对该项的要求如表 3-2 所示。

表 3-2　培训计划

二级评审项目	三级评审项目	标准分值	评分标准
3.1　教育培训管理（10分）	3.1.2　定期识别安全教育培训需求，编制并发布培训计划，按计划进行培训，对培训效果进行评价，并根据评价结论进行改进，建立教育培训记录、档案	7	未定期识别安全教育培训需求，扣2分； 未编制年度培训计划，扣7分； 培训计划不合理，扣3分； 未进行培训效果评价或未进行必要的改进，每次扣1分； 记录、档案资料不完整，每项扣1分

定期识别安全教育培训需求，编制并发布培训计划，按计划进行培训，对培训效果进行评价，并根据评价结论进行改进，建立教育培训记录、档案。各部门根据文件规定年初制定安全教育培训需求，可统一纳入公司级培训计划。教育培训计划可参见案例 3-2，安全教育培训效果评价见表 3-3。

表 3-3　安全教育培训记录表

培训主题					
受培训部门/项目名称			主讲人	记录整理人	
教育培训类型	□主要负责人、专（兼）职安全员 □新员工____级教育培训 □"四新"投入使用前教育培训 □监（检）测人员、特种作业人员培训		□其他管理人员 □操作规程教育培训 □重新上岗前教育培训 □其他培训		□员工
培训时间	年　　月　　日		地点	学时	
教育培训内容：					

续表 3-3

参加培训教育人员(或安全教育培训会议签到表):	
教育培训效果	□达到预期效果　　　　　□未达到预期效果

❋❋❋❋❋❋❋❋❋❋❋❋❋❋❋❋❋❋❋❋❋❋❋❋❋❋❋❋❋❋❋❋❋❋❋❋❋❋

【案例 3-2】　教育培训计划。

×××公司关于印发××××年度教育培训计划的通知

(××××人〔××××〕××号)

公司各部门、分公司、控(参)股公司:

　　为贯彻落实水利部、×××上级主管部门工作部署,进一步提高公司员工综合素质,提升公司绩效,实现公司高质量发展,根据公司年度工作计划与发展目标,结合公司及各部门培训需求,特制定公司××××年度教育培训计划,请各部门、各公司、各项目遵照执行。

　　附件:公司××××年度教育培训计划

×××公司

××××年××月××日

公司××××年度教育培训计划

类目	培训班名称	培训对象	培训人数		办班时间	培训学时	主办单位
			内培	外培			
综合知识培训	使用法律知识讲座	全体员工	700		9月	4	安全生产管理部门
	水利教育网络培训	全体员工	700		全年	50	人力资源管理部门
岗位培训	新员工入职培训	新入职员工	70			24	
安全保密类	安全生产标准化宣贯培训	公司领导、部门负责人、专(兼)职安全员、项目经理	120		上半年	16	安全生产管理部门
	综合服务部门安全培训	综合服务部门全体员工	40			11	后勤综合服务部门
	机房消防系统培训	信息部门人员		5			
	…						

3.2　人员教育培训

人员教育培训总分 50 分,有 8 项三级评审项目,分别是 3.2.1 安全管理人员培训(8 分),3.2.2 其他管理人员培训(8 分),3.2.3 新员工、"四新"及转岗复工培训(5 分),3.2.4 勘测人员培训(8 分),3.2.5 监(检)测人员及特种人员培训(5 分),3.2.6 年度培训(8 分),3.2.7 相关方培训(5 分)和 3.2.8 外来人员安全告知(3 分)。

3.2.1　安全管理人员培训

该项目标准分值为 8 分。《评审规程》对该项的要求如表 3-4 所示。

表 3-4　安全管理人员培训

二级评审项目	三级评审项目	标准分值	评分标准
3.2　人员教育培训(50 分)	3.2.1　单位主要负责人、专(兼)职安全生产管理人员应经过安全培训并考核合格,具备与本单位所从事的生产经营活动相适应的安全生产知识与能力	8	单位主要负责人、专(兼)职安全生产管理人员未经培训,每人扣 2 分;对岗位安全生产职责不熟悉,每人扣 2 分

单位主要负责人、专(兼)职安全生产管理人员应经过安全培训并考核合格,具备与本单位所从事的生产经营活动相适应的安全生产知识与能力。单位主要负责人、专(兼)职安全生产管理人员安全教育培训见表 3-3。

3.2.2　其他管理人员培训

该项目标准分值为 8 分。《评审规程》对该项的要求如表 3-5 所示。

表 3-5　其他管理人员培训

二级评审项目	三级评审项目	标准分值	评分标准
3.2　人员教育培训(50 分)	3.2.2　对其他管理人员进行教育培训,确保其具备正确履行岗位安全生产职责的知识与能力	8	对其他管理人员安全教育培训不全,每人扣 1 分; 对岗位安全生产职责不熟悉,每人扣 1 分

对其他管理人员进行教育培训,确保其具备正确履行岗位安全生产职责的知识与能力。单位主要负责人、专(兼)职安全生产管理人员安全教育培训见表3-3。

3.2.3　新员工、"四新"及转岗复工培训

该项目标准分值为5分。《评审规程》对该项的要求如表3-6所示。

表3-6　新员工、"四新"及转岗复工培训

二级评审项目	三级评审项目	标准分值	评分标准
3.2　人员教育培训(50分)	3.2.3　新员工上岗前应接受三级安全教育培训,培训学时和内容应满足相关规定;在新工艺、新技术、新材料、新设备设施投入使用前,应根据技术说明书、使用说明书、操作技术要求等,对有关管理人员、操作人员进行培训;作业人员转岗、离岗一年以上重新上岗前,均应进行部门、班组安全教育培训,经考核合格后上岗	5	新员工未经培训考核合格上岗,每人扣1分; "四新"投入使用前,未按规定进行培训,每人扣1分; 转岗、离岗复工人员未经培训考核合格上岗,每人扣1分

新员工上岗前应接受三级安全教育培训,培训学时和内容应满足相关规定;在新工艺、新技术、新材料、新设备设施投入使用前,应根据技术说明书、使用说明书、操作技术要求等,对有关管理、操作人员进行培训;作业人员转岗、离岗一年以上重新上岗前,均应进行部门、班组安全教育培训,经考核合格后上岗。新员工、"四新"及转岗复工培训人员安全教育培训记录见表3-3。

3.2.4　勘测人员培训

该项目标准分值为8分。《评审规程》对该项的要求如表3-7所示。

表3-7　勘测人员培训

二级评审项目	三级评审项目	标准分值	评分标准
3.2　人员教育培训(50分)	3.2.4　勘测外业作业人员应熟悉现场地貌、气象、水文、生物等自然地理和人文条件,了解相应的安全知识,掌握当地野外生存、避险和相关应急技能	8	未针对现场实际开展相应安全培训,扣8分; 现场安全培训内容不全,每项扣1分; 参加现场安全培训人员不全,每人扣1分; 勘测外业作业人员对现场安全知识、野外生存和避险技能不熟悉,每人扣1分

勘测外业作业人员应熟悉现场地貌、气象、水文、生物等自然地理和人文条件,了解相

应的安全知识,掌握当地野外生存、避险和相关应急技能。勘测人员安全教育培训见表 3-8。

表 3-8 勘测人员安全教育培训表

年 第 号

项目名称				专业	
专业负责人		安全员		主持人	
参加人员签名					
交底内容	安全交底至少包括以下内容: 1. 作业现场基本概况(包括地貌、气象、水文、生物等自然地理和人文条件); 2. 作业现场危险源、危险因素,对作业现场的危险源、危险因素的避险事项和安全生产防护措施; 3. 安全生产事故应急救援预案(需具体包括哪些应急预案); 4. 野外生存、避险、应急等相关知识及技能 负责人: 年 月 日					

3.2.5 监(检)测人员及特种人员培训

该项目标准分值为 5 分。《评审规程》对该项的要求如表 3-9 所示。

表 3-9 监(检)测人员及特种人员培训

二级评审项目	三级评审项目	标准分值	评分标准
3.2 人员教育培训(50分)	3.2.5 监(检)测人员、特种作业人员等应接受规定的安全作业培训,取得资格证后方可上岗作业;特种作业人员离岗 6 个月以上重新上岗,应经实际操作考核合格后上岗作业;建立健全特种作业人员档案	5	未按规定持证上岗,扣 5 分;特种作业人员离岗 6 个月以上未经考核合格重新上岗,每人扣 2 分;特种作业人员档案资料不全,每项扣 1 分

监(检)测人员、特种作业人员等应接受规定的安全作业培训,取得资格证后方可上岗作业;特种作业人员离岗 6 个月以上重新上岗,应经实际操作考核合格后上岗作业;建立健全特种作业人员档案。监(检)测人员、特种作业人员台账见表 3-10。

表 3-10 监(检)测人员、特种作业人员培训、考核、持证登记表(_____年度)

序号	姓名	性别	出生年	学历	工种名称	从事本工种年限	特种作业或监测人员证件名称	证件编号	发证单位	发证日期	复审期限	换证日期	备注

续表 3-10

序号	姓名	性别	出生年	学历	工种名称	从事本工种年限	特种作业或监测人员证件名称	证件编号	发证单位	发证日期	复审期限	换证日期	备注

注: 特种作业工种范围:①电工作业;②焊接与热切割作业;③高处作业;④制冷与空间作业;⑤金属非金属矿山安全作业;⑥煤气作业;⑦危险化学品作业;⑧烟花爆竹安全作业。

填表人:　　　　填表日期:　　　　　　审核人:　　　　　　审核日期:

3.2.6　年度培训

该项目标准分值为 8 分。《评审规程》对该项的要求如表 3-11 所示。

表 3-11　年度培训

二级评审项目	三级评审项目	标准分值	评分标准
3.2　人员教育培训（50 分）	3.2.6　每年对在岗从业人员进行安全生产教育培训，培训学时和内容应符合有关规定	8	未对在岗从业人员进行培训，扣 8 分； 培训学时和培训内容不符合有关规定，每项扣 1 分； 参加培训人员不全，每人扣 1 分

每年对在岗从业人员进行安全生产教育培训，培训学时和内容应符合有关规定。年度培训记录见表 3-3。

3.2.7　相关方培训

该项目标准分值为 5 分。《评审规程》对该项的要求如表 3-12 所示。

表 3-12　相关方培训

二级评审项目	三级评审项目	标准分值	评分标准
3.2　人员教育培训（50 分）	3.2.7　督促检查相关方（分包单位）的作业人员进行安全生产教育培训及持证上岗情况	5	未监督检查，扣 5 分； 监督检查单位不全，每缺一个扣 2 分

督促检查相关方（分包单位）的作业人员进行安全生产教育培训及持证上岗情况。分（承）包单位作业人员登记表见表 3-13。

表 3-13　分(承)包单位作业人员登记表

项目名称						
分(承)包单位名称		资质等级			证书号	
工作内容						
序号	姓名	身份证号	岗位	岗前安全教育培训情况	上岗证号	进场时间

注:岗前安全教育培训需有证明材料,特种作业人员还需相关证书。

3.2.8 外来人员安全告知

该项目标准分值为 3 分。《评审规程》对该项的要求如表 3-14 所示。

表 3-14 外来人员安全告知

二级评审项目	三级评审项目	标准分值	评分标准
3.2 人员教育培训（50分）	3.2.8 对外来人员进行安全教育及危险告知,主要内容应包括:安全规定、可能接触到的危险有害因素、职业病危害防护措施、应急知识等。由专人带领做好相关监护工作	3	未对外来人员进行安全教育,扣 3 分; 安全教育内容不全,每处扣 1 分; 外来人员无专人监护,扣 3 分

对外来人员进行安全教育及危险告知,主要内容应包括:安全规定、可能接触到的危险有害因素、职业病危害防护措施、应急知识等。由专人带领做好相关监护工作。外来人员安全告知表见表 3-15。

表 3-15 外来人员安全告知表

时间		地点		监护人	
被告知人（签名）					
主要内容（含安全规定、可能接触到的危险有害因素、职业病危害防护措施、应急知识等）					
备注					

第 4 章　现场管理

现场管理总分 450 分,二级评审项目有 4 项,分别为 4.1 设备设施管理(130 分)、4.2 作业安全(270 分)、4.3 职业健康(30 分)和 4.4 警示标志(20 分)。

4.1　设备设施管理

设备实施管理总分 130 分,三级评审项目有 12 项,分别是 4.1.1 设备设施管理制度(3 分)、4.1.2 设备设施管理机构及人员(5 分)、4.1.3 设备设施采购及验收(10 分)、4.1.4 设备设施台账(5 分)、4.1.5 设备设施的安装、拆卸、搬迁(10 分)、4.1.6 设备设施运行(10 分)、4.1.7 设备设施检查、维修及保养(10 分)、4.1.8 租赁设备和分包单位的设备管理(10 分)、4.1.9 工程安全设施设计(40 分)、4.1.10 安全设施管理(15 分)、4.1.11 特种设备管理(10 分)和 4.1.12 设备设施报废(2 分)。

4.1.1　设备设施管理制度

该项目标准分值为 3 分。《评审规程》对该项的要求如表 4-1 示。

表 4-1　设备设施管理制度

二级评审项目	三级评审项目	标准分值	评分标准
4.1　设备设施管理(130 分)	4.1.1　设备设施管理制度 设备设施管理制度应明确采购(租赁)、安装(拆除)、验收、检测、使用、检查、保养、维修、改造、报废等工作流程、职责和要求	3	未以正式文件发布,扣 3 分; 制度内容不全,扣 1 分; 制度内容不符合有关规定,每处扣 1 分

设备设施管理制度应明确采购(租赁)、安装(拆除)、验收、检测、使用、检查、保养、维修、改造、报废等工作流程、职责和要求。设备设施管理制度可参见案例 4-1。

❋❋❋❋❋❋❋❋❋❋❋❋❋❋❋❋❋❋❋❋❋❋❋❋❋❋❋❋❋❋❋❋❋❋

【案例 4-1】　设备设施管理制度。

×××公司关于印发设备设施管理制度的通知

(××××安〔××××〕××号)

公司各部门、分公司、控(参)股公司:

为贯彻落实水利部、×××上级主管部门安全生产工作部署,进一步明确全员安全生产责任,现颁布公司设备设施管理制度,请各部门、各公司、各项目遵照执行。

附件:公司设备设施管理制度

×××公司

××××年××月××日

公司设备设施管理制度

第一章　总　则

第一条　为规范公司设备设施管理,保持设备设施的完好状态,保障设备正常运行,特制定本制度。

第二条　设备管理部门是公司设备设施实物的归口管理部门;安全生产管理部门负责监督检查公司设备设施安全管理情况;后勤管理部门对公司基地公共设备设施设施安全管理;公司各部门、各项目组(部)对其使用的设备设施具体负责。

设备管理部门负责公司所有设备设施的采购、报废;各部门、各项目组(部)负责其所使用设备设施的租赁、安装(拆除)、验收、检测、使用、检查、保养、维修和改造。

第三条　勘测、检测、监测、试验、科研项目等设备设施应由相关部门、项目组(部)等指定管理人员,明确其管理职责。

第四条　本制度适用于公司本部,分公司参照本制度执行,控(参)股公司可自行制定制度或参照本制度执行。

第二章　采　购

第五条　设备设施的采购。单件、批次或年度采购金额超过3万元的须签订采购合同;1万~3万元符合签订合同条件的,应尽量签订合同。合同中明确质量验收标准,采购的设备设施须有产品质量合格证明有关文件。

第六条　设备设施的采购方式、流程等按照公司相关采购办法执行。

第三章　验收、租赁、安装(拆除)、使用、检查、保养、维修、改造及报废

第七条　自行制造、建造、改造的设备设施,应确保其设备设施符合国家标准、行业标准和技术文件,满足安全生产的需求。严禁使用国家明令淘汰、禁止使用的设备设施。

第八条　新设备设施进场后,由使用部门进行验收,重点、关键设备或特殊设备应委托专业安装单位进行。新设备设施验收合格后,使用部门应将验收情况、使用说明书、图纸、合格证等资料向公司设备管理部门报备。验收不合格的,不得使用。

第九条　有关部门、项目组(部)应建立设备设施台账,并及时更新。

第十条　有关部门应制定并实施勘测、检测、监测、试验等设备设施的安装、拆卸、搬迁安全管理规定。

第十一条　设备设施运行操作人员应严格按照操作规程或其他要求进行作业,采取

可靠的安全风险控制措施,对设备能量和危险有害物质进行屏蔽或隔离。

　　第十二条　设备设施使用单位应组织制订并落实所属设备设施保养维护计划或方案,并及时检查,发现异常情况应及时处理,确保设备设施始终处于安全可靠的运行状态。

　　第十三条　保养及维护作业应落实安全风险控制措施,并明确专人监护,维修结束后应组织验收。设备设施检查、保养及维修作业应保留相关记录。

4.1.2　设备设施管理机构及人员

　　该项目标准分值为 5 分。《评审规程》对该项的要求如表 4-2 所示。

表 4-2　设备设施管理机构及人员

二级评审项目	三级评审项目	标准分值	评分标准
4.1　设备设施管理（130 分）	4.1.2　设备设施管理机构及人员 设置设备设施管理部门,配备管理人员,明确管理职责,形成设备设施安全管理网络	5	未设置或明确设备设施管理机构,扣 5 分; 未配备设备设施管理人员,扣 5 分

　　设置设备设施管理部门,配备管理人员,明确管理职责,形成设备设施安全管理网络。设备设施管理机构参见案例 4-2。设备设施管理人员参见案例 4-3。

　　【案例 4-2】　设备设施管理机构。

×××公司关于明确设备设施管理部门的通知

（××××人［××××］××号）

公司各部门、分公司、控(参)股公司:

　　因工作需要,经公司研究决定:

　　×××部门为公司设备设施管理部门,主要负责公司设备设施采购及管理、固定资产辅助管理等基础工作。

　　从本文下发之日起执行。

×××公司

××××年××月××日

【案例 4-3】 设备设施管理人员

×××公司关于×××职务任免的通知

(××××人〔××××〕××号)

公司各部门、分公司、控(参)股公司：

因工作需要,经公司研究决定：

提任×××为公司设备设施管理部门经理。

以上职务的聘任期为三年,提任职务试用期为六个月,任免时间从本文下发之日起算。

×××公司

××××年××月××日

4.1.3　设备设施采购及验收

该项目标准分值为 10 分。《评审规程》对该项的要求如表 4-3 所示。

表 4-3　设备设施采购及验收

二级评审项目	三级评审项目	标准分值	评分标准
4.1　设备设施管理 (130 分)	4.1.3　设备设施采购及验收 设备设施采购及验收严格执行设备设施管理制度,购置合格的设备设施,验收合格后方能投入使用	10	设备设施无产品质量合格证,每台扣 5 分; 购置未取得生产许可的单位生产的特种设备,扣 5 分; 设备设施采购合同无验收质量标准,每项扣 2 分; 设备设施采购未进行验收,每台扣 2 分

设备设施采购及验收严格执行设备设施管理制度,购置合格的设备设施,验收合格后方能投入使用。设备设施采购计划审批表见表 4-4。设备设施采购询价表见表 4-5,中大型设备设施应招标确定。仪器、设备到货验收记录表见表 4-6。

表 4-4　设备设施采购计划审批表

单位		申请人	
电话		申请日期	
设备名称		型号规格	
设备类型			
产地厂名			
单价		数量	总价
申请购置理由			
备注			
附件			
部门负责人意见			
办公室意见			
设备科审核计划意见			
设备处意见			
财务管理部门意见			
分管设备管理部门副总经理意见			
总经理意见			
董事长意见			

表 4-5 设备设施采购询价表

制表人： 制表日期： 年 月 日

申请单位			申请人		联系电话	
是否在预算内				经办人		
名称	供应商		规格	数量	单价	小计

使用部门意见：

后勤服务部意见：

综合服务中心意见：

公司分管领导意见：

验收意见：

质量是否满意：□非常满意 　□满意 　□基本合格 　□不满意
价格是否满意：□非常满意 　□满意 　□基本合格 　□不满意
购买是否及时：□非常满意 　□满意 　□基本合格 　□不满意
其他：

表 4-6　仪器、设备到货验收记录表

记录：　　　　　　　　　　　　　　　　　　　　　　　　年　月　日

仪器名称				规格型号			
产地		厂家			出厂编号		
单价		出厂日期	年 月 日	到货日期	年 月 日	验收日期	年 月 日
供货单位及联系人							

检验记录	外包装	原包装：　受损：　受潮：　其他：	
	箱内情况	装箱单：　仪器摆位情况：　受损：　受潮：　霉变：　破碎：	
		货物是否齐全：　　　　　其他：	
	检验情况：		
	试机情况：		
	其他情况：		
	检验结论：		

参加验收人员签名：	供货单位确认：

4.1.4 设备设施台账

该项目标准分值为 5 分。《评审规程》对该项的要求如表 4-7 所示。

表 4-7 设备设施台账

二级评审项目	三级评审项目	标准分值	评分标准
4.1 设备设施管理（130 分）	4.1.4 设备设施台账 建立设备设施台账并及时更新，设备设施档案资料齐全、清晰，管理规范	5	未建立设备设施台账，扣 5 分； 台账信息未及时更新，每处扣 1 分； 档案资料不符合有关规定，每项扣 1 分

建立设备设施台账并及时更新，设备设施档案资料齐全、清晰，管理规范。列入公司固定资产折旧的设备设施台账见表 4-8。生产使用部门设备台账见案例 4-4。

表 4-8 设备设施台账

使用部门	卡片编号	固定资产名称	规格型号	开始使用日期	使用年限/年	原值	累计折旧	净值	使用人	存放地点	使用说明	备注

❋❋❋❋❋❋❋❋❋❋❋❋❋❋❋❋❋❋❋❋❋❋❋❋❋❋❋❋❋❋❋❋❋❋❋❋❋

【**案例**4-4】　测量、物探、试验、检测仪器设备台账。

测量、物探、试验、检测仪器设备台账见表4-9~表4-11。

表 4-9　台账启用表

台账管理部门		负责人		职务	
启用日期	年　　月　　日			台账页数	
台账管理移交记录表					
序号	移交日期	移交人	接管日期	接管人	监交人员	备注

表 4-10　仪器设备目录

仪器名称	仪器型号	页码	登记日期	仪器名称	仪器型号	页码	登记日期

表 4-11　测量、物探、试验、检测仪器设备台账

仪器名称：　　　　　　编号：　　　　　规格型号：　　　　　生产厂家：

启用日期：　　　　　　检定周期：　　　检定类别：　　　　　技术指标：

设备资料：□合格证　　　　□说明书　　　　□技术资料　　　　□发票

仪器检定项目		检定情况			标识	设备技术状态			备注
名称	项目	检定单位	检定日期	责任人		正常	报废	封存	

注：各设备的合格证、说明书、技术资料、发票(复印件)、检定证书等由设备管理人员专人保管。

4.1.5　设备设施的安装、拆卸、搬迁

该项目标准分值为 10 分。《评审规程》对该项的要求如表 4-12 所示。

表 4-12　设备设施的安装、拆卸、搬迁

二级评审项目	三级评审项目	标准分值	评分标准
4.1 设备设施管理（130 分）	4.1.5　设备设施的安装、拆卸、搬迁 勘测、检测、监测或试验设备设施的安装、拆卸、搬迁应符合相关安全管理规定，安装后应进行验收，并对相关过程及结果进行记录。大中型设备设施拆除、搬迁前应制定方案，作业前进行安全技术交底，现场设置警示标志并采取隔离措施，按方案实施拆除、搬迁	10	设备设施安装、拆卸、搬迁不符合相关安全管理规定的，每台扣 2 分； 设备设施安装后未进行验收，每台扣 3 分； 设备设施安装、验收过程记录不全，每台扣 2 分； 大中型设备设施拆除、搬迁作业前未制定方案，扣 10 分； 作业前未进行安全技术交底，每项扣 2 分； 现场未设置警示标志，或未采取隔离措施，每处扣 2 分

勘测、检测、监测或试验设备设施的安装、拆卸、搬迁应符合相关安全管理规定，安装后应进行验收，并对相关过程及结果进行记录。大中型设备设施拆除、搬迁前应制定方案，作业前进行安全技术交底，现场设置警示标志并采取隔离措施，按方案实施拆除、搬迁。设备安装、维修、验收记录表见表 4-13。设备设施拆除、搬迁安全技术交底记录表见表 4-14。钻机拆卸、搬迁及安装安全作业方案可参见案例 4-5。实验室仪器设备拆卸、搬迁、安装实施方案可参见案例 4-6。

表 4-13　设备安装、维修、验收记录表

设备名称		设备编号	
规格型号			
生产厂家			
主要技术参数, 随机附件及数量、 随机资料			
设备安装调试情况:			
验收结论:			
验收人:			

表 4-14 设备设施拆除、搬迁安全技术交底记录表

年 第 号

项目名称					
设备名称		专业		主持人	
参加安全技术交底人员（签名）					
安全技术交底内容					

交底负责人：

交底日期： 年 月 日

✿✿✿✿✿✿✿✿✿✿✿✿✿✿✿✿✿✿✿✿✿✿✿✿✿✿✿✿✿✿✿✿

【案例 4-5】　钻机拆卸、搬迁及安装安全作业方案。

钻机拆卸、搬迁及安装安全作业方案

1　目的：为了保证勘察作业现场钻机拆卸、搬迁及安装过程中的安全，减少和避免安全事故，确保勘察工作顺利完成，特制订本方案。

2　适用范围：本方案适用于公司所有勘察作业现场涉及钻机的拆卸、搬迁及安装全过程。

3　修筑现场地基

（1）现场地基应平整、坚固、稳定、适用。钻塔底座的填方部分，不得超过塔基面积的1/4。

（2）在山坡修筑机场地基，岩石坚固稳定时，坡度应小于80°；地层松散不稳定时，坡度应小于45°。

（3）现场周围应有排水设施。在山谷、河沟、地势低洼地带或雨季施工时，现场地基应修筑拦水坝或修建防洪设施。

（4）现场地基应满足钻孔边缘距地下电缆线路水平距离大于 5 m，距地下通信电缆、构筑物、管道等水平距离应大于 2 m。

4　钻探设备安装、拆卸、搬迁

4.1　钻塔安装与拆卸应遵守下列规定：

（1）安装、拆卸钻塔前，应对钻塔构件、工具、绳索、挑杆和起落架等进行严格检查。

（2）安装、拆卸钻塔应在统一指挥下进行，作业人员要合理安排，严格按钻探操作规程进行作业，塔上塔下不得同时作业。

（3）安装、拆卸钻塔时，起吊塔件使用的挑杆应有足够的强度。拆卸钻塔应从上而下逐层拆卸。

（4）进入现场应按规定穿戴工作服、工作鞋、安全帽，不得赤脚或穿拖鞋，塔上作业应系好安全带，禁止穿带钉子或者硬底鞋上塔作业。

（5）安装、拆卸钻塔应铺设工作台板，塔板台板长度、厚度应符合安全要求。

4.2　钻架安装与拆卸应遵守下列规定：

（1）起、放钻架，应在安装队长或机长统一指挥下，有秩序地进行。

（2）竖立或放倒钻架前，应当埋牢地锚。

（3）竖立或放下钻架时，作业人员应离开钻架起落范围，并应有专人控制绷绳。

（4）钻架钢管材料应满足最大工作强度要求。

（5）钻架腿之间应安装斜拉手，应在钻架腿连接处的外部套上钢管结箍加固。

（6）起、放钻架，钻架外边缘与输电线路边缘之间的安全距离，应符合表 4-15 的规定。

表 4-15　钻架外边缘与输电线路边缘之间的最小安全距离

电压/kV	<1	1~10	35~110	154~220	350~550
最小安全距离/m	4	6	8	10	15

4.3　钻机设备安装应遵守下列规定：

（1）各种机械安装应稳固、周正水平。

（2）安装钻机时，井架天车轮前缘切点，钻机立轴中心与钻孔中心应成一条直线，直线度范围±15 mm。

（3）各种防护设施、安全装置应当齐全完好，外露的转动部位应设置可靠的防护罩或者防护栏杆。

（4）电气设备应安装在干燥、清洁、通风良好的地方。

（5）钻机安装后，钻机机长同安全员、施工员进行组装验收，验收合格后方能开始使用。

4.4　设备搬运应遵守下列规定：

（1）机动车搬运设备时，应有专人指挥；人工装卸时，应有足够强度的跳板；用吊车或葫芦起吊时，钢丝绳、绳卡、挂钩及吊架腿应牢固；各种机件吊装就位后，马上用螺栓固定，并由专人负责检查，以免疏忽，造成机件倒塌。

（2）多人抬动设备时，应有专人指挥，相互配合。钻机卸装或安装起吊时必须有专人指挥，严格遵守"十不吊"，起吊时，吊机撑脚是否放开撑脚处地面要坚实，吊装区域内严禁站人，严禁酒后指挥和作业。机件起吊过程中，扶持人员身体要前倾，双脚远离机件底下，扶持人员身后不能有高于地面的堆物，防止后退时跌倒。

（3）轻型钻机整体迁移时，应在平坦短距离地面上进行，并采取防倾斜措施。

（4）禁止在高压电线下和坡度超过 15°坡上或凹凸不平和松软地面整体迁移钻机。

（5）使用起重机械起吊钻机设备时，应遵守《起重机械安全规程》（GB/T 6067）的规定。

5　升降钻具

5.1　升降机的制动装置、离合装置、提引器、游动滑车、拧管机和拧卸工具等应灵活可靠。

5.2　使用钢丝绳应遵守下列规定：

（1）钢丝绳安全系数应大于 7。

（2）提引器处于孔口时，升降机卷筒钢丝绳圈数不少于 3 圈。

（3）钢丝绳固定连接绳卡应不少于 3 个；绳卡距绳头应大于钢丝绳直径的 6 倍。

（4）钢丝绳应定期检查。

5.3　升降机应平稳操作。严禁升降过程中用手触摸钢丝绳。

5.4　提引器、提引钩应有安全连锁装置；提落钻具或钻杆，提引器切口应朝下。

5.5　钻具处于悬吊或倾斜状态时,禁止用手探摸悬吊钻具内的岩芯或探视管内岩芯。

5.6　操作拧管机和插垫叉、扭叉,应由一人操作;扭叉应有安全装置。

6　钻进

6.1　开孔钻进前,应对设备、安全防护设施、措施进行检查验收。

6.2　机械转动时,禁止进行机器部件的擦洗、拆卸和维修;禁止跨越传动皮带、转动部位或从其上方传递物件;禁止戴手套挂皮带或打蜡;禁止用铁器拨、卸、挂传动中皮带。

6.3　钻进时,禁止用手扶持高压胶管或水龙头。修配高压胶管或水龙头应停机。

6.4　调整回转器、转盘时应停机检查,并将变速手把放在空挡位置。

6.5　转盘钻机钻进时,严禁转盘上站人。

7　孔内事故处理

7.1　孔内事故处理前,应全面检查钻塔(钻架)构件、天车、游动滑车、钢丝绳、绳卡、提引器、吊钩、地脚螺丝、仪器、仪表等。

7.2　处理孔内事故时,应由机(班)长或熟练技工操作,并设专人指挥;除直接操作人员外,其他人员应撤离。

7.3　禁止同时使用升降机、千斤顶或吊锤起拔孔内事故钻具。

7.4　禁止超设备限定负荷强行起拔孔内事故钻具。

7.5　打吊锤时,吊锤下部钻杆处应安装冲击把手或其他限位装置;禁止手扶、握钻杆或打箍;人力拉绳打吊锤时,应统一指挥。

7.6　使用千斤顶回杆时,禁止使用升降机提吊被顶起的事故钻具。

7.7　人工反钻具,扳杆回转范围内严禁站人;禁止使用链钳、管钳工具反事故钻具。

7.8　反转钻机反钻具应采用低速慢转。

7.9　使用钢丝绳反管钻具连接物件应牢固可靠。

8　现场安全防护设施

8.1　钻塔座式天车应设安全挡板;吊式天车应安装保险绳。

8.2　钻机水龙头高压胶管应设防缠绕、防坠安全装置和导向绳。

8.3　钻塔工作台应安装可靠防护栏杆。防护栏杆高度应大于 1.2 m,木质踏板厚度应大于 50 mm 或采用防滑钢板。

8.4　塔梯应坚固、可靠;梯阶间距应小于 400 mm,坡度小于 75°。

8.5　现场地板铺设应平整、紧密、牢固;木地板厚度应大于 40 mm 或使用防滑钢板。

8.6　活动工作台安装、使用应符合下列规定:

(1)工作台应安装制动、防坠、防窜、行程限制、安全挂钩、手动定位器等安全装置。

(2)工作台底盘、立柱、栏杆应成整体。

(3)工作台应配置 930 mm 以上棕绳手拉绳。

(4)工作台提引绳、重锤导向绳应采用 99 mm 以上钢丝绳。

（5）工作台平衡重锤应安装在钻塔外,与地面之间距离应大于 2.5 m。

（6）活动工作台每次准乘一人。

8.7　钻塔绷绳安装应符合下列规定：

（1）钻塔绷绳应采用 12.5 mm 以上钢丝绳。

（2）18 m 以下钻塔应设 4 根绷绳;18 m 以上钻塔应分两层,每层设 4 根绷绳。

（3）绷绳安装应牢固、对称,绷绳与水平面夹角应小于 45°。

（4）地锚深度应大于 1 m。

8.8　雷雨季节,落雷区钻塔应安装避雷针或采取其他防雷措施。

安装避雷针应符合下列要求：

（1）避雷针与钻塔应使用高压瓷瓶间隔。

（2）接闪器应高出塔顶 1.5 m 以上。

（3）引下线与钻塔绷绳间距应大于 1 m。

（4）接地极与电机接地、孔口管及绷绳地锚间距离应大于 3 m,接地电阻应小于 15 Ω。

9　现场用电

9.1　钻探施工用电应遵守《建设工程施工现场供用电安全规范》(GB 50194—2014)的规定。

9.2　动力配电箱与照明配电箱应分别设置。

9.3　每台钻机应独立设置开关箱,实行“一机一闸一漏电保护器”。

9.4　移动式配电箱、开关箱应安装在固定支架上,并有防潮、防雨、防晒措施。

9.5　现场电气设备,应采用保护接地,接地电阻应小于 4 Ω。

9.6　使用手持式电动工具应遵守《手持式电动工具的管理、使用、检查和维修安全技术规程》(GB/T 3787—2017)的规定。

9.7　现场照明应使用防水灯具;照明灯泡应距离塔布表面 300 mm 以上。

10　现场防风

10.1　5 级以上大风天气,应停止钻探作业,并应做好以下工作：

（1）卸下塔衣、场房帐篷。

（2）钻杆下入孔内,并卡上冲击把手。

（3）检查钻塔绷绳及地锚牢固程度。

（4）切断电源,关闭并盖好机电设备。

（5）封盖好孔口。

10.2　大风后重新开始钻探作业前,应检查钻塔、绷绳、机电设备、供电线路等的情况,确认安全后方可继续钻探作业。

11　现场防火、防寒

11.1　钻探机队应成立防火组织;作业人员应掌握灭火器材使用方法。

11.2　现场应配备足够的灭火器材,并合理摆放,专人管理,禁止明火直接加热机油,以及烘烤柴油机油底壳。

11.3　寒冷季节施工,作业场所应有防寒措施和取暖设施。现场取暖,火炉距油料等易燃物品存放点应大于 10 m。

12　特种钻探

12.1　水上钻探应遵守下列要求:

(1)掌握工作区域有关水文、气象资料,并采取相应的安全措施。

(2)通航河流或湖泊施工作业应遵守航务、港监等有关部门规定,勘探船舶停泊作业,应设置信号灯或航标。

(3)钻塔(架)地脚应与钻探船牢固连接。

(4)钻探船舶地锚应稳定、牢固可靠,钻探船舶平台拼装应使用同吨位船只,钻探船四周应设置牢固防护栏杆,平台铺设稳固可靠。

(5)禁止在钻探船上使用千斤顶及其他起重设备。

(6)钻探船舶应配备足够数量的救生衣、救生圈等救生设备和消防设备,并经常检查。

(7)4 级以上大风应停止作业。

12.2　坑道钻探应遵守下列要求:

(1)坑道钻探施工应编制施工设计,施工前应进行场地安全检查和钻室支护。

(2)遇含水层或涌水层时应立即采取排水措施,禁止将钻具提出钻孔,并立即采取预防措施,确保作业人员安全。

(3)坑道内应有良好通风,作业点应有充足的照明。

❋❋❋❋❋❋❋❋❋❋❋❋❋❋❋❋❋❋❋❋❋❋❋❋❋❋❋❋❋❋❋❋❋❋❋

【案例 4-6】　实验室仪器设备拆卸、搬迁、安装实施方案。

实验室仪器设备拆卸、搬迁、安装实施方案

一、目的

为保证实验室搬迁按时、有序、安全、高效进行,最大限度地降低搬迁工作对生产的影响,搬迁工作应遵循"统一领导、分工负责、保证安全、协调配合"的原则,力求确保顺利搬迁。

二、成立搬迁工作筹备实施小组

在公司统一领导下成立实验室搬迁领导小组,负责审定用房分配、房屋调整、基础设施配置、安全保卫方案等工作,负责制订搬迁工作方案、研究解决搬迁工作中的全局性问题,各小组成员及分工见表 4-16。实验室搬迁日程见表 4-17。

表 4-16　××实验室搬迁人员分工表

序号	组别		人员组成	职责
1	组长		×××	全面负责审定用房分配、房屋调整、基础设施配置、安全保卫方案等工作,负责制订搬迁工作方案、研究解决搬迁工作中的全局性问题
2	副组长		×××、×××	协助组长组织实验室的搬迁工作,制订工作方案并组织实施,协调现场搬迁工作中出现的矛盾和问题
3	成员组	A 组 岩土小组	×××及内业室各检测员	本组主要负责室内岩土试验设备拆卸、安装调试,以及仪器安全搬迁、运输过程的管理
		B 组 混凝土小组	×××、×××及内业室各检测员	本组主要负责室内混凝土试验设备、力学试验机拆卸、安装调试,以及仪器安全搬迁、运输过程的管理
		C 组 外业仪器小组	×××、×××及外业室各检测员	本组主要负责实验室外业检测仪器的拆机、安装调试,以及仪器安全搬迁、运输过程的管理
		D 组 办公资料、后勤服务小组	×××、×××及资料室成员	本组主要负责实验室办公文件、档案资料的整理归类,厨房用具整理,本组负责本次搬迁过程的各种标签、包装箱、减振材料、托盘等搬迁材料的采购供应工作。搬迁实施当天的后勤保障,联系物业管理处
		E 组 安全搬运保障小组	×××	本组负责协调搬运人员和搬运车辆的组织安排,保证搬运人员安全操作,车辆安全运输;监督保障起重设备、运输设备的供应和安全操作

表 4-17　××实验室搬迁日程表

序号	计划日期 （年-月-日）	周期/ d	工作内容	工作要求	仪器设备类型	参加人员	备注
1	××××- ××-××~ ××-××	10	第一期仪器设备准备、拆卸打包、装箱	搬迁实施计划方案	非常用仪器设备	各小组成员	
2	××××-××-××	1	第一期仪器设备搬迁实施	搬迁实施计划方案	非常用仪器设备	全体成员	
3	××××- ××-××~ ××-××	13	第一期仪器设备安装调试，第二期仪器设备准备、拆卸打包、装箱	搬迁实施计划方案	常用仪器设备、无损检测设备、自动采集设备、办公家具	各小组成员	
4	××××- ××-××~ ××-××	2	第二期仪器设备搬迁实施	搬迁实施计划方案	常用仪器设备、无损检测设备、自动采集设备、办公家具、电脑等	全体成员	
5	××××- ××-××~ ××-××	20	第二期仪器设备安装调试	搬迁实施计划方案	常用仪器设备、无损检测设备、自动采集设备、办公家具	各小组成员	
6	××××- ××-××~ ××-××	12	仪器设备检定	××市计量院	全部仪器设备	各小组成员	
7	××××- ××-××~ ××-××	30	办公室完善阶段	办公室补缺补差，完善使用功能	—	全体成员	

三、搬迁计划按排

（一）准备工作：××××年××月××日前完成。

1. 各实施小组统计非常用仪器设备,确定分期搬运仪器设备清单,提交至组长。

2. 按照平面图组织小组成员到新址进行实际场地考察,对各科室新址进行迁入前实验室环境检查,检查情况进行确认;各小组负责人应对新场所的布局做到心中有数,以便搬迁时一步摆放到位。实验室工作包括：

（1）熟悉新实验室空间布局,新搬仪器的摆放位置,保证过廊通道畅通。

（2）掌握新实验室的供水、电源安全情况,供水是否正常、电源相位连接是否正确,电压、电流、接地是否符合要求。

（3）对于安装精密仪器设备的实验室,应测试该实验室的电压、接地电阻,结果指标应符合安装该仪器的要求。

3. 仪器设备的检查。

在拆卸仪器设备前对仪器设备进行现场检查作为搬迁后安装的依据。

（1）检验仪器设备的外观。

（2）确认仪器设备的技术参数、现行工作状态。

（3）检查仪器设备是否符合安全拆卸、搬运条件。

（4）检查仪器设备有无安装附件。

4. 标记。

为了保证仪器设备拆卸和复原安装工作的顺利进行,对于设备之间的连接件,仪器搬运应有复位的标志和定位标记,要求做到：

（1）确定各连接线路、管线位置,按分离单元一一对应进行标识定位。

（2）对于两个设备之间的连接件,应有复位的标识和定位标记,并且在一条线上做到符号统一,部件按标号可连接到设备的工位。

（3）对于不易辨认方向的设备,要有明显的安装方向符号。

（4）装箱后贴有统一搬运标识,填写"仪器设备迁移跟踪表"进行记录。

5. 准备相关搬迁材料、设备：①标签纸（记录科室、仪器编号及其附件）；②记号笔；③透明胶带（宽）；④自封袋（11 号或 12 号）；⑤报纸、泡沫塑料、海绵减振填充物；⑥纸箱；⑦木质托盘；⑧保鲜膜或地膜（宽度为 75～100 cm）；⑨地牛；⑩叉车等。

6. 对于公用区域的文件、办公设备,要求进行打包或者整理时贴上统一的名称、编号。易掉易损部件应拆卸分开独立包装,使之成为独立整体,便于搬运,确保不漏掉一个零件、一根数据线;贵重、易碎物品应特别做出注明。

7. 各科室提前处理不要的物品,对各自科室的私人物品,建议自己进行整理或打包,使之成为独立的整体。要将私人物品装箱完毕封口,贴上部门、姓名等标识。

（二）搬迁实施计划：××××年××月××日、××月××日—××月××日,分两阶段进行。

1. 除当天有特殊情况外,实验室成员全部参与。

2. 实施小组成员负责当天所属仪器设备主要搬迁管理工作。

3. 安排卡车、叉车,负责各科室所有大型、贵重的仪器物品运输和负责各科室其他打包装箱的独立整体的运输。

4. 搬运过程中,各负责人需保护、清点各自要搬迁仪器、物品、独立整体的数量。

5. 在运输过程中全程跟人,整个过程不离人,保证物品无损、无遗失。

6. 在搬迁运输过程中,对重要、易损的部位和物件做好防护。

7. 力学室大型、超重物品较多,要合理安排运输卡车的空间,搬迁完成后,留下专人,负责检查原实验室是否有应搬而未搬的物品,淘汰桌、柜中是否清空等,打扫好原实验室卫生,关好门窗、水电。

8. 天平搬运时要把载物盘拿出来,用胶带纸把玻璃门封好,精密天平应注意玻璃,用报纸把玻璃包好再用透明胶带缠一圈。另外,最好把托盘取出用报纸装好,搬到目的地时再把托盘放好。

9. 玻璃仪器搬运时把所有玻璃器件卸下单独封装。

10. 装烤箱、养护箱等箱体设备时要把箱内隔板取出或用扎带固定,防止碰坏传感器和门玻璃;搬运时倾斜角度不能超过45°。

11. 通风柜、原子吸收等机器要提前安装排风抽风装置。

12. 水浴锅、沸煮箱装箱前应把水放干净。

13. 马弗炉找电工先拆掉电源线和传感器连线以及接控制器的连线,要求拆一根线做一个标记。把机器后插在机箱背后中间位置的传感器,轻轻抽出包好,不要碰撞。马弗炉一定要轻拿轻放,稍有振动就会损坏加热硅碳棒和耐火砖炉体。

14. 显微镜要把目镜镜头拔下来用纸包好放好,搬迁人员一定不能用手去摸目镜镜头和物镜镜头,否则手印上去就很难清理干净。

15. pH计等仪器的探头、电极要提前取下来,按要求包裹好。

16. 空气瓶等各类气瓶装车搬运时要固定好,最好把减压器用板子取下来包好分开装起来,在气瓶上不安全。

17. 所有机器拆卸时,所有的连接管路、连接导线,必须拆一个做一个标记,装箱后,所有箱子上面也要用醒目标签注明,分类标注、一一对应,要求高的设备要做明显标记。

四、安全要求

仪器设备的拆机搬迁过程应保证仔细、谨慎、安全。为了保证拆机搬迁施工安全,必须满足下列要求并采取措施:

(1)熟悉现场环境,了解水、气、电力控制的操作位置,拆卸时必须明确停断状态方能操作。

(2)严格按电气安全规程施工,停断必须挂有"禁止合闸"的标志牌,并有防止误送电的技术措施。

(3)正确使用现场工具、机具,了解其使用性能。

（4）严格遵守防火规定，需要明火操作时，必须有防火措施，并有专人监护，在易燃、易爆物周围，要严格禁止明火作业。

（5）应尽量避免交叉作业，高空作业必须携带安全带，安全带悬挂必须符合安全规程的要求。

（6）拆卸仪器设备时，必须先熟悉相关图纸及设备，禁止盲目操作。

（7）拆卸仪器设备和吊运时，必须注意不得损坏办公室及设施。

（8）现场应配备专职安检员，及时检查和清除不安全因素。

五、注意事项

所有人员在整个搬迁过程中要高度负责，服从安排，遵守交通规则，确保人身安全，杜绝人为事故，做到平安搬迁。在搬迁过程中要注意保持环境整洁，保护好现场的装修成果，不要拖动重物，避免碰撞墙角、门、窗和墙面等，确保国有资产不流失、不损坏。各部门要加强沟通、协调，对存在的质量问题，及时整改。处理好搬迁与使用、新旧资源调配、新老实验室功能的协调、办公地点变动等关系，确保整个搬迁工作有序进行，同时确保正常的工作秩序不受影响。

❀❀❀❀❀❀❀❀❀❀❀❀❀❀❀❀❀❀❀❀❀❀❀❀❀❀❀❀❀❀❀❀❀

4.1.6　设备设施运行

该项目标准分值为 10 分。《评审规程》对该项的要求如表 4-18 所示。

表 4-18　设备设施运行

二级评审项目	三级评审项目	标准分值	评分标准
4.1　设备设施管理（130 分）	4.1.6　设备设施运行 设备设施运行操作人员应严格按照操作规程作业，采取可靠的安全风险控制措施，对设备能量和危险有害物质进行屏蔽或隔离。放射性同位素技术装置应严格执行《电离辐射防护与辐射源安全基本标准》（GB 18871—2002）等有关规定，并按规定配备辐射防护个人劳动保护用品	10	未对设备能量和危险有害物质进行屏蔽或隔离，每处扣 3 分； 设备能量和危险有害物质屏蔽或隔离措施不足，每处扣 2 分； 放射性同位素技术装置的使用、维护保养和保管不满足要求，每处扣 5 分

设备设施运行操作人员应严格按照操作规程作业，采取可靠的安全风险控制措施，对设备能量和危险有害物质进行屏蔽或隔离。放射性同位素技术装置应严格执行 GB

18871—2002 等有关规定,并按规定配备辐射防护个人劳动保护用品。设备运行检查记录表见表 4-19。

表 4-19 设备运行检查记录表

项目(场所):　　　　　　　　　　　检查时间:

序号	设备名称	规格型号	有隔离或屏蔽	隔离或屏蔽措施充足	放射性同位素使用、保管符合要求	检查人	备注

注:正常打"√",异常打"×"。

4.1.7 设备设施检查、维修及保养

该项目标准分值为 10 分。《评审规程》对该项的要求如表 4-20 所示。

表 4-20 设备设施检查、维修及保养

二级评审项目	三级评审项目	标准分值	评分标准
4.1 设备设施管理(130 分)	4.1.7 设备设施检查、维修及保养 制定设备设施检查、维修及保养计划或方案,及时对设备设施进行检查、维修及保养,确保设备设施始终处于安全可靠的运行状态。维修及保养作业应落实安全风险控制措施,并明确专人监护;维修结束后应组织验收;应保留设备设施运行检查、维修及保养记录	10	未制定计划或方案,扣 5 分; 计划或方案内容不全,每项扣 3 分; 计划或方案内容不符合有关规定,每项扣 3 分; 检维、修过程中未落实安全风险控制措施,每项扣 2 分; 维修结束后未验收,每次扣 5 分; 记录不规范,每项扣 2 分; 设备设施带"病"运行,每台或每处扣 5 分

　　制定设备设施检查、维修及保养计划或方案,及时对设备设施进行检查、维修及保养,确保设备设施始终处于安全可靠的运行状态。维修及保养作业应落实安全风险控制措施,并明确专人监护;维修结束后应组织验收;应保留设备设施运行检查、维修及保养记录。设备维修验收见表 4-21。设备设施检查、维修及保养方案可参见案例 4-7。钻机维护保养规定可参见案例 4-8。

表 4-21　设备维修验收表

序号	设备名称	规格型号	设备编号	检查人	检查日期	设备运行情况	故障描述	故障处理（维修）	风险防控措施	维修人	验收人

注:具体维修记录见相关附件。

※※※※※※※※※※※※※※※※※※※※※※※※※※※※※※※※※※※※※

【案例 4-7】　设备设施检查、维修及保养方案。

设备设施检查、维修及保养方案

一、目的

为确保公司设备设施安全、稳定、运行状态良好，满足安全生产要求，特制订本方案。

二、范围

适用于公司内进入固定资产台账的仪器、设备及设施。

三、职责

1. 公司服务中心负责办公大楼内所有设备设施的检查、维修及保养工作。

2. 生产部门负责本部门所使用的仪器设备的检定、检查、维修及保养工作。

3. 各责任部门根据仪器、设备设施的使用要求，提前做好检定、检查、保养计划，不能影响生产。需维修的仪器、设备设施需及时维修。

4. 各责任部门检定、检查、维修及保养过程需做好记录，维修后需做好验收记录。

四、基本要求

1. 设备的维护实行"经常检查、定期保养、按需修理"制度，坚持"预防为主"和"维护与计划检修相结合"的原则。

2. 设备的使用人员应正确操作、使用设备，严格执行设备使用保养规程，做好日常维护保养工作，做到正确使用，精心维护，使设备经常处于良好状态，保证设备设施的长期、安全、稳定运转，以满足各项工作的需求，保证设备设施的正常使用。

3. 设备的维修，一般由使用部门自行安排进行；重大设备大、中修的，须经使用部门分管领导批准后执行，并报后勤部备案。

4. 凡需率定、计量检测及按规定时间（里程）间隔或说明书有特别要求的送修项目，应强制执行。

5. 特种设备可委托有资质的单位按要求进行检查、保养和维修。

五、设备设施检查

1. 检查各指示仪器仪表、操作按钮和手柄以及紧急停止按钮是否正常。

2. 运行中注意安全部件是否正常，各部位有无异常的声响。

3. 检查各部位有无堵塞、漏油、漏电的现象。

六、设备保养

设备保养作业由设备操作人负责执行，其作业中心内容以清洁、补给、安全、检视为主，坚持开工之前、运行中、收工后的"三检"制度。检查操纵机构、运行机件、安全保护装置的可靠性，维护整机和各总成部位的清洁，必须润滑到位，紧固松动件等。

七、设备维修

运行过程中若发生机械设备故障，应及时通知本组组长联系维修人员维修，并填写设备维修记录单。维修后,经使用人检验正常运行后再进行正常工作。

✿✿✿✿✿✿✿✿✿✿✿✿✿✿✿✿✿✿✿✿✿✿✿✿✿✿✿✿✿✿✿✿✿✿

【案例 4-8】　钻机维护保养规定。

钻机维护保养规定

一、钻机的维护保养

(1)应使用规定标号的液压油,如果没有液压油而以相同黏度的机械油作为代用品时,将有损液压元件的使用寿命。

(2)初次加油时,应认真清洗油箱,所加液压油必须用空气滤清器的滤网过滤。

(3)未经许可,井下不许随便打开油箱盖和拆卸液压元件,以免脏物混入系统。

(4)使用中经常检查油面高低,发现油量不足即应通过空气滤清器滤网加油。

(5)回油压力超过 0.6 MPa 或钻机连续使用 3 个月时,必须更换回油滤油器滤芯。

(6)定期检查液压油的污染和老化程度。如发现颜色黯黑混浊发臭,或明显混浊呈乳白色,则应全部更换。

(7)开动钻机以前或连续工作一段时间以后,应注意检查油温。通常油温在 10 ℃ 以下时,要进行空负荷运转以提高油温;若油温超过 55 ℃,则应使用冷却器降温,冷却水压力不得超过 1.0 MPa。

(8)机身导轨表面,应在每次起下钻前加润滑油一次;在夹持器座下部的滑轨应经常加注润滑油。

(9)要经常用清水冲洗卡盘四块卡瓦之间的缝隙,以清除煤岩粉。

二、履带的维护保养

(1)履带链轨的寿命往往取决于履带的张紧程度和调节是否合理,因此要常检查上部履带的下挠度。

(2)履带张紧装置由油缸、张紧横梁和张紧弹簧组成。张紧的方法是:用高压油枪将钙基润滑脂从注油嘴注入油缸,推动活塞,再通过张紧横梁推动从动轮移动实现履带张紧。当需要松弛时,缓慢逆时针方向旋转注油阀使之松开,润滑脂将从排油口排出。

(3)托轮、支重轮均采用浮动油封密封,润滑油采用工业齿轮油。转动时一端密封环不动,另一端密封环随轮转动,借助 O 形圈的张力,使两浮动环端面压紧实现密封。

✿✿✿✿✿✿✿✿✿✿✿✿✿✿✿✿✿✿✿✿✿✿✿✿✿✿✿✿✿✿✿✿✿✿

4.1.8　租赁设备和分包单位的设备管理

该项目标准分值为 10 分。《评审规程》对该项的要求如表 4-22 所示。

表 4-22　租赁设备和分包单位的设备管理

二级评审项目	三级评审项目	标准分值	评分标准
4.1　设备设施管理（130分）	4.1.8　租赁设备和分包单位的设备管理 设备租赁或业务分包合同应明确双方的设备管理安全责任和设备技术状况要求等内容；租赁设备或分包单位的设备应符合国家有关法规规定，满足安全性能要求，应经验收合格后投入使用；租赁设备或分包单位的设备应纳入本单位管理范围	10	设备租赁或业务分包合同未明确双方的设备管理安全责任和要求，每项扣3分； 租赁设备或分包单位的设备不符合国家有关法规规定、不满足安全性能要求，每项扣3分； 租赁设备或分包单位的设备未验收投入使用，或未纳入本单位管理范围，每项扣3分

　　设备租赁或业务分包合同应明确双方的设备管理安全责任和设备技术状况要求等内容；租赁设备或分包单位的设备应符合国家有关法规规定，满足安全性能要求，应经验收合格后投入使用；租赁设备或分包单位的设备应纳入本单位管理范围。租赁设备台账及进场验收记录见表 4-23。设备租赁合同可参见案例 4-9。

表 4-23　租赁设备台账及进场验收记录

项目名称									
设备编号	设备名称	规格型号	设备状态	出租人	验收结论	验收人	验收日期	进场日期	退场日期

✻✻

【案例 4-9】 设备租赁合同。

设备租赁合同

合同编号：

设备承租单位(以下简称甲方)： ×××公司

设备出租单位(以下简称乙方)： ×××公司

为了明确甲、乙双方的权利和义务,根据《中华人民共和国民法典》的规定,经甲、乙双方友好协商,就租赁设备事宜订立如下合同。

一、租赁设备名称、数量、型号规格及价款

名称	数量	单价	金额/元	备注
				租赁期不满 1 个月,按××元计算。租赁期超过 1 个月,按××元/d 计算
附租赁设备清单：		合计		

二、交货期限及交付方式

1. 交付期限:乙方自合同生效之日起 3 个工作日内安排仪器发出。

2. 交付方式:对所租赁的设备采用物流方式,乙方负责为甲方租赁的设备办理托运,运输费用由乙方承担,运输过程中的风险由乙方承担,收货地点为甲方指定国内地点。

3. 甲方应自收货时起 24 h 内检查验收租赁设备,同时将签收盖章后的租赁设备的验收收据交给乙方。

4. 如果甲方在验收时发现租赁设备的型号、规格、数量和技术性能等有不符、不良或瑕疵等属于乙方的责任时,甲方应在收货当天,最迟不超过收货日期 3 d 内,立即将上述情况书面通知乙方,由乙方负责处理,否则,视为租赁设备不符合本合同及附件的约定要求。

三、租赁设备价款的支付

1. 租赁时间从乙方发出仪器算起,到乙方收到归还的仪器结束。租赁期结束后乙方开具增值税专用发票,甲方在收到发票后 10 d 内一次性付完租金。

2. 本次租赁起始时间为××××年××月××日,预计租赁期限为× 个月,总费用暂定××××元(大写××××元),最终结算以实际租赁天数为准。租赁期不足 30 d,按×××元计算。租赁期超过 30 d,设备租赁费按租赁天数和单价(×××元/d)计算。甲方要延长租赁时间的,应提前与乙方联系,并取得乙方同意后执行。

四、设备权限及管理

1. 设备在租赁期内的所有权属于乙方。

2. 在租赁期内,甲方享有设备的使用权,但不得转租、转让、转借、设定抵押或用于非法用途,若因此产生一切损失及不利后果,由甲方承担。

3. 设备在租赁期内的使用、保养、维护、安全、管理等均由甲方自行负责。若工作过程中甲方不能对设备故障进行排除,应及时通知乙方进行维修。正常维修一般不超过 $\times$ d,如超过 $\times$ d,每超过 $\times$ d,应免收甲方相应天数乘以每天租金。

五、甲方的权利和义务

1. 按合同约定按时归还仪器,仪器在租赁期间出现故障由甲方联系仪器维修,费用由甲方承担。

2. 按时支付租赁设备费用。

3. 在设备租赁期间,在甲方运输和使用中租赁物件遭受损失或丢失时,由甲方对此承担全部赔偿责任。丢失或报废不能再使用的,按照本合同设备及备件原值赔偿。

六、乙方的权利和义务

1. 乙方为甲方提供完整的一套主机及相关配件,并保证设备的完好性。

2. 培训一名现场测试及数据分析人员。

七、违约责任

乙方保证依合同约定按期交付租赁设备,甲方保证按合同约定如期支付设备租赁款。

1. 乙方的违约责任:乙方如在约定的时间内不能交付租赁设备,而甲方仍要求继续履行合同的,可以给乙方 10 d 的延长交付期限,超过 10 d 的,每逾期 1 d,乙方每天按违约总额的 0.5% 向甲方支付违约金;乙方如在约定时间内不能交付租赁设备,延迟时间超过 1 个月的,甲方可以解除合同,乙方承担违约责任。

2. 甲方的违约责任:甲方应在合同约定的时间内支付设备租赁款,逾期超过 10 d 的,每逾期 1 d,甲方每天按设备租赁总额的 0.5% 向乙方支付滞纳金。甲方推迟归还设备的,按租赁设备处理。甲方未征求乙方同意,单方面延长租赁时间的,乙方有权根据情况,提高租赁单价,最高可提高 50%。

八、合同争议的解决方式

合同履行中发生的一切与合同有关的争议,由双方协商解决;协商不成的,依据《中华人民共和国民法典》和相关的法律法规解决。

九、合同生效

本合同自甲、乙双方法定代表人或负责人签字和盖章后生效,合同以传真形式签订也视为有效;合同附件与本合同为不可分割组成部分;合同联系地址即为法律文书送达地址。

本合同一式肆份,甲、乙双方各执正本贰份,具有同等法律效力。

甲方:××××公司	乙方:××××公司
代表人(签字):	代表人(签字):
电话:	电话:
传真:	传真:
开户行: 账号: 税号:	开户行: 账号: 税号:
地址:	地址:
签订日期:	签订日期:

❈❈❈❈❈❈❈❈❈❈❈❈❈❈❈❈❈❈❈❈❈❈❈❈❈❈❈❈❈❈❈❈❈❈❈❈❈❈

4.1.9　工程安全设施设计

该项目标准分值为 40 分。《评审规程》对该项的要求如表 4-24 所示。

表 4-24　工程安全设施设计

二级评审项目	三级评审项目	标准分值	评分标准
4.1　设备设施管理（130 分）	4.1.9　工程安全设施设计 工程安全设施设计应符合《水利水电工程劳动安全与工业卫生设计规范》（GB 50706—2011）等有关规定，确保建设项目的安全设施和职业病防护设施与建设项目主体工程同时设计。 在进行技施设计和施工图设计时，应落实初步设计安全专篇内容和初步设计审查通过的安全专篇及其审查意见	40	未按规定进行安全设施设计，扣 40分； 安全设施设计内容不全，每处扣 5分； 安全设施设计内容不符合相关规定，每处扣 5 分

工程安全设施设计应符合 GB 50706—2011 等有关规定，确保建设项目的安全设施和职业病防护设施与建设项目主体工程同时设计。

在进行技施设计和施工图设计时，应落实初步设计安全专篇内容和初步设计审查通过的安全专篇及其审查意见。××项目技施设计和施工图落实安全设计内容见图 4-1。××项目初步设计安全专篇可参见案例 4-10。

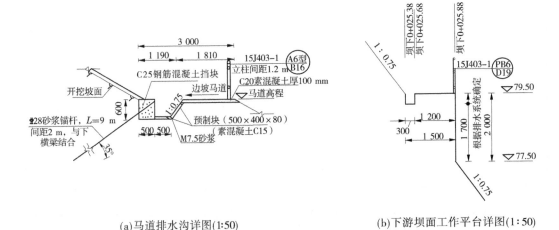

(a)马道排水沟详图(1:50)　　　　　(b)下游坝面工作平台详图(1:50)

图 4-1　××工程马道及工作平台防护栏杆设计详图　（单位：尺寸，mm；高程，m）

【案例 4-10】　项目劳动安全与工业卫生专篇。

项目劳动安全与工业卫生专篇

1　危险与有害因素分析
1.1　设计原则及依据

（1）法律法规及政府有关文件见表 4-25。

表 4-25　法律法规及政府有关文件

序号	法律法规	文号
1	《中华人民共和国安全生产法》(2021 年修正)	中华人民共和国主席令第八十八号
2	《中华人民共和国劳动法》(2018 年修正)	中华人民共和国主席令第二十四号
3	《中华人民共和国职业病防治法》(2018 年修正)	中华人民共和国主席令第二十四号
4	《中华人民共和国防洪法》(2016 年修正)	中华人民共和国主席令第四十八号
5	《中华人民共和国消防法》(2021 年修正)	中华人民共和国主席令第八十一号
6	《中华人民共和国放射性污染防治法》	中华人民共和国主席令第六号
7	《中华人民共和国防震减灾法》(2008 年修订)	中华人民共和国主席令第七号
8	《建设工程安全生产管理条例》	国务院令第三百九十三号
9	《地质灾害防治条例》	国务院令第三百九十四号
10	《建设项目(工程)劳动安全卫生预评价管理办法》	劳动部令第十号

（2）国家标准见表 4-26。

表 4-26　国家标准

序号	标准名称	标准编号
1	《水利水电工程劳动安全与工业卫生设计规范》	GB 50706—2011
2	《工业企业噪声控制设计规范》	GB/T 50087—2013
3	《安全色》	GB 2893—2008
4	《安全标志及其使用导则》	GB 2894—2008
5	《起重机械安全规程　第1部分:总则》	GB/T 6067.1—2010
6	《起重机械安全规程　第5部分:桥式和门式起重机》	GB/T 6067.5—2014
7	《生产过程安全卫生要求总则》	GB/T 12801—2008
8	《防止静电事故通用导则》	GB 12158—2006
9	《机械安全 防止上下肢触及危险区的安全距离》	GB 23821—2009
10	《工业企业厂界环境噪声排放标准》	GB 12348—2008
11	《生产过程危险和有害因素分类与代码》	GB/T 13861—2009
12	《防洪标准》	GB 50201—2014
13	《水喷雾灭火系统技术规范》	GB 50219—2014
14	《工业企业设计卫生标准》	GBZ 1—2010
15	《中国地震动参数区划图》	GB 18306—2015
16	《建筑灭火器配置设计规范》	GB 50140—2005
17	《建筑设计防火规范》(2018 年版)	GB 50016—2014
18	《噪声作业分级》	LD 80—1995
19	《工业企业厂内铁路、道路运输安全规程》	GB 4387—2008

（3）水利行业主要技术标准见表 4-27。

表 4-27　水利行业主要技术标准

序号	标准名称	标准编号
1	《水利水电工程初步设计报告编制规程》	SL 619—2013
2	《水利水电工程等级划分及洪水标准》	SL 252—2017
3	《水利工程设计防火规范》	GB 50987—2014
4	《水电工程施工地质规程》	NB/T 35007—2013
5	《水利水电工程结构可靠性设计统一标准》	GB 50199—2013
6	《水闸设计规范》	SL 265—2016
7	《水利水电工程通信设计技术规范》	SL 517—2013
8	《水利水电工程钢闸门制造、安装及验收规范》	GB/T 14173—2008
9	《水利水电工程启闭机制造安装及验收规范》	SL 381—2007
10	《电力设备典型消防规程》	DL 5027—2015
11	《水力发电厂接地设计技术导则》	NB/T 35050—2015
12	《水利水电工程钢闸门设计规范》	SL 74—2019
13	《水利水电工程启闭机设计规范》	SL 41—2018
14	《水工混凝土施工规范》	SL 677—2014
15	《建筑照明设计标准》	GB 50034—2013
16	《泵站设计规范》	GB 50265—2010
17	《建筑物防雷设计规范》	GB 50057—2010
18	《自动喷水灭火系统设计规范》	GB 50084—2017
19	《火灾自动报警系统设计规范》	GB 50116—2013

1.2 工程概况

本工程涉及 1 条河道、7 条支涌、2 座泵闸、2 座水闸。1 条河道为新开挖河×××河,长 5.15 km;7 条支涌均位于×××河北侧,分别为×××涌、×××涌、×××涌、×××涌、×××涌、×××涌、×××涌,对×××涌出口整治共长 1.506 km;2 座泵闸分别位于×××河东、西河段末端,东河段末端通过东泵闸与×××河连通,西河段末端通过西泵闸与×××河连通;2 座水闸为×××水闸和×××水闸,×××水闸位于×××高速东北侧×××涌与×××河汇合处下游,闸址距×××高速约 170 m,×××涌通过此水闸与×××河连通;×××涌水闸位于×××涌与×××河汇合处。

1.3 工程所在地自然环境、周边情况的危险与有害因素分析

×××区地处×××江口东岸,位于×××洋湾顶,东邻×××,北靠××市×××、×××和×××三镇,西与××市×××隔江相望,南面×××海,区域位置优越,拥有××市稀缺的岸线资源。×××区由×××镇西南部的×××湾和×××镇西南部的×××半岛、×××岛组成,东至×××河,西至×××岛与×××镇交界处,北至×××高速,南至×××江口,规划范围总面积约为 84.1 km²,其中现状陆域面积为 51.8 km²。新区处在×××港交通走廊节点,临近×××港航道,扼守进入×××洋水路咽喉。与×××机场空间距离仅为 10 km。

本工程北接×××镇工业区,南靠×××湾核心区,西通×××板块都市圈,东望×××空港及新城,×××高速、×××铁路及多条城市干道经过或穿越本工程。

本地区地处×××洋喇叭湾湾顶的东岸,属于亚热带海洋季风性气候区。冬季受北方冷空气影响,盛行偏北风;夏季受热带副高压控制,多东南风。全年降水丰沛,热量充足,雨季明显,夏季炎热多雨,冬季温暖少雨,夏秋季常有台风影响。

×××地区属亚热带气候。夏季炎热多雨,冬季温和。全年以 7 月、8 月气温最高,1 月、2 月气温最低。多年平均气温 21.8 ℃,极端最高气温为 38.7 ℃(1953 年 8 月 12 日),极端最低气温为 0 ℃(1957 年 2 月 11 日),日最高气温大于 35 ℃的多年平均天数为 5.3 d。×××地区雨量充沛,降水量年内平均分配不均匀,其中 4~9 月为雨季,平均降雨量为 1 392 mm,约占全年的 82%;5 月、6 月更为集中,降水量约占全年的 35%。据多年气象资料统计,年平均降水量 1 702.5 mm,年最大降水量 2 516.6 mm(1975 年),年最小降水量 1 158.5 mm(1956 年),历年一日最大降水量 399.6 mm(2006 年 7 月 15 日石龙自动气象站录得)。平均每年雾日为 5 d,最多 12 d;1~4 月为雾季,约占全年的 70%,7 月、8 月一般无雾。多年平均年相对湿度为 79%,各月平均相对湿度变幅为 69%~86%,历年最小相对湿度为 3%(1959 年 1 月 16 日)。

根据本工程周围的自然环境条件进行综合分析,认为对本工程在劳动安全与工业卫生方面可能造成危害的因素有以下几个方面。

1.3.1 地质灾害危险性分析

×××区的地貌单元主要有三角洲平原、丘陵、低山,且市区以平原为主,无严重地质灾害。

1.3.2　洪水灾害危险性分析

本工程项目区无明显的暴雨中心,暴雨强度较小,洪水过程平缓。

1.3.3　恶劣天气危险性分析

本工程项目区恶劣天气主要为夏天酷热、阵雨大风,室外作业容易中暑;夏秋季节多雨暴潮。

1.4　水工建筑物、机电选型以及布置中的危险与有害因素分析

水工建筑物布置根据工程范围所处的气象、洪水、雷电、地质、地震等自然条件和周边情况,并根据本工程建筑物、交通道路、安全卫生设施、环境绿化等因素,进行统一规划、合理安排。本工程设计满足《水利工程设计防火规范》(GB 50987—2014)的要求,各建筑物的防潮、通风、防噪声和照明等符合现行相关规范要求。对本工况设计方案中可能危害劳动安全与工业卫生的因素进行分析。

1.4.1　工程布置危险性分析

(1)本工程项目区位于×××市区,进场道路与市区公路线路平面交叉多,这些因素可能造成交通事故。

(2)泵站及水闸在厂区内设有进水池,厂房内设有检修平台以及人行通道。进水池周边,检修平台及人行通道一侧存在坠落面,在没有防护设施的情况下,容易造成人员坠落危害。

(3)泵站及水闸厂房内设有楼梯、钢梯、检修平台,在天气潮湿情况下工作人员巡视检查时容易滑倒。

1.4.2　渗漏危险性分析

泵站渗漏和潮湿易使机电设备受潮和锈蚀,并使运行人员工作条件恶化,过大的渗漏还会引起泵站沉陷。对于进入泵站的漏水、渗水如不及时处理,可能造成水淹泵站。水淹泵站事故,轻者对设备造成损坏,尤其是电气设备,重者因水淹造成的短路,会危及人身安全及设备安全,更甚者会导致泵站淹没。

1.4.3　水机设备危险性分析

(1)泵组设备选型时,设备噪声水平不超过相关规范要求,必须降低工作环境噪声水平。办公场所的空调器、风扇等设备选用噪声水平较低的设备。对个别噪声或振动达不到设计要求的设备,在安装的同时,要求厂家采取措施,将振动和噪声水平控制在规定范围内。

(2)泵组安装或检修过程中,吊车可能会产生脱钩、断绳、掉落等危险,要求定期检查吊车及其附属装置。

(3)泵组共振会引起严重后果,如机组设备与厂房的共振,可使整个设备和厂房遭到不同程度的损坏。

1.4.4　电气设备危险性分析

(1)本工程所有电气设备,均可能因设置不当、保护失效、个人防护不全、管理制度不

健全、误操作等因素造成电气伤害事故。

（2）施工过程中，接地线虚焊、假焊均会导致设备外壳接地或与接地网连接不可靠，从而导致接地电阻及跨步电势不满足规范规定，使人员遭受电击伤害和触电事故发生。

（3）运维人员误操作、违章作业，特别潮湿、有爆炸危险等特殊场合未按要求选择设备、敷设导致人身触电、设备损坏和爆炸等事故发生。本工程可能发生爆炸的主要设备为变压器及变频器，可能引起火灾最终导致爆炸或直接发生爆炸。

（4）雷电天气时，容易产生雷电感应和雷电波的侵入，从而引发人员伤亡、设备受损等事故。

1.4.5　电缆危险性分析

电力电缆的绝缘层是由橡胶、塑料等可燃物质组成的，因此电缆具有发生火灾的可能性。导致电缆火灾的原因有如下方面：

（1）绝缘损坏引起短路故障，电力电缆的保护层敷设时被损坏或在运行中电缆绝缘受机械损伤，引起电缆相间或与保护层的绝缘击穿，产生的电弧使绝缘材料及电缆外保护层材料燃烧起火。

（2）电缆长时间过载运行，电缆绝缘材料的运行温度超过正常发热的最高允许温度，使电缆的绝缘老化，这种绝缘老化的现象，通常发生在整个电缆线路上。电缆绝缘老化，使绝缘材料推动或降低绝缘性能和机械性能，因而容易发生击穿着火燃烧，甚至沿电缆整个长度多处同时发生燃烧起火。

（3）外界火源和热源导致电缆火灾。如油系统的火灾蔓延，油断路器爆炸火灾的蔓延，电焊火花及其他火种，都可使电缆产生火灾。

（4）当电缆发生火灾事故时，火势凶猛，燃烧迅速，烟气危害大。电缆在燃烧时产生大量的二氧化碳、一氧化碳、氯化氢等有害气体。氯化氢气体会形成稀盐酸附着在电气元件上，使电气设备的绝缘性能下降，引起短路事故，电气元件遭到稀盐酸的腐蚀后清除困难。另外，由于电缆四周活动区域狭小，造成扑救困难，修复时间长，损失严重。

1.4.6　金属结构危险性分析

金属结构设备工作是否正常将直接影响到水工建筑物的安全运行和工程效益，它是水工建筑物的一个重要组成部分。金属结构设备涉及布置、设计、制造、安装和运行管理等各个方面，无论在哪个环节上出现疏忽或差错，都会给金属结构设备以致整个水工建筑物带来不良后果，甚至严重后果。从大量已建工程的水工闸门的许多事故分析得知，闸门出现事故的原因有如下方面：

（1）制作闸门、启闭机等金属结构设备所用的材料质量低劣；闸门和启闭机的制造工艺、加工工艺及质量不符合规范或标准的规定；设备安装措施、安装工艺不合理；闸门和启闭机运行管理不善；闸门和启闭机维护保养和检修等工作欠佳；人为违章操作等。

（2）机械设备主要受力构件严重塑形变形和产生裂纹，甚至整体失稳、焊接缺陷、螺栓或铆钉连接松动、缺件、损坏等缺陷;吊钩、钢丝绳、制动器、减速器等主要零部件与机构损坏等。

这些方面的质量问题造成难以克服、无法弥补的缺陷,诱发了各种故障和事故的发生。如门体结构变形、严重锈蚀、焊缝裂纹、支承行走机构锈死、门槽淤堵、门体启闭严重振动、严重漏水等;启闭机保险片异常、钢丝绳锈损、制动器不准确、位移指示错误、抓梁不灵活等。

1.5　施工临时设施的危险与有害因素分析

本工程施工过程中,高压、易燃、易爆、振动、噪声等各种有害作业的产生,对出现设备故障、发生工作人员的人身伤亡事故等,都会带来不应有的重大损失,为了防患于未然,将各种危害进行切实、有效的防范,为工作人员提供一个安全、舒适的施工环境,对施工临时设施中的因素进行分析。

1.5.1　施工总布置不合理

施工总布置包括施工营地、施工工厂、料场等施工设施的布置。如果这些施工临建设施位置选择不当,布置不合理,处于易遭受滑坡、洪水、泥石流等直接危害的地段,则可能造成人员伤亡和财产损坏。

1.5.2　坍塌

工程基坑开挖、料场开挖、场内施工道路建设等形成的开挖边坡,施工道路路基和高处施工场地,如未采取有效的防护加固措施,局部可能存在失稳滑塌现象。

施工过程中支护没有合理设置、强暴雨引发山洪或地下涌水等因素都可能引起塌方、滑坡或工作面受淹,造成人员伤亡和设备受损。

临时施工设施若施工安装质量不良、基础缺陷、地面沉降或遭遇地震、强对流天气等可能导致临时建筑、设备倒塌,伤及施工人员。

1.5.3　高处坠落

施工区内存在的各种洞、孔,极易发生人员坠落伤亡事故和物件坠下伤人事故。建筑登高架设作业由于脚手架结构上缺陷和拆除失误,可能发生脚手架高处坠落,也可能发生脚手架局部甚至整体坍塌。

脚手架结构上缺陷和拆除失误,可能发生脚手架局部甚至整体坍塌,造成人员坠落事故。

泵站水闸施工也可能发生坠落危险。

1.5.4　交通运输伤害

在施工过程中多种施工机械车辆同时工作,通往部分工作面的交通运输繁忙,人员流动频繁,如果对施工车辆、施工现场、驾驶员管理不善,就有可能导致交通事故。

1.5.5　施工导流缺陷

施工导流设计是以信息和预测为依据的,其中必然包含不确定因素,加之一些工程技术问题使导流风险不可避免。施工洪水的随机性使水利水电工程在施工期导流时容易引发事故。截流期间容易出现局部突然垮塌,造成设备、人员落水;围堰因超标准洪水或其他原因失事,会造成基坑受淹,甚至发生伤亡事故,造成重大损失和工期延误。

1.5.6　施工期洪水、泥石流

施工期遭遇超标准洪水,可能造成溃堰、基坑进水及施工生产生活设施被淹、被冲毁等现象,如无应对预案、无有效的应对措施,不能及时撤离人员和设备,将会造成严重的人员伤亡和设备受损。

洪水极易引发次生地质灾害、泥石流等。

1.5.7　火灾、爆炸

本工程施工区较多,分布较广。如果施工区或生活区防火安全意识不强,消防器材分布不科学,用电线路不勤加检修等,均可造成火灾事故。

本工程石方开挖量大,若对特种仓库的布置分区和这些易燃易爆物质的运输、存放和使用的管理不当,均有可能引起火灾爆炸事故,造成人员伤亡。

施工压力容器的质量不合格,保养或者检修跟不上,有可能造成火灾或爆炸事故。

1.5.8　电气伤害

在施工期间因施工需要,施工区内将架设输电线路和电力电缆,这些线路电缆多为临时设施,如果架设或保护不合理,易造成漏电或触电,有可能造成人员伤亡。

1.5.9　焊接及机械伤害

焊接作业易发生电气火灾、爆炸、烧伤与机械伤害事故。焊接电弧光辐射会引起眼睛和皮肤疾病,焊接中产生的烟尘与有毒气体可能产生急性中毒或造成尘肺职业病。

许多施工机械及加工设备的传动与转动部件的部分或全部裸露在外,人体某部分只要接触这些裸露的运动部件就可能受到伤害。

工程所用的提升机械由于安全保护装置不全易发生卷扬机过卷、断绳失控事故,造成人员伤亡。

1.5.10　安全标志缺陷

本工程的施工临时设施较多,在施工期间若上述临时设施区域安全标志设置不齐全或安全标志存在缺陷,可能导致触电、火灾、爆炸、坠落、交通事故等危害的发生。

1.5.11　施工管理缺陷

工程施工作业过程,各种设备、预制件、建筑材料的运输、存放、保管和施工力量的调配等计划不周,现场管理不善都会给施工安全带来隐患。

1.5.12　施工期作业环境不良

噪声及振动:施工过程中存在大量的粉尘,对人体健康有危害,应该注意防护。

有毒有害物质:本工程施工过程中,对施工人员产生危害的有害气体和场所有:焊接作业时产生的焊接烟气;室内装修时采用的涂料、胶黏剂、水性处理剂等释放的游离甲苯、二甲苯等有毒气体;化学灌浆时,可能有聚氨酯、丙酮等有毒气体。

1.5.13 重大危险源辨识

根据《危险化学品重大危险源辨识》和《危险化学品重大危险源监督管理暂行规定》的有关规定,"危险化学品重大危险源"是指长期或临时生产、加工、使用或储存危险化学品,且危险化学品的数量等于或超过临界量的单元。单元内存在危险物质的数量等于或者超过临界量,即被定义为重大危险源。

如果危险品储量达到重大危险源的临界量,根据《中华人民共和国安全生产法》和《危险化学品重大危险源监督管理暂行规定》的规定,应对重大危险源登记建档,进行定期检测、评估、监控,并制定应急预案、应急措施,报有关地方人民政府负责安全生产监督管理的部门和相关部门备案。

本施工临时工程钢木加工厂、施工道路厂区、办公生活区布置时除考虑便于施工、减少运距外,还考虑了防风、防洪标准等影响因素。临时建筑物布置施工设施场地应该避开滑坡、泥石流、塌岸等危险区。

2 劳动安全措施

2.1 防机械伤害

(1)采用的机械设备必须满足国家安全卫生有关标准的要求。

(2)起重机用钢丝绳、滑轮、吊钩等符合现行《起重机械安全规程》(GB/T 6067)的有关规定。

(3)机械上外露的开式齿轮、联轴器、传动轴、链轮、链条、传动带、皮带轮等易伤人的活动零部件,宜装设防护罩或设置安全运行区。

(4)轨道式机械设备应装有行车声光警示信号装置。设备最大外缘与建筑物墙柱之间经常有人通行时,净距应大于 0.8 m。

2.2 防电气伤害

(1)严格按规程、规范要求设置防雷装置,对电气设备外壳、金属构架、管路、金属结构采取接地措施,并对其最大感应电压设计控制在 50 V 以下,以保证人身安全。

(2)低压配电设备均装设在金属封闭铠装柜内,开关柜的防护等级不低于 IP20,并具有:防带负荷分、合隔离开关,防误分、合断路器,防带电挂地线、合接地刀,防带地线合隔离开关和断路器,防带电间隔的五防功能。

(3)按相关规范要求,在需要现场人员疏散的地方布置应急照明及疏散指示灯;潮湿部位的照明,应加装防触电装置或采用三防灯、爆炸性危险场所选防爆设备;特别潮湿和爆炸危险场合采用穿钢管敷设。

(4)电器设备带电部分,对运行人员可能触及的初期投运配电装置的带电部位,设置隔离保护网,并设置相应的安全标志和警示标志。

(5)电气设备的外壳和钢构架在正常运行中的最高温升,运行人员经常触及的部位不大于 30 K;运行人员不经常触及的部位不大于 40 K;运行人员不能触及的部位不大于

65 K,并标有明显的安全标志。

2.3　防坠落伤害

（1）水工建筑物闸门的门槽、吊物孔等处，在坠落面侧设固定式防护栏杆或盖板。

（2）凡坠落高度在2.0 m以上的工作平台、人行通道等部位，设有固定护栏。当固定式防护栏杆影响工作时，在孔口上设盖板，并能承受200 N/m² 的均布荷载。凡检修时可能形成的坠落高度在2.0 m以上的孔坑，设置固定临时防护栏杆用的槽孔。

（3）各种楼梯、固定钢直梯，均设有护栏或护笼，采取防滑措施。

（4）桥机轨道两端均设置可靠的缓冲器。

2.4　防气流伤害

工程泄水及取水建筑物的掺气和通气孔，不应指向工作人员或经常进出的部位。

设置空气压缩系统处，压力释放孔口应做好必要的防护，以免对工作人员造成伤害。

2.5　防强风雾雨和雷击伤害

2.5.1　防强风雾雨

工程区域布置的施工工区、施工仓库、施工辅助企业等临时建筑物均应按防台风及防洪标准设计及布置，临近河道范围的临时建筑物应当布置在10年一遇洪水位以上场地。

本工程施工时间较长且跨汛期，容易遭遇强风雾雨的危害。对地面建筑物结构设计则充分考虑风荷载影响，保证结构物安全。对泵站、进厂道路及各类地基处理结构做好截水、排水设施，防止强降雨危害。

工程区域布置的施工工区、施工仓库、施工辅助企业等临时建筑物场地应当做好排水措施，在雨季和台风来临之前，要求对施工临时设施和电气设备进行检修，做好防台风及防洪抢险准备，备好相应的防洪材料、工具储备。

工程区域做好水情、水文预测，参建单位做好防强风雾雨的应急救援预案和物资准备，保持通信设备畅通无阻，可随时联系各相关部门组织防洪、防汛、防强风雾雨的救援。

2.5.2　防雷击伤害

按《建筑物防雷设计规范》（GB 50057—2010）、《交流电气装置的过电压保护和绝缘配合》（DL/T 620—1997）的要求，做好本工程的防雷设计，如避雷器配置、避雷针、避雷线、避雷带、接地引下线及集中冲击接地等，并严格进行工程防雷设施的安装质量验收。

施工设备的防风和防雷，除采用避雷设备和风力监测设备外，从制度上规定雷雨强风天的施工作业时间，提前做好雷雨强风天的预报工作。

2.6　防滑坡泥石流伤害

严格按设计边坡进行开挖，做好截水、排水设施并加强监测，确保边坡稳定安全，不发生滑坡、泥石流等灾害。

堤防边坡施工完成后，应及时采取护坡，做好截水、排水设施，确保边坡稳定安全，不发生滑坡、泥石流等灾害。

2.7 防洪水淹没伤害

本工程的主要机电设备均布置在配电房内,因此对厂区的防渗措施十分重视,配电房内采用排水沟汇集渗漏水,通过排水管、沟排入渗漏集水井,厂区沿建筑物四周均布置排水沟。

2.8 防火灾爆炸伤害

(1)本工程各类建筑物及各种工作场所均按防火规范要求设计。

(2)所有工作场所严禁采用明火。

(3)室内所有电气设备均选用无油设备,减少火灾隐患。

(4)所有金属管路及设备基础、外壳均按规程要求接地;防静电接地装置与工程的电气接地装置共用,接地电阻满足规范要求。

(5)保障本工程各个疏散通道、安全出口畅通,并设置符合国家规定的消防安全疏散标志。

(6)在消防设施和器材上设置安全标志,并定期组织检验、维修,确保消防设施和器材完好、有效。

(7)发生火灾后,值班室确认火警后,通知在场人员进行扑救,并马上通知专职消防队进入事故现场,指示在场人员按事故照明引导灯指示的方向疏散避难。火场由消防人员利用消防栓及灭火器等灭火。消防值班室通知医疗卫生人员利用急救车抢救烧伤和电击伤害人员,伤情严重者送城市医院急救。

2.9 防交通事故伤害

(1)本工程区永久性公路设计符合《公路工程技术标准》(JTG B01—2014)的相关规定。

(2)在视距不良、急弯、陡坡等路段设置鲁米那标线及必需的视线诱导标志。路侧有悬崖、深谷、深沟等路段,设置路侧护栏、防滑墩、平面交叉设置标志和必需的交通安全设施。连续长陡下坡路段、危及行车安全路段,设置避险车道。

(3)各类车辆驾驶员必须获得相应的驾驶证、上岗证,并且不能驾驶不符合自身驾驶证规定的车辆;经常对驾驶员进行安全教育宣传和培训,要求驾驶员严格遵守国家交通法律法规和制度。

(4)各类车辆必须定期保养、检测和维修。

(5)在施工现场车辆出入口设置明显的交通标志、警示牌。

2.10 施工期劳动安全措施

工程施工工种繁多,流动性大,许多工种常年处于露天、高空、水上、陡坡、居民区、立体交叉以及小面积多工种的作业。施工的不安全因素多,安全管理工作较复杂、重要。搞好安全管理,保证职工在施工生产中的安全与健康,保护设备、物资不受损失,是管理的首要职责。

安全管理是为了安全施工。安全施工工作是施工生产活动中,职工的安全和健康、机械设备的安全使用以及物质的安全保护等工作。

(1)施工期安全事故防范措施。

建立安全施工责任制:生产的原则是必须安全生产。必须明确规定各级领导、职能部门、工程技术人员和生产工人在施工生产中应负的安全责任,这是最根本的一项安全制度。

实行安全施工大检查:每项工程开工前,应进行安全检查,合格后方可开始施工,并应经常深入现场,监督安全操作规程的执行和检查。每季度或每月对安全工作进行一次全面大检查,也可突出一个重点检查。

(2)施工期安全技术措施和管理。

施工期安全是一项技术性很强的工作,每项工作开工前,应制定安全技术措施和操作规程。主要有以下几个方面:

①合理布置和管理施工现场,是创造和改善安全施工的重要条件。合理使用场地,保证现场道路和排水通畅,坚持安全施工纪律,建立良好的施工顺序。

②建立安全帽、安全带、安全网的使用纪律,规定安全通道,坚持操作规程。

③制定土石方工程、大型设备安装和构件吊装的安全技术规程,认真分析施工条件和作业环境,确定合理的施工方案,充分做好准备工作,防止土石塌方,保证吊具安全可靠。

④执行施工机械的安全技术。施工机械操作人员实行持证上岗,必须经过专门训练,考试合格后,方准独立操作。机械的安装与运行必须保持良好的状态。做好机械运转记录,建立技术档案。

⑤针对夏季、雨季、台风期的施工特点,制定季节性安全技术措施,保证不同季节施工的安全。

⑥当采用和推广施工新工艺时,必须同时制定相应的安全技术措施。

⑦安全标志设置。

根据本工程的具体情况,以防患于未然和事故后便于快速疏散为目的,在工程的各个危险场所和危险位置设置安全标志。

⑧加强居民区安全管理。

施工期需做好围挡和安全管理,安排专人进行安全巡视及交通疏导。

(3)企业应按照劳动防护用品选用规则和国家颁发的劳动防护用品配备标准以及有关规定,为工作人员配备劳动防护用品。在作业过程中,工作人员必须按照安全生产规章制度和劳动防护用品使用规则正确佩戴和使用劳动防护用品,未按规定佩戴和使用劳动防护用品的不得上岗作业。

(4)企业应参加工伤社会保险,为工作人员缴纳保险费。

2.11 其他设计原则和措施

2.11.1 避险逃生设施

在管理区和危险场所附近张贴紧急疏散路线图和应急电话号码。该线路应及时更新并规定首要的和次要的疏散路线,当发生紧急情况时,取最近的疏散路线逃生到紧急集合地点。

明确标示所有的紧急出口,用有照明的标志显示,并保持无障碍物。应在所有的疏散路线中设置应急照明灯。

2.11.2 报警救援设施

管理房和车库仓库等设火灾自动报警系统,二级保护对象,采用区域报警控制系统。

火灾自动报警系统由区域火灾报警控制器、手动报警按钮、声光报警器、火灾探测器等组成。

区域火灾报警控制设于综合办公用房走廊处,采用自带专用蓄电池做备用电源。火灾自动报警系统的线路穿金属管暗敷,并敷设在不燃烧体的结构层内,且保护厚度不小于30 mm。

2.11.3　警示宣传设施

凡容易发生事故危及生命安全的场所和设备设置安全警示标志,并在生产场所、作业场所的紧急通道和出入口,设置醒目的标志和指示箭头。安全标志的符号、图形、含义、补充文字、配置规范等,应符合国家和行业的有关规定。消火栓、灭火器、火灾报警器等消防用具,以及严禁人员进入、禁止跨越等危险作业区的护栏采用红色。电气设备、集水井、吊物孔周围、水池的钢梯等当心触电、当心坠落、当心滑跌处的防护围栏采用黄色。

在各个进场路口设置警示牌,限制车速,禁止鸣笛,提醒来往车辆减速慢行。

施工前印发环境保护手册,对施工人员进行环境保护意识的宣传教育。

加强施工区和管理区卫生宣传与管理工作,承包商及建设管理单位应实行专人负责,利用黑板报、墙报、宣传画报、标语等多种形式,宣传劳动安全与工业卫生知识。

3　工业卫生措施

3.1　防噪声及防振动

各工作场所的噪声按《工业企业噪声测量规范》(GBJ 122—1988)、《水利水电工程劳动安全与工业卫生设计规范》(GB 50706—2011)及当地有关部门规定控制;设备本身的噪声测量符合相应设备有关标准的规定,必要时,应对设备提出允许的限制值,或采取相应的防护措施。

3.2　防电磁辐射

设计已采取措施如下:

(1)通信机房和中控室的布置位置应远离强电磁场区,并在室内采取屏蔽防静电措施。

(2)在产生电磁辐射的场所应设置警示,防止人员长时间滞留,并应对这些设备、设施加设屏蔽设施。

(3)所有计算机监控系统显示器均应采用低辐射、低能耗显示器,以减少电磁辐射对运行人员的伤害。

3.3　防尘、防污、防腐蚀、防毒

(1)管理房地面采用水磨石或其他坚硬不起尘的材料,墙体也采用表面不易剥落的材料来装修。

(2)机械通风系统的进风口位置设置在室外空气比较洁净的地方,并设在排风口的上风侧。

(3)设备支撑构件、水管、气管、油管、风管及电缆桥架,采取合理的防腐蚀措施。除锈、涂漆、镀锌、喷塑等防腐处理工艺应符合国家现行有关标准的规定。

(4)低压配电屏内均设置防潮加热器除湿防潮。

(5)所用设备材料正常运行时不产生任何有害物质,事故时可能有少许毒气产生,但

可通过防排烟系统予以清除。

（6）生活水（包括厕所污水）经处理后方排入地面水体。

3.4　防放射性和有害物质伤害

工程中使用的砂、石、砖、水泥、混凝土等建筑材料放射性指标限指符合以下规定：内照射指数 $I_{Ra} \leqslant 1.0$，外照射指数 $I_r \leqslant 1.0$。其他室内装饰材料的有毒物质必须符合相关规定。

3.5　采光与照明

各建筑物四周适当的位置开设玻璃窗户，充分利用自然光。各工作场所的采光照度均满足有关标准的规定，并按相关规程规范要求的场所设置应急照明灯及疏散指示灯。

3.6　通风、温度与湿度控制

各类工作场所的室内空气参数，均按照现行行业标准《水利水电工程采暖通风与空气调节设计规范》（SL 490—2010）的有关规定设计，并在有值班场所设置满足工作环境所需的通风和除湿设备，电气设备根据布置位置、环境情况，相应配备有除湿器。

3.7　防水防潮

各主要建筑物屋面及地面均布置有排水设施。凡有功能房位于水下部位，采用以排湿为主的通风方式，配合除湿器等措施，可有效防潮除湿。

3.8　饮水安全与环境卫生

饮用水水源选在工程办公区、生活区、废弃物堆放和填埋场、生活污水排放点的上游。凡与生活饮用水接触的输配水设备和防护材料均选用无污染材质。

工程总体规划、总体布置中确定办公区、生活区、废弃物堆放和填埋场、生活污水排放点的选址。办公生产区同生活区之间设置一定安全、卫生的防护距离，并进行绿化。生活区、生产管理区设置完好的污水排放管沟。

3.9　水利血防

本工程为非血吸虫病疫区，无钉螺等危害，水质安全。

3.10　其他工业卫生管理措施

除应经常进行安全检查外，还要组织定期检查、监督，尤其是施工期间建议至少每半个月组织一次检查。

检查以自查为主，互查为辅。以查思想、查制度、查纪律、查隐患为主要内容。要结合季节特点，开展防洪、防雷电、防坍塌、防高处坠落、防煤气中毒等检查。

4　安全卫生管理

4.1　安全卫生管理机构

4.1.1　辅助用室

辅助用室是工作人员生产、生活所必需的，辅助用室的设置应分别在厂区和生活区布置。布置位置主要考虑避免有害物质、病原体等有害因素的影响，室内应具有良好的通风、采暖和排水设施，易于清扫，卫生设备便于使用。

管理楼设有生产办公室、会议室、值班室、休息室、卫生间等，满足生产、生活需要。

4.1.2　安全与卫生机构设置及人员配置

安全卫生管理机构负责本工程投产后的安全卫生方面的宣传教育和管理工作，是工程运行中劳动安全与工业卫生的必要保证。安全卫生方面的宣传严格执行国家劳动安全与工业卫生规程和标准,对劳动者进行劳动安全卫生教育,防止劳动过程中发生事故,减少职业危害。

劳动安全卫生设施必须与主体工程同时设计、同时施工、同时投入生产和使用,并符合国家规定标准。

建议在各施工区管理人员中各设置 1 名劳动安全与卫生管理人员,备有常用药品和急救箱等。完善安全卫生管理制度,清洁和保持工程及工程区环境卫生。对于本工程工作人员的人身伤害事故,根据具体情况,紧急疏散到最近的医院。

根据水利水电工程的具体情况,以防患于未然和事故后便于快速疏散为目的,在厂区主要场所设置安全标志,这些场所主要是容易导致安全事故的场所或发生事故后需要疏散的通道。

4.2 安全卫生设备配置

劳动安全与工业卫生设备配置见表 4-28。

表 4-28 劳动安全与工业卫生设备配置

序号	项目名称	单位	参考单价/万元	总数量
1. 安全防护标志				
1.1	安全标志	套	5	4
1.2	交通标线、警示带、刷漆等	套	4	4
1.3	安全标志、环境识别设施标准化专项设计	项	20	1
2. 监测设备(每站一套)				
2.1	噪声监测设备	台	1	8
2.2	振动监测设备	台	1.5	8
2.3	温、湿度监测设备	台	0.3	8
2.4	手机红外成像仪	台	0.2	8
2.5	近电预警手表	台	0.1	8
2.6	电压质量测试仪	台	0.15	8
2.7	感应式万用表	台	0.2	8
2.8	激光测距仪器	台	0.2	8
2.9	强光手电	台	0.01	8

续表 4-28

序号	项目名称	单位	参考单价/万元	总数量
3. 安全防护设备				
3.1	防震帐篷	顶	0.2	8
3.2	救生衣	件	0.01	8
3.3	医疗卫生药品及设备	项	1	4
3.4	防毒面具、事故救援设备等	项	1	4
4. 安全教育装备设施和安全标志费用				
4.1	计算机、笔记本	台	0.7	8
4.2	投影仪	台	0.5	4
4.3	显示器	台	0.3	8
4.4	宣传资料及其他费用	项	1	4
4.5	摄像机	台	0.7	4
5. 独立费用				
5.1	安全验收评价报告编制与评审费	项	15	1
5.2	安全设施竣工验收费	项	15	1
5.3	安全生产培训费	项	15	1

4.3　安全卫生管理措施

（1）建立健全单位安全生产责任制度和事故隐患排查治理制度，制定安全生产规章制度和操作规程，建立事故隐患信息档案并制定隐患的治理方案，制定生产安全事故应急预案。加强对自然灾害的预防，制定自然灾害事故应急预案，发生自然灾害可能危及单位和人员安全时，应采取停止作业、撤离人员、加强监测等安全措施，并及时向当地政府部门报告。建立企业应急指挥机构，组建应急救援队伍，适时组织开展应急预案演练。

（2）制定严密的施工管理制度和生产管理制度，配备专职安全生产管理人员。根据工程施工和生产情况，安全生产管理人员定期进行安全生产检查。对检查中发现的安全问题应立即处理，不能处理的应及时报告单位负责人，检查和处理情况应记录在案。

（3）组织管理区工作人员进行安全生产教育和培训，熟悉有关安全生产规章制度和操作规程，具备必要的安全生产知识，掌握本岗位的安全操作技能，增强预防事故、控制职业危害和应急处理的能力,未经培训合格的人员不得上岗。特种作业人员,应在经过专门的安全作业培训并取得特种作业操作资格证书后,才能上岗作业。

（4）企业应按照劳动防护用品选用规则和国家颁发的劳动防护用品配备标准以及有关规定,为工作人员配备劳动防护用品。在作业过程中,工作人员必须按照安全生产规章制度和劳动防护用品使用规则正确佩戴和使用劳动防护用品,未按规定佩戴和使用劳动防护用品的不得上岗作业。

5　安全卫生评价

本章主要包含防机械伤害及防坠落伤害、防毒及防化学伤害、防噪声及防振动、防潮、防电磁辐射以及改善施工期劳动条件等方面的劳动安全与工业卫生的设计,提供了全面有效的保障条件和预防措施,符合《水利水电工程劳动安全与工业卫生设计规范》(GB 50706—2011)中的规定和标准。

对本工程中存在的劳动安全与工业卫生影响因素进行分析,并在工程设计中采取相应的防范措施,及时消除隐患,减少职业危害。按有关部门规范规定,对各种危害分别采取有效的防范措施。对于有些能事先防范的,首先采取有效措施,以防患于未然,可取得较好的效果。

劳动安全与工业卫生设计方案通过在建设中全面落实,在运营中严格管理,随时保持设备的良好状态,正确操作,可使工程的运行过程更加安全可靠,劳动者在生产过程中的安全和健康能够得到充分的保障。

通过劳动安全与工业卫生设计,为工作人员创造一个安全、卫生、舒适的工作环境和生活空间,对改善工作环境、提高工作效率,都有着极其重要和积极的作用和意义。

4.1.10　安全设施管理

该项目标准分值为 15 分。《评审规程》对该项的要求如表 4-29 所示。

勘测、检测、监测或试验现场安全设施必须执行"三同时"制度。

应有专人负责管理各种安全设施及重大危险源安全监测监控系统,定期检查维护并做好记录。

不得关闭、破坏直接关系生产安全的监控、报警、防护、救生设备、设施,或者篡改、隐瞒、销毁其相关数据、信息。

现场临边、沟、坑、孔洞、交通梯道等危险部位的栏杆、盖板等设施齐全、牢固可靠;高处作业等危险作业部位按规定设置安全网等设施;作业通道稳固、畅通;垂直交叉作业等危险作业场所设置安全隔离棚;机械、传送装置等的转动部位安装可靠的防护栏、罩等安全防护设施;临水和水上作业护栏等设施可靠,救生设施完备;临时营地及仓储等设施的排水、挡墙、防护网、涵洞、大门等防护设施正常、完好,配置的消防器材、防雷装置、门卫值班、应急物资等状态良好。

表 4-29　安全设施管理

二级评审项目	三级评审项目	标准分值	评分标准
4.1　设备设施管理（130分）	4.1.10　安全设施管理 勘测、检测、监测或试验现场安全设施必须执行"三同时"制度。 应有专人负责管理各种安全设施及重大危险源安全监测监控系统，定期检查维护并做好记录。 不得关闭、破坏直接关系生产安全的监控、报警、防护、救生设备、设施，或者篡改、隐瞒、销毁其相关数据、信息。 现场临边、沟、坑、孔洞、交通梯道等危险部位的栏杆、盖板等设施齐全、牢固可靠；高处作业等危险作业部位按规定设置安全网等设施；作业通道稳固、畅通；垂直交叉作业等危险作业场所设置安全隔离棚；机械、传送装置等的转动部位安装可靠的防护栏、罩等安全防护设施；临水和水上作业护栏等设施可靠，救生设施完备；临时营地及仓储等设施的排水、挡墙、防护网、涵洞、大门等防护设施正常、完好，配置的消防器材、防雷装置、门卫值班、应急物资等状态良好。 暴雨、台风、暴风雪等极端天气前后组织有关人员对安全设施进行检查或重新验收。 安全设施和职业病防护设施不应随意拆除、挪用或弃置不用；确因检维修拆除的，应经审批并采取临时安全措施，检维修完毕后立即复原	15	未执行安全设施"三同时"制度，扣15分； 未安排专人负责管理安全设施，扣3分； 未定期检查维护并做好记录，每次扣3分； 关闭、破坏直接关系生产安全的监控、报警、防护、救生设备、设施，或者篡改、隐瞒、销毁其相关数据、信息的，扣15分； 安全设施不符合规定，每项扣2分； 极端天气前后未对安全设施进行检查验收，每次扣3分； 安全设施和职业病防护设施随意拆除、挪用或弃置不用，每处扣3分； 安全设施和职业病防护设施检维修拆除未经审批并采取临时安全措施的，每处扣2分； 安全设施和职业病防护设施检维修完毕未立即复原，每处扣3分

暴雨、台风、暴风雪等极端天气前后组织有关人员对安全设施进行检查或重新验收。

安全设施和职业病防护设施不应随意拆除、挪用或弃置不用；确因检维修拆除的，应经审批并采取临时安全措施，检维修完毕后立即复原。

安全设施管理在规范中通常以强制性条文形式出现，在项目设计过程中要进行强制性条文检查。

项目强制性条文检查汇总见表 4-30、专业强制性条文检查见表表 4-31。

安全设施台账及定期检查维护记录见表 4-32。

表 4-30　项目强制性条文检查汇总表

项目名称			
设计阶段	□可行性研究　　□初步设计　　□施工图设计		
序号	检查专业	检查结果	不符合项描述
1	水文	□符合　□不符合	
2	规划	□符合　□不符合	
3	勘察	□符合　□不符合	
4	水工	□符合　□不符合	
5	机电	□符合　□不符合	
6	金属结构	□符合　□不符合	
7	施工	□符合　□不符合	
8	环境保护	□符合　□不符合	
9	水土保持	□符合　□不符合	
10	征地移民	□符合　□不符合	
11	劳动安全与卫生	□符合　□不符合	
12	工程管理	□符合　□不符合	
13	其他	□符合　□不符合	
检查结果	□合格　□不合格		

制表人：　　　　　项目经理：　　　　　日期：

表 4-31　专业强制性条文检查表

项目名称				
设计阶段	□可行性研究　　　□初步设计　　　□施工图设计			
设计文件及编号				
专业	□水文　　　　□规划　　　　□勘察　　　□水工　　　□机电 □金属结构　　□施工　　　　□环境保护　　□水土保持 □征地移民　　□劳动安全与卫生　　□工程管理　　□其他：			
标准名称			标准编号	
序号	条款号	强制性条文内容	执行情况	符合/不符合/不涉及	设计人签字
1					
2					
3					
4					
5					
6					
7					
8					
9					
10					
11					
⋮					

表 4-32　安全设施台账及定期检查维护记录

序号	安全设施名称	规格型号	数量	所在位置	管理责任人	检查及维护情况					备注
						检查人	检查时间	检查结果	维护情况		
1	报警器										
2	防护罩										
3	防雷设施										
4	电器过载保护设施										
5	通风设施										
6	防护栏										
7	警示标识										
8	指示标识										
9	逃生避难标识										
10	灭火器										
11	安全帽										
12	反光衣										
13	救生衣										
14	应急照明										
15	应急药箱及器材										

项目(场所)：

注：各项目至少进行一次安全设备设施的检查维护，并做好记录。每次极端天气(暴雨、台风、暴风雪等)前后均应对安全设备设施进行全面的检查验收。

4.1.11 特种设备管理

该项目标准分值为 10 分。《评审规程》对该项的要求如表 4-33 所示。

表 4-33 特种设备管理

二级评审项目	三级评审项目	标准分值	评分标准
4.1 设备设施管理（130 分）	4.1.11 特种设备管理 按规定进行登记、建档、使用、维护保养、自检、定期检验以及报废；有关记录规范；制定特种设备事故应急措施和救援预案；达到报废条件的及时向有关部门申请办理注销，建立特种设备技术档案（包括设计文件、制造单位、产品质量合格证明、使用维护说明等文件，以及安装技术文件和资料；定期检验和定期自行检查的记录；日常使用状况记录；特种设备及其安全附件、安全保护装置、测量调控装置及有关附属仪器仪表的日常维护保养记录；运行故障和事故记录；高耗能特种设备的能效测试报告、能耗状况记录以及节能改造技术资料）；安全附件、安全保护装置、安全距离、安全防护措施以及与特种设备安全相关的建筑物、附属设施，应当符合有关规定	10	特种设备未经检验或检验不合格使用，扣 10 分； 检验周期超过规定时间，扣 5 分； 记录不规范，每次扣 5 分； 未制定应急措施或预案，扣 3 分； 设备报废未按程序办理，每台扣 1 分； 未建立特种设备技术档案，每台扣 3 分； 档案资料不全，每缺一项扣 1 分； 安全附件、安全保护装置、安全距离、安全防护措施以及与特种设备安全相关的建筑物、附属设施不符合有关规定，每项扣 2 分

按规定进行登记、建档、使用、维护保养、自检、定期检验以及报废；有关记录规范；制定特种设备事故应急措施和救援预案；达到报废条件的及时向有关部门申请办理注销；建立特种设备技术档案（包括设计文件、制造单位、产品质量合格证明、使用维护说明等文件，以及安装技术文件和资料；定期检验和定期自行检查的记录；日常使用状况记录；特种设备及其安全附件、安全保护装置、测量调控装置及有关附属仪器仪表的日常维护保养记录；运行故障和事故记录；高耗能特种设备的能效测试报告、能耗状况记录以及节能改造技术资料）；安全附件、安全保护装置、安全距离、安全防护措施以及与特种设备安全相关的建筑物、附属设施，应当符合有关规定。

特种设备台账可参见案例 4-11。

❋❋❋

【案例 4-11】 特种设备台账。

特种设备台账见表 4-34~表 4-36。

表 4-34 台账启用表

台账管理部门		负责人		职务	
启用日期		年 月 日		台账页数	
台账管理移交记录表					
序号	移交日期	移交人	接管日期	接管人	监交人员	备注

表 4-35 特种设备台账目录

单位名称：

仪器编号	设备名称	安装地点	购置时间	制造单位	安装单位	检定周期	备注

表 4-36　特种设备台账

设备名称：　　　　　　　证书编号：　　　　　　　技术指标：

规格型号：　　　　　　　安装地点：　　　　　　　生产厂家：

启用日期：　　　　　　　检定周期：　　　　　　　检定类别：

设备资料：□合格证　　　□说明书　　　□技术资料　　　□发票

设备状态	检定情况			标识	设备技术状态			备注
	检定单位	检定日期	责任人		正常	报废	封存	

注：各设备的合格证、说明书、技术资料、发票（复印件）、检定证书等由设备管理人员专人保管。

4.1.12　设备设施报废

该项目标准分值为 2 分。《评审规程》对该项的要求如表 4-37 所示。

表 4-37　设备设施报废

二级评审项目	三级评审项目	标准分值	评分标准
4.1 设备设施管理（130 分）	4.1.12　设备设施报废 设备设施存在严重安全隐患，无改造、维修价值，或者超过规定使用年限，应当及时报废	2	达到报废条件的设备未报废，每台扣 1 分； 已报废的设备未及时撤出施工现场，每台扣 1 分

设备设施存在严重安全隐患，无改造、维修价值，或者超过规定使用年限，应当及时报废。

公司固定资产报废汇总表见表 4-38，各部门设备报废明细表见表 4-39。

表 4-38 _____年度固定资产报废汇总表

资产类别	数量/台	原值/元	累计折旧/元	净值/元	备注
合计					

分管领导: 财务: 服务中心: 制表:

表 4-39 _____年度各部门设备报废明细表

序号	使用部门	编号	固定资产名称	规格型号	开始使用日期	使用年限/月	原值/元	累计折旧/元	净值/元	使用人	备注

4.2　作业安全

作业安全总分270分,三级评审项目有20项,分别是4.2.1现场布置与管理(20分),4.2.2作业许可管理(20分),4.2.3作业人员管理(10分),4.2.4交叉作业(5分),4.2.5危险物品(5分),4.2.6安全技术交底(10分),4.2.7工程勘察成果(15分),4.2.8施工地质(10分),4.2.9勘察作业活动(35分),4.2.10工程设计文件(35分),4.2.11现场设计服务(15分),4.2.12测绘(15分),4.2.13工程检测、监测(15分),4.2.14科研试验(15分),4.2.15个人防护(10分),4.2.16班组安全活动(10分),4.2.17相关方管理制度(3分),4.2.18相关方评价(7分),4.2.19相关方选择(10分)和4.2.20相关方促进(5分)。

4.2.1　现场布置与管理

该项目标准分值为20分。《评审规程》对该项的要求如表4-40所示。

表4-40　现场布置与管理

二级评审项目	三级评审项目	标准分值	评分标准
4.2　作业安全(270分)	4.2.1　现场布置与管理 现场作业布局与分区合理,规范有序,符合安全文明作业、交通、消防、职业健康、环境保护等有关规定。 生产现场应实行定置管理,保持作业环境整洁。 生产现场应配备相应的安全、职业病防护用品(具)及消防设施与器材,按照有关规定设置应急照明、安全通道,并确保安全通道畅通	20	现场作业布局与分区不合理,每项扣2分; 生产现场未实行定置管理,作业环境不整洁,每处扣3分; 生产现场未配备相应的安全、职业病防护用品(具)及消防设施与器材,每项扣2分; 生产现场未按照有关规定设置应急照明、安全通道,每项扣2分

现场作业布局与分区合理,规范有序,符合安全文明作业、交通、消防、职业健康、环境保护等有关规定。

生产现场应实行定置管理,保持作业环境整洁。

生产现场应配备相应的安全、职业病防护用品(具)及消防设施与器材,按照有关规定设置应急照明、安全通道,并确保安全通道畅通。

野外救生用品和野外特殊生活用品台账见表4-41。钻机作业现场布局与分区示意图可参见案例4-12。

表 4-41 野外救生用品和野外特殊生活用品台账

项目名称											
序号	名称	单位	购置情况				领用情况			结余数量	备注
			数量	单价/元	金额/元	购置日期	数量	领用日期	领用人		

第　　页,共　　页

【案例 4-12】 钻机作业现场布局与分区。

钻机作业现场布局与分区示意见图 4-2。围蔽施工示意见图 4-3。

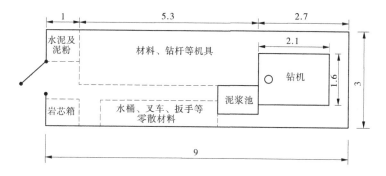

图 4-2 钻机作业现场布局与分区示意 （单位:m）

图 4-3 围蔽施工示意

4.2.2　作业许可管理

该项目标准分值为 20 分。评审规程对该项的要求如表 4-42 所示。

表 4-42　作业许可管理

二级评审项目	三级评审项目	标准分值	评分标准
4.2　作业安全（270 分）	4.2.2　作业许可管理 对水上水下作业、临近带电体作业、危险场所动火作业、有（受）限空间作业、爆破作业、封道作业等危险性较大的作业活动应编制专项方案，按规定实施作业许可管理，严格履行作业许可审批手续。专项方案应包含安全风险分析、安全及职业病危害防护措施、应急处置等内容。 超过一定规模的危险性较大作业的专项方案，应组织专家论证	20	未按规定实施作业许可管理，每项扣 10 分； 未编制专项方案，每项扣 10 分； 作业许可内容不全，每项扣 2 分； 超过一定规模的危险性较大作业的专项方案未组织专家论证，每项扣 10 分

对水上水下作业、临近带电体作业、危险场所动火作业、有（受）限空间作业、爆破作业、封道作业等危险性较大的作业活动应编制专项方案，按规定实施作业许可管理，严格履行作业许可审批手续。专项方案应包含安全风险分析、安全及职业病危害防护措施、应急处置等内容。

超过一定规模的危险性较大作业的专项方案，应组织专家论证。

作业许可相关表格可参见案例 4-13。

水上勘察安全施工方案可参见案例 4-14。

危险性较大作业活动专项方案可参见案例 4-15。

【案例 4-13】　作业许可相关表格。

作业许可相关表格见表 4-43～表 4-47。

表 4-43　断路安全作业审批表

项目名称：

作业内容		作业地点	
作业单位			
作业负责人		安全监护人	
作业人员			
计划作业时间	年　月　日　时　分至	年　月　日　时　分	

序号	安全措施	检查结果	确认签名
1	制定交通组织方案,设置相应的标志与设施,以确保作业期间的交通安全		
2	根据作业内容编制相应的事故应急措施,并配备有关器材		
3	作业人员安全技术交底		
4	用于道路作业的工作材料应放置在作业区内或其他不影响正常交通的场所		
5	根据需要在作业相关道路上设置作业标志、限速标志、距离辅助标志等交通警示标志,以确保作业期间的交通安全		
6	在作业区域附近设置路栏、锥形交通路标、道路作业警示灯、导向标等交通警示设施		
7	道路作业警示灯应采用红色的,应防爆并采用安全电压,能反映作业区的轮廓,离地面不低于 1 m		
8	动土挖开的路面应做好临时应急措施,保证应急车辆的通行		
9	道路作业已报交通、消防、安全监督管理部门		
10	其他补充措施		

作业安全条件及措施确认：

　　　　　作业负责人（签名）：　　　　　　　　　　　　　年　　　月　　　日

审批部门审批意见：

　　　　　审批人（签名）：　　　　　　　　　　　　　　年　　　月　　　日

完工验收时间：　　年　　月　　日　　时　　分　　验收人签名：

注： 此表一式两份,第一联审批部门保留,第二联作业单位保留。

　　此审批表是断路安全作业的依据,不得涂改,且要求审批部门存档至少一年。

表 4-44　设备检修安全作业审批表

项目名称：

作业内容		作业地点	
作业单位			
作业负责人		安全监护人	
作业人员			
计划作业时间	年　月　日　时　分至	年　月　日　时　分	

序号	安全措施	检查结果	确认签名
1	作业人员具备设备检修资格		
2	作业人员的检修工具、安全防护用具符合要求		
3	作业人员经安全技术交底		
4	已切断与检修设备有联系的阀门,管线已加盲板隔离		
5	清理检修现场的杂物、物料、设备器具,保持安全通道畅通		
6	作业现场设专职监护人,互保联保措施已落实		
7	临时用电符合安全规定		
8	已编制设备检修安全技术措施,并制定检修事故应急预案		
9	作业现场夜间有充足照明,设置夜间警示灯		
10	外业施工单位已办理安全管理协议书及相关手续		
11	其他补充措施		

作业安全条件及措施确认：

作业负责人（签名）：　　　　　　　　　年　　月　　日

审批部门审批意见：

审批人（签名）：　　　　　　　　　　年　　月　　日

完工验收时间：　　年　　月　　日　　时　　分　　验收人签名：

注：此表一式两份,第一联审批部门保留,第二联作业单位保留。

此审批表是设备检修安全作业的依据,不得涂改,且要求审批部门存档至少一年。

表 4-45　高处安全作业审批表

项目名称：

作业内容		作业地点	
作业单位			
作业负责人		安全监护人	
作业人员			
计划作业时间	年　月　日　时　分至　年　月　日　时　分		

序号	安全措施	检查结果	确认签名
1	作业人员身体条件符合要求		
2	作业人员着装符合要求,佩戴了安全带		
3	作业人员安全技术交底		
4	作业人员携带工具袋,所有工具系有安全绳		
5	现场搭设的脚手架、防护栏符合安全要求		
6	垂直分层作业时中间有隔离措施		
7	梯子或绳梯符合安全要求		
8	其他补充措施		

作业安全条件及措施确认：

作业负责人（签名）：　　　　　　　　　年　　月　　日

审批部门审批意见：

审批人（签名）：　　　　　　　　　年　　月　　日

完工验收时间：　　年　月　日　时　分　　验收人签名：

注:此表一式两份,第一联审批部门保留,第二联作业单位保留。
　　此审批表是高处安全作业的依据,不得涂改,且要求审批部门存档至少一年。

表 4-46　有限空间作业审批表

项目名称：

作业内容			作业地点		
作业单位					
作业负责人			安全监护人		
作业人员					
计划作业时间	年　月　日　时　分至		年　月　日　时　分		
序号	安全措施		主要内容		确认签名
1	作业人员安全技术交底				
2	氧气浓度、有害气体检测				
3	通风措施				
4	个人防护用品使用				
5	照明措施				
6	应急器材配备				
7	现场监护				
8	其他补充措施				
作业安全条件及措施确认： 　　　　作业负责人(签名)：　　　　　　　　　　年　月　日					
审批部门审批意见： 　　　　审批人(签名)：　　　　　　　　　　　年　月　日					
完工验收时间：　年　月　日　时　分　　验收人签名：					

注：此表一式两份，第一联审批部门保留，第二联作业单位保留。

　　此审批表是进入有限空间作业的依据，不得涂改，且要求审批部门存档至少一年。

表 4-47　水上作业审批表

项目名称：

作业内容		作业地点	
作业单位			
作业负责人		安全监护人	
作业人员			
计划作业时间	年　月　日　时　分至　年　月　日　时　分		

序号	安全措施	主要内容	确认签名
1	作业人员安全技术交底		
2	水文气象条件预测预警		
3	作业船只的证件		
4	作业船只或平台的固定、围栏		
5	交通船只的安全措施		
6	救生措施配备		
7	其他补充措施		

作业安全条件及措施确认：

作业负责人（签名）：　　　　　　　　　　　　年　　月　　日

审批部门审批意见：

审批人（签名）：　　　　　　　　　　　　年　　月　　日

完工验收时间：　　年　月　日　时　分　　验收人签名：

注：此表一式两份，第一联审批部门保留，第二联作业单位保留。

　　此审批表是进入水上作业的依据，不得涂改，且要求审批部门存档至少一年。

❀❀❀❀❀❀❀❀❀❀❀❀❀❀❀❀❀❀❀❀❀❀❀❀❀❀❀❀❀❀❀❀❀❀❀❀

【案例 4-14】 水上勘察安全施工方案。

×××工程水上勘察安全施工方案

一、工程概况

（一）工程名称

×××工程（初设含可研优化）。

（二）工程概况

×××工程位于嘉陵江××段，河段总体属构造侵蚀低山地貌，两岸山高坡陡，河谷深切，×××江在枢纽河段蛇曲呈 S 形，河面宽度一般为 150~200 m，坝址位于×××大桥上游约 3.4 km 处，在建的×××高速×××特大桥上游约 1.3 km 处。×××工程建筑物从左至右为左岸连接坝段、船闸、泄洪冲砂闸、电站厂房、右岸连接坝段。工程区位置示意见图 4-4。坝址位置示意见图 4-5。

河床为第四系全新统冲积卵砾石夹砂所覆盖，该层一般厚 6.5~20 m，其中右岸河漫滩处最厚。左岸下部斜坡上基岩裸露，两岸坡表层分布有崩坡积（左岸）、残坡积（右岸）及人工堆积的块石土、粉质黏土、素填土等，覆盖层厚度一般为 1.0~5.0 m。局部段分布有崩塌体。基岩为侏罗系上统粉砂质泥岩、泥质粉砂岩、砂岩等一套河湖相沉积的碎屑岩。根据×××高速扩容工程地勘报告，河床强风化厚度为 2.4~9.0 m（推测）、左岸强风化厚度为 5.0~6.7 m、右岸强风化厚度为 1.2~4.0 m。弱风化基岩顶板高程为 400~420 m，河床部位最深。

本次钻探分两个批次进行，第一批次按可研优化阶段工作精度安排下坝址的外业工作，待完成坝址优化比选后再进行第二批次钻探工作（初设阶段钻探）。

二、主要勘察技术要求

（一）勘察工作量及布置

依据国家相关技术规范，本航电枢纽工程预计在水域布置钻孔 34 个，各个钻孔坐标详见勘察大纲及钻孔布置图。

（二）钻孔深度控制

所有钻孔均按 40~0 m 控制（不含水深）。

（三）原位测试要求

所有钻孔均应在适用土层进行标准贯入试验、动力触探试验。

三、施工方法及工期

（一）施工设备及作业平台

1. 勘探设备

采用 XY-100 型钻机 2 台。

2. 作业平台

（1）为保证人员安全及确保工期，拟租用 2 艘自带动力的钻探船作为钻探作业平台，钻探非主航道施工时每个船只由 5 个锚缆稳固（抛"八"字锚）（见图 4-6），钻探船均顺水流方向布置。

图 4-4　工程区位置示意图

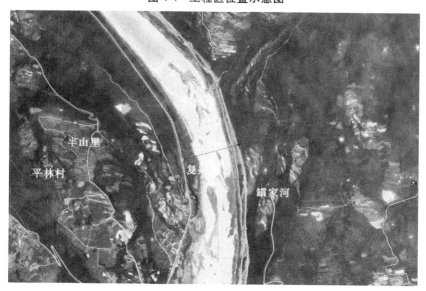

图 4-5　坝址位置示意图

本次租用当地专业船只进行水上钻探作业,开工前已通过合约方式确定了船舶相关的安全责任由出租方负责,出租方需保证每艘钻探船配备 1 名专业船长,并在钻探地点周边设置合规的临时停泊区域。

拟租用钻探船船体参数为:船长 35.00 m,船宽 7.00 m,船舶满载吃水 1.85 m。

(2)对于靠近河边的勘探孔,钻探船有可能到不了或者无法抛锚固定的区域,本次拟采用脚手架钻探平台。脚手架搭建示意见图 4-7。

钻探平台拟采用落地式双排扣件式钢管脚手架,脚手架材质要求如下:①钢管,选用

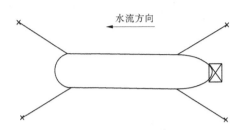

图 4-6　钻探平台锚泊"八"字锚示意图

外径 48 mm,壁厚 3.5 mm,钢材强度等级 Q235-A;钢管应平直光滑,有严重锈蚀、弯曲或裂纹的钢管不得使用。②扣件采用可锻铸造扣件,应符合《钢管脚手架扣件》(GB 15831—2006)的要求,不得有裂纹、气孔、缩松、沙眼等锻造缺陷,扣件的规格应与钢管相匹配。③脚手板、脚手片需符合相关规范的要求。

脚手架搭设的工艺流程为:定位→夯实(材料配备)→立杆→小横杆→大横杆→剪刀撑→抛撑→铺木板→防护栏杆。

图 4-7　脚手架搭建示意图

(二)通航方式

为减少工期,尽量降低水上钻探施工对航运的影响,本钻探工程拟按交叉钻孔施工。

(三)工期

根据项目进度安排,此次勘探工作应在公司下达进场通知后暂定 120 d 完成,具体由项目负责人根据总体进度进行相应调整。根据项目勘探工作量及工期进度合理安排统筹钻机数量、现场工作进度以便满足工期要求。

预计水上勘探总工期 120 d(含施工准备期)。以上时间节点均为计划节点,具体海事及航道安全作业所需时间以实际钻探施工进展为准,作业日期以海事局及航道局审批时间为准。

（四）钻探施工流程

本次水上钻探计划采用船载式。采用大小适宜的船舶作为载体搭设钻探作业施工平台,通过多向锚缆稳定船体实现水上钻探作业。

（1）工作前由下锚艇预先抛下孔位浮标;然后测出水深,并根据流向漩涡、风向等情况与当地船员及熟识当地水情的人员共同研究后,再决定工程船抛锚定位等方法。

（2）驶近工作水域时应提前缓速,以避免发生锚缆猛然吃力,造成锚缆完全脱出的现象。

（3）由驾驶人员提前通知尾部船员下尾锚的先后顺序。

（4）当收到下锚信号后,先抛锚漂,然后下锚。

（5）下锚时视风流情况而定,先下下风、下流锚,待船转至孔位漂上风、上流时,则抛下航行锚,为领风、领流(牵牛)锚。

（6）下首部两工作锚由地锚艇进行,方向位置由钻探船驾驶人员指挥。

（7）工作锚抛好后由陆地测量人员校对位置,并使所有锚全部吃力后,方可让钻探人员进行工作。

（8）锚抛好后,即升挂锚球和慢车旗(夜间为锚灯和红绿灯)以引起其他船的注意。

（9）抛锚地点,必须系有锚标,以防紧急情况弃锚时,在事后可以捞取。

（10）值班人员必须随时注意周围航行船只,防止航行船只撞挂锚绳。

（11）从钻探船上下入套管进入水中,开始钻探作业。

（12）一个钻孔钻探完成后,重复上述步骤施工下一个钻孔。

（五）抛锚范围

拟使用施工船舶的锚链长约 50 m,船舶长约 35 m、宽约 7 m。在主航道施工,采用交叉锚泊方式,锚链伸出船舷约 6 m,则占用的水域宽约 20 m、长约 135 m。

（六）警戒范围

施工期间,因对通航安全造成一定的影响,为了维护施工水域的通航秩序,保障施工期间的通航安全,需在施工水域上下游设置警戒船舶或者明显警戒标志。可设置在距工程上、下游 500 m 的位置。

（七）孔深测定

在水上作业时,受到条件限制。测量钻探深度时,仍然采用取出钻杆、量出钻杆长度的方法。当水面高度发生明显变化时,会使用 GPS 仪器测取高程。

（八）封孔措施

钻探完毕及时封孔,并保证封孔质量。

根据勘察经验,钻孔封孔采用下面的方法:对于一般地层钻孔,配置水灰比为 0.5 ~ 0.7 的水泥浆封孔,即一包(50 kg)水泥加水 30 kg,拌和均匀,一包水泥浆灌约 5 m 孔段(钻孔直径 110 mm)。

封孔时可直接从下往上灌注水泥浆。具体方法和步骤如下:

（1）钻孔终孔后不取拔套管,直接下入钻杆,钻杆下部距孔底 0.3 m 左右。

（2）开泵送水泥浆，从钻孔底部灌入水泥浆直至河底标高后，方可停灌并起拔套管。

四、钻探施工安全及环保措施

（一）水上钻探施工安全要求

（1）船只进场之前，在开工前函报当地海事局，必须办理好一切下水手续如航行通告、下水作业证等，并按照海事局发布的通告及其所规定的信号、浮标等予以严格执行。

（2）水上工作应配备收音机、电视机，随时收听气象预报，并做记录。

（3）水上工作应配备晕船不严重的人员上船工作。

（4）水上工作应配备足够的救生衣、救生圈等设备。船上人员都必须穿救生衣。

（5）水上工作时必须要有经验或熟悉当地水流情况的船工参加担任水手工作。

（6）水上工作遇有洪水时，应根据当地及等级洪水等实际情况，由船舶安全负责方、钻探组或现场负责人决定是否停钻、避风。

（7）水上工作如遇平台条件的限制，应安装地滑车改变持力的方向，使钻架受垂直压力。

（8）交通船向工作船搬运钻具时，不得脚站两只船；上下船时注意安全。

（9）在急流及波浪较大地区工作，下套管应使用保险绳，所有工具用品均须置于稳妥的地方或放入箱内，以免落入水中。

（10）每日停工时须移船，使离开套管 5 m 以外，套管上悬挂小红旗，夜间应悬挂信号灯，以免航行船只碰撞。

（11）在有风浪地区工作，使用大锤时，应在大锤练环处系绳用人对拉，以防大锤摇摆。

（12）急流测深如被石块卡住，不得强拉，可放弃但事先可在测探绳末端配系木质小浮标以便事后捞取。

（13）每天接送人员必须事先通知岸上办公室，并保持联系。人员出发和到达后应用高频电话进行汇报。在水上，人员从交通船到作业船时应穿上救生衣，并要有人接应。

（14）在水上航行或作业时如遇到雾天，应开启雾灯，减速航行，时常注意周围船只（用雷达）。雾严重时，应停止航行或停止作业，等雾散后再航行或作业。

（15）如遇到雷雨、闪电天气或 6 级以上强风、1 m 以上的涌浪，应停止作业，盖好设备。

（16）在振动取样时，应在振动取样器上系绳用人对拉，以防振动取样器摇晃。

（17）需要到船舷外作业时，人员必须佩戴安全带、穿上救生衣等。

（二）水上钻探施工环境保护措施

（1）对油污钻具、设备进行维修时，一般应在修理间内进行，如在施工现场，维修钻机要铺垫彩条布等防止油污渗漏的材料，避免渗透污染。

（2）设置废油回收桶和废棉纱回收桶，钻机维修、养护产生的废油，统一投放至废油回收桶内；产生的油污棉纱和油污彩条布等防止油污渗漏的材料，统一投放至废棉纱回收桶内。

（3）钻探使用的护壁泥浆，作业船上设置专用循环桶，钻探结束后机长负责组织将岩芯管内带出的泥浆归集至循环桶，干涸后带出湖区。

（4）勘探过程产生的生活垃圾须集中放置，勘探结束后统一带下船只，投放至公共垃圾箱或存放点，不得随意丢弃。

（5）外业报废的钻具要集中存放，工作完成后统一处理。

（6）现场设置安全、环境警示牌，项目负责人定期对作业人员进行安全及环境保护注意事项教育。

五、应急措施

在施工期间，施工船舶可能会出现以下紧急情况，应制定相应的应急预案。

（一）洪水应急预案

（1）进入汛期，勘察项目部及船舶公司应严格按照防洪度汛综合办公室制定的防汛值班制度及值班安排，其中船舶公司配备 1 名船长、2 名专业水手，勘察项目部配备 2 名钻探工人，实行 24 h 值班制度，并详细记录施工区域内水位气象状况及工情，发现异常及时上报勘察项目部及防洪度汛领导小组，由领导小组根据不同情况启动相关应急程序。相关汛情信息可从微信群"×××市水上交通安全管理及信息传递"获取。

项目部防洪度汛工作由船舶公司负责人×××（电话：138812×××××）负责，勘察负责人×××（电话：139251×××××）、钻探负责人×××（电话：138428×××××）配合。

（2）与当地政府防汛指挥机构保持密切联系，服从防汛指挥机构统一指挥。由项目部根据当地防洪度汛领导小组统一进行防洪度汛及抢险工作安排部署。

（3）一旦出现洪水，项目部防洪度汛领导小组应立即启动应急预案，并根据需要成立现场指挥部，现场指挥部设于项目部驻地。船舶公司根据洪水情况进行起锚或者直接斩断锚绳，将船舶移动至预定的锚地。钻探工人负责在半个小时内将影响船舶移动的钻探设备拆卸完毕。在采取紧急措施的同时，及时收集、掌握相关信息向当地防汛指挥机构报告，及时上报本项目的避险应对情况。

（二）人员落水应急响应措施

（1）发现有人落水时，应按要求积极自救。

（2）准备一艘快艇作为日常应急用艇。

（3）必要时调动周围船舶协助救援。

（4）夜间应考虑照明及使用问题。

（5）对落水人员实施现场急救，通知救护车送往医院抢救。

（三）船舶碰撞应急响应措施

（1）船舶发生碰撞，应立即发出警报，组织船员应急。

（2）立即用有效手段向海事机关报告。

（3）若船舶进水，应采取排水及堵漏措施。

（4）若有沉没危险，则应就近搁浅。

（四）火灾、爆炸应急响应措施

（1）发生火灾、爆炸，船长应按"应变部署表"的要求，组织施救，并立即向海事部门报告。

（2）应在可施救的情况下，首先救助和疏散船员，如有受伤人员，应采取措施立即转移到安全的位置，确保遇险船上人员安全。

（3）船长应指挥迅速查明着火部位、着火物质，采用正确灭火材料和正确灭火措施，尽快实施灭火行动，有效控制火情，防止事态恶化，并视情况的发展，采取搁浅的措施，组织人员撤离，保障船员和救援人员安全。

（五）船舶失控应急响应措施

（1）发生船舶失控后，船长要通告全船，并做好有关应急准备；要立即向海事部门报告。

（2）迅速按规定悬挂失控信号、灯号，并使用声号、VHF 等一切手段警告附近船舶，保持正规的瞭望，对周围水域保持密切监控，及时掌握周围水域动态。

（3）迅速组织相应力量抢修和排除故障。

（4）必要和可能时实施抛锚、抢滩，直至将船停住。

（六）船舶油污应急响应措施

（1）发生船舶漏油事故时，应紧急启动应急预案，进入应急救援状态。

（2）施工船舶一旦发生溢油，应立即采取有效措施制止漏油，立即报告海事部门。

（3）相关部门第一时间调集力量及防污器材到现场，使用围油污栏、吸油毡、吸油海绵等救援设施将油污控制在一定范围内，并及时清除出水面。

（七）生活垃圾处理措施

（1）应将生活垃圾分类收集，设立储集容器，严禁投放水中。

（2）定期将水上垃圾处理船运至指定位置倾倒。

（3）定期将生活污水交清污公司收集处理。

❈❈❈❈❈❈❈❈❈❈❈❈❈❈❈❈❈❈❈❈❈❈❈❈❈❈❈❈❈❈

【案例 4-15】　危险性较大作业活动专项方案。

危险性较大作业活动专项方案

1　勘探安全作业方案

1.1　一般规定

（1）编制勘察大纲前，勘察负责人或勘探专业负责人应到现场踏勘，除了解勘察现场作业条件外，还应收集勘察作业场地与安全生产有关的各类地下管线资料，并应收集与勘探安全生产有关的气象和水文等资料。

（2）勘察大纲中应对勘探作业现场危险源进行辨识。

（3）勘探作业时，应对各类管线、设施、周边建筑物和构筑物采取安全生产防护措施。

（4）在架空输电线路附近勘察作业时，导电物体外侧边缘与架空输电线路边线之间的最小安全距离应符合有关规定，并设置醒目的安全标志。

（5）安全距离不符合上述规定时，应采取停电、绝缘隔离、迁移外电线路或改变勘察手段等安全生产防护措施。当采取的安全生产防护措施无法实施时，严禁进行勘察作业。

（6）勘探点与地下管线、设施的水平安全距离应符合下列规定：

①与地下通信电缆、给水排水管道及其地下设施边线的水平距离不应小于 2 m；

②与地下广播电视线路、电力管线、石油天然气管道和供热管线及其地下设施边线的水平距离不应小于 5 m；

③当勘探点与地下管线、设施的水平安全距离无法满足要求时,应先在勘探点周边采用其他方法探明地下管线、设施,并应采取相应安全防护措施后再进行勘探作业。

(7)单班单机钻探作业人员不应少于 3 人,每个探井、探槽单班作业人员不应少于 2 人。

(8)进入勘探作业区,作业人员应穿戴工作服、工作鞋和安全帽等安全生产和劳动防护用品,高处作业应系安全带。

(9)泥浆池周边应设置安全标志,当泥浆池深度大于 0.8 m 时周边应设置防护栏。

(10)勘探所挖的坑、槽、井等,除留有其他用途外,应及时回填整平,必要时应夯实。

1.2　钻探作业

(1)钻探机组安全生产防护设施应符合下列规定:

①钻机水龙头与主动钻杆连接应牢固,高压胶管应采取防缠绕措施;

②钻塔上工作平台应设置高度大于 0.9 m 的防护栏,木质踏板厚度不应小于 0.05 m;

③机台内不得存放易燃、易爆和有毒或有腐蚀性的危险品。

(2)钻塔上作业使用的工具应及时放入工具袋,不得从钻塔上向下抛掷物品。

(3)升降作业应符合下列规定:

①卷扬机提升力不得超过钻塔额定负荷;

②升降作业时,作业人员不得触摸、拉拽卷扬机上的钢丝绳;

③卷扬机操作人员应按孔口或钻塔上作业人员发出的信号进行操作;

④普通提引器应设置安全联锁装置,起落钻具或钻杆时,提引器缺口应朝下;

⑤起落钻具时,作业人员不得站在钻具升降范围内,不得在钻塔上进行与升降钻具无关的作业;

⑥使用垫叉或摘、挂提引器时,不得用手扶托垫叉或提引器底部;

⑦钻具或取土器处于悬吊状态时,不得探视或用手触摸钻具和取土器内的岩、土芯样;

⑧钻杆不得竖立靠在"A"字形钻塔或三脚钻塔上;

⑨跑钻时,严禁抢插垫叉或强行抓抱钻具;

⑩不得使用卷扬机升降人员。

(4)钢丝绳使用应符合下列规定:

①钢丝绳端部与卷扬机卷筒固定应符合钻机说明书的规定;

②提升作业时,保留在卷筒上的钢丝绳不应少于 3 圈;

③钢丝绳与提引装置的连接绳卡不应少于 3 个,最后一个绳卡距绳头的长度应大于 0.14 m;

④应检查钢丝绳的磨损情况,每一捻距内断丝数超过 1/7 时应立即更换。

(5)提放螺旋钻时,不得直接用手扶托钻头的刃口,不得悬吊钻具清土,不得用金属锤敲击钻头的切削刃口。

(6)钻进作业应符合下列规定:

①钻探作业前,应对钻探机组安装质量、管材质量和安全防护设施等进行检查,并应

在符合规定后再进行作业；

②维修、安装和拆卸高压胶管、水龙头及调整回转器时，应关停钻机动力装置；

③扩孔、扫孔或在岩溶地层钻进时，非油压钻机提引器应挂住主动钻杆控制钻具下行速度；

④在岩溶发育区、采空区和地下空洞区钻探宜使用油压钻机，立轴钻机倒杆前应将提引器吊住钻具；

⑤斜孔钻进应设置提引器导向装置，钻塔应安装安全绷绳；

⑥钻探机械出现故障时，应将钻具提出钻孔或提升到孔壁稳定的孔段。

（7）使用吊锤或穿心锤作业应符合下列规定：

①不得使用锤体或构件有缺陷的吊锤、穿心锤，卷扬机系统的构件、连接件和打箍应连接牢固。

②使用穿杆移动吊锤或穿心锤时，锤体应固定。

③锤击时，锤垫或打箍应系好导正绳，应有专人负责检查、观察锤垫、打箍和钻杆的连接状况，发现松动时应停止作业并拧紧丝扣，不得边锤击边拧紧丝扣。

④锤击过程中，不得用于扶持锤垫、钻杆和打箍。

⑤人力打吊锤时，应有专人统一指挥。吊锤活动范围以下的钻杆应安装冲击把手或其他限位装置；打箍上部应与钻杆接头连接，并应挂牢提引器。

（8）标准贯入试验和圆锥动力触探试验应符合下列规定：

①穿心锤起吊前应检查销钉是否锁紧；

②试验过程中应随时观察钻杆的连接状况，钻杆应紧密连接；

③试验过程中严禁用手扶持穿心锤、导向杆、锤垫和自动脱钩装置等；

④试验结束后应立即拆除试验设备并平稳放置。

（9）静力触探试验应符合下列规定：

①静力触探设备安装应平稳、牢固可靠。

②采用地锚提供反力时，应合理确定地锚数量和排列形式；作业过程中应经常检查地锚的稳固状况，发现松动应及时进行调整。

③作业过程中，贯入速度和压力出现异常时应停止试验。

④静力触探加压系统宜设置安全生产防护装置。

（10）十字板剪切试验时，杆件、旋转装置和卡瓦的连接、固定应牢固可靠。

（11）旁压试验用的氮气瓶应使用合格气瓶，搬运和运输过程中应轻拿轻放、放置稳固，并应由专人操作。

（12）抽水试验、压水试验和注水试验应符合下列规定：

①孔口周围应设置防护栏。

②试验过程中应观测和记录抽水试验点附近地面塌陷和毗邻建筑物变形情况，发现异常应停止试验，并应及时报告、处理。

③应对受影响的坑、井、孔、泉以及水流沿裂隙渗出地表等现象进行观测和记录。

（13）处理孔内事故应符合下列规定：

①非操作人员应撤离机台。

②不得使用卷扬机、千斤顶、吊锤等同步处理孔内事故。

③使用钻机油压系统和卷扬机联合顶拔孔内事故钻具,且立轴倒杆或卸荷时,应先卸去卷扬机负荷后,再卸去油压系统负荷。

④采用卷扬机或吊锤处理孔内事故时,钻杆不得靠在钻塔上。

⑤处理复杂的孔内事故应编制事故处理方案,并应采取相应的安全生产防护措施。

(14)反回孔内事故钻具时,作业人员身体不得处于扳钳扳杆或背钳扳杆回转范围内,不得使用链钳或管钳反回孔内事故钻具。

(15)使用千斤顶处理钻探孔内事故应符合下列规定:

①置于机台梁上的千斤顶应放平、垫实,不得用金属物件做垫块。

②打紧卡瓦后,卡瓦应拴绑牢固,上部宜用冲击把手贴紧卡住。

③应将提引器挂牢在事故钻具的顶部。

④千斤顶回杆时,不得使用卷扬机吊紧被顶起的事故钻具。

(16)孔内事故处理结束后,应对作业现场的勘探设备、安全生产防护设施和基台进行检查,并应在消除安全事故隐患后再恢复钻探作业。

(17)钻孔经验收合格后,应按钻孔任务书要求封孔,泥浆池应回填。

1.3　槽探和井探

(1)探井、探槽的断面规格、支护方案和掘进方法,应根据勘探目的、掘进深度、工程地质和水文地质条件、作业条件等影响槽探及井探安全生产的因素确定。

(2)探井、探槽断面规格和深度应符合下列规定:

①探井深度不宜超过地下水位。

②圆形探井直径和方形探井的宽度不应小于0.8 m,并应满足掘进作业要求。

③人工掘进的探槽,槽壁最高一侧深度不宜大于3 m;当槽壁最高一侧深度大于3 m时,应采取支护措施或改用其他勘探方法。

(3)探井和探槽作业应符合下列规定:

①进入探槽和探井作业时,应经常检查探槽、探井侧壁和槽井底土层的稳定和渗水状况,发现有不稳定或渗水迹象时,应立即采取支护或排水措施。

②同一探槽内有2人或2人以上同时作业时,应保持适当的安全距离;位于陡坡的探槽作业应自上而下,严禁在同一探槽内上下同时作业。

③作业人员应熟悉并注意观察爆破、升降等作业联络信号。

④不得在探井四周或探槽两侧1.5 m范围内堆放弃土或工具。

⑤探槽采用人工掘进方法时,不得采用挖空槽壁底部的作业方式;严禁在悬石下方作业。

⑥井壁、槽壁为松散、破碎岩土层时,应采取先支护后掘进的作业方式。

(4)探井井口安全防护应符合下列规定:

①井口锁口应高于自然地面0.2 m。

②井口段为土质松软或较破碎地层时,应采取支护措施。

③井口应设置安全标志,夜间应设置警示灯。

④停工期间或夜间,井口四周应设置高度不小于1.1 m的防护栏,并应盖好井口

盖板。

（5）井下作业时，井口应有人监护，井口和井下应保持有效联络，联络信号应明确。

（6）探井提升作业应符合下列规定：

①提升设备应安装制动装置和过卷扬装置，并宜装设深度指示器或在绳索上设置深度标记。

②提升渣土的容器与绳索应使用安全挂钩连接，安全挂钩和提升用绳的拉力安全系数应大于6。

③升降作业人员的提升设备应装设安全锁，升降速度应小于 0.5 m/s。

④提升作业时不得撒、漏渣土和水，提升设备的提升速度应小于 1.0 m/s。

⑤井下应设置厚度不小于 0.05 m 的安全护板，护板距离井底不得大于 3 m，升降作业时井下人员应位于护板下方。

（7）探井掘进深度大于 7 m 时，应采用压入式机械通风方式，探井工作面通风速度不应低于 0.2 m/s 或风量不宜小于 1.5 m³/min。

（8）作业人员上、下探井应符合下列规定：

①上、下井应系有带安全锁的安全带。

②不得使用手摇绞车上、下井。

③探井深度超过 5 m 时，不得使用绳梯上、下井。

（9）探井用电作业除应符合用火用电的有关规定外，还应符合下列规定：

①电缆应采取防磨损、防潮湿、防断裂等安全防护措施。

②工作面照明电压应小于 24 V。

③掘进期间，应采取保证通风系统供电连续不间断措施。

（10）探槽和探井竣工验收后应及时回填。拆除支护结构应由下而上，并应边拆除边回填。

2　平硐安全作业方案

（1）硐探作业应编制专项安全生产方案。安全生产防护措施应符合现行国家标准《缺氧危险作业安全规程》（GB 8958—2006）的有关规定。

（2）平硐断面规格、支护方案和掘进方法，应根据勘探目的、掘进深度、工程地质和水文地质条件、作业条件等硐探安全生产影响因素确定。

（3）平硐断面规格应符合下列规定：

①平硐高度应大于 1.8 m，斜井高度应大于 1.7 m。

②运输设备最大宽度与平硐侧壁安全距离应大于 0.25 m。

③人行道宽度应大于 0.5 m。

④有含水地层的平硐应设置排水沟或集水井。

（4）平硐硐口应符合下列规定：

①硐口标高应高于当地作业期间预计最高洪水位 1.0 m 以上。

②硐口周围和上方应无碎石、块石和不稳定岩石。

③硐口位置宜选择在岩土体完整、坚固和稳定的部位；洞口顶板应采取支护措施，支框伸出洞外不得小于 1.0 m；洞口处于破碎岩层时，应采取加强支护或超前支护等安全生

产防护措施。

④必要时,硐口上方应设置排水沟或修建防水坝。

⑤硐口处于道路或陡坡附近时,应设置安全生产防护设施和安全标志。

(5)平硐作业遇破碎、松软或者不稳定地层时应及时进行支护,架设、维修或更换支架时应停止其他作业。

(6)平硐作业应根据设计要求配备排水设备。掘进工作面或硐壁有透水征兆时应立即停止作业,并应采取安全生产防护措施或撤离作业人员。

(7)凿岩作业应符合下列规定:

①凿岩作业前应先检查作业面附近顶板和两帮有无松动岩石、岩块,当存在松动岩石、岩块时,应清除处理后再进行凿岩作业。

②应采用湿式凿岩方式,并应采取降低噪声、振动等安全生产防护措施。

③扶钎杆的作业人员不得佩戴手套。

④严禁打残眼和掏瞎炮。

⑤在含有瓦斯或煤尘的平硐内凿岩时,应选用防爆型电动凿岩机,并应采取安全防护措施。

(8)平硐作业风筒口与工作面的距离,应符合下列规定:

①压入式通风不得大于 10 m。

②抽出式通风不得大于 5 m。

③混合式通风的压入风筒不得大于 10 m,抽出风筒应滞后压入风筒 5 m 以上。

(9)平硐作业应设置通风设施,风源空气含尘量应小于 0.5 mg/m³,工作面空气中含有 10%以上游离二氧化硅的砂尘含量应小于 2 mg/m³;硐探长度大于 20 m 时应采用机械通风,通风速度应大于 0.2 m/s;氧气含量应大于 20%,二氧化碳含量应小于 0.5%。

(10)平硐爆破作业应符合现行国家标准《爆破安全规程》(GB 6722—2014)的有关规定。

(11)平硐作业用电与照明除应符合有关规定外,还应符合下列规定:

①存在瓦斯、煤尘爆炸危险的平硐作业应使用防爆型照明用具,并不得在硐内拆卸照明用具。

②配电箱或开关箱应设置在无渗水、无塌方危险的地点,开关箱与作业面的安全距离不宜大于 3 m。

③悬挂电缆应设置在通风、给水排水管线另一侧,电缆接地芯线不得兼作其他用途。

④通信线路与照明线路不得设置在同一侧,照明线路与动力线路之间距离应大于 0.2 m。

(12)停止作业期间,平硐硐口栅门应关闭加锁,并应设置"不得入内"的安全标志。

(13)平硐竣工验收后,应及时封闭硐口,拆除支护结构应由内向外进行。

3　物探安全作业方案

3.1　一般规定

(1)工程物探作业人员应掌握安全用电和触电急救知识。

(2)外接电源的电压、频率等应符合仪器和设备的有关要求。仪器和设备接通电源后,作业人员不得离开作业岗位。

3.2　陆域作业

(1)仪器外壳、面板旋钮、插孔等的绝缘电阻应大于 100 MΩ/500 V;工作电流、电压不得超过仪器额定值,进行电压换挡时应先关闭高压开关。

(2)电路与设备外壳间的绝缘电阻应大于 5 MΩ/500 V;电路应配有可调平衡负载,严禁空载和超载运行。

(3)作业前应检查仪器、电路和通信工具的工作性状;未断开电源时,作业人员不得触摸测试设备探头、电极等元器件。

(4)仪器工作不正常时,应先排除电源、接触不良和电路短路等外部原因,再使用仪器自检程序检查。仪器检修时应关机并切断电源。

(5)选择和使用电缆、导线应符合下列规定:

①电缆绝缘电阻值应大于 5 MΩ/500 V,导线绝缘电阻应大于 2 MΩ/500 V。

②各类导线应分类置放,布设导线时宜避开高压输电线路,无法避开时应采取安全保护措施。

③车载收放电缆时,车辆行驶速度应小于 5 km/h。

④井中作业时,电缆抗拉强度和抗磨强度应满足技术指标要求,不得超负荷使用;电缆高速升降时,严禁用手抓提电缆。

⑤当导线、电缆通过水田、池塘、河沟等地表水体时,应采用架空方式跨越水体;当导线、电缆通过公路时,可采用架空跨越或深埋地下方式。

⑥作业现场使用的电缆、导线应定期检查其绝缘性,绝缘电阻应满足使用要求。

(6)电法勘探作业应符合下列规定:

①测站与跑极人员应建立可靠的联系方式,供电过程中不得接触电极和电缆。

②测站应采用橡胶垫板与大地绝缘,绝缘电阻不得小于 10 MΩ。

③供电作业人员应使用和佩戴绝缘防护用品,接地电极附近应设置安全标志,并应安排专人负责安全警戒。

④井中作业时,绞车、井口滑轮和刹车装置等应固定牢靠,绞车与井口滑轮的安全距离不应小于 2 m。

⑤易燃、易爆管道上严禁采用直接供电法和充电法勘探作业。

(7)地下管线探测作业应符合下列规定:

①作业人员应穿反光工作服,佩戴防护帽、安全灯、通信器材等安全防护设施。

②管道口应设置安全防护栏和安全标志,并有专人负责安全警戒,夜间应设置安全警示灯。

③作业前,应测定有害、有毒及可燃气体浓度;严禁进入情况不明的地下管道作业。

④井下管线探测作业不得使用明火。

(8)电磁法勘探作业应符合下列规定:

①控制器和发送机开机前应先置于低压挡位,变压开关不得连续扳动;关机时应先将开关返回低压挡位后再切断电源。

②发送机的最大供电电压、最大供电电流、最大输出功率及连续供电时间,严禁大于

仪器说明书上规定的额定值。

③发电机组的使用应符合有关规定。

④接收站不应布置在靠近强干扰源和金属干扰物的位置。

⑤10 kV 以上高压线下不得布设发送站和接收站。

⑥当供电电压大于 500 V 时,供电作业人员应使用和佩戴绝缘防护用品,供电设备应有接地装置,其附近应设置安全标志,并应安排专人负责看管。

⑦未经确认停止供电时,不得触及导线接头,并不得进行放线、收线和处理供电事故。

3.3　水域作业

(1)水域工程物探作业应符合下列规定:

①作业前,应对设备、电缆、钢缆、保险绳、绞车、吊机等进行检查,并应在确认安装牢固且符合作业要求后再开始作业。

②作业过程中,水下拖曳设备、吊放设备不应超过钢缆额定拉力。

③遇危及作业安全的障碍物时,应停止作业并收回水下拖曳设备。

④作业过程中,收、放电缆尾标应将船速控制在 3 节以下。

(2)电法勘探作业时,跑极船、测站船、漂浮电缆应设置醒目的安全标志。

4　装卸搬运安全作业方案

4.1　一般规定

(1)勘察作业人员应按使用说明书要求正确安装、使用、维护和保养勘察设备。

(2)勘察设备的各种安全防护装置、报警装置和监测仪表应完好,不得使用安全防护装置不完整或有故障的勘察设备。

(3)勘察设备地基应根据设备的安全使用要求修筑或加固,钻塔基础应坚实牢固。

(4)勘察设备搬迁、安装和拆卸应由专人统一指挥。

(5)勘察设备安装应符合下列规定:

①机台构件的规格、数量和形式应符合勘察设备使用说明书的要求。

②勘察设备机架与机台应使用螺栓牢固连接,设备安装应稳固、周正、水平。

③车装设备安装时,机体应固定在基台或支撑液压千斤顶上,车轮应离地并固定。

(6)勘察设备拆卸和迁移应符合下列规定:

①应符合勘察设备拆卸程序和迁移要求,不得将设备或部件从高处滚落或抛掷。

②汽车运输勘察设备时应装稳绑牢,不得人货混装。

③无驾驶证人员不得移动、驾驶车装勘察设备。

④使用人力装卸设备时,起落跳板应有足够强度,坡度不得超过 30°,下端应有防滑装置。

⑤使用装卸设备时,三脚架架腿间应安装平拉手,架腿应定位稳固,并应进行试吊确认无安全事故隐患后再进行起吊作业。

⑥起重机械装卸设备应符合现行国家标准《起重机械安全规程》(GB/T 6067)的有关规定。

(7)机械设备外露运转部位应设置防护罩或防护栏杆。作业人员不得跨越设备运转部位,不得对运转中的设备进行维护或检修。

（8）勘察设备运行时应有人值守。运行过程中出现异常情况时应及时停机检查，并应在排除故障后再重新启用。

（9）有多挡速度的机械设备变速时，应先断开离合器再换挡变速。

4.2　钻探设备

（1）钻探机组迁移时，钻塔必须落下，非车装钻探机组严禁整体迁移。

（2）钻塔安装和拆卸应符合下列规定：

①钻塔额定负荷量应大于配套钻机卷扬机最大提升力；

②钻塔天车应有过卷扬防护装置；

③钻塔天车轮前缘切点、立轴或转盘中心与钻孔中心应在同一轴线上；

④钻塔起落范围内不得放置设备和材料，起落过程中作业人员不得停留或通过；

⑤钻塔塔腿置于基台上，与基台构件应连接牢固；

⑥钻塔构件应安装齐全，不得随意改装；

⑦作业人员不得在钻塔上、下同时作业；

⑧钻塔整体起落时，应控制起落速度，严禁将钻塔自由摔落。

（3）冲击钻进的钻具连接应符合下列规定：

①钻具应连接牢固；

②钻具的起落重量不得超过钻机使用说明书的额定重量；

③活芯应灵活，锁具应紧固；

④钢丝绳与活套的轴线应保持一致。

（4）泥浆泵使用与维护应符合下列规定：

①机架应安装在基台上，各连接部位和管路应连接牢固；

②启动前，吸水管、底阀和泵体内应注满清水，压力表缓冲器上端应注满机油，出水阀门或分水阀门应打开；

③不得超过额定压力运转。

（5）柴油机使用与维护应符合下列规定：

①使用摇把启动时，应紧握摇把，不得中途松开，启动后应立即抽出摇把，使用手拉绳启动时，启动绳一端不得缠绕在手上。

②水箱冷却水的温度过高时，应停止勘探作业，并应继续怠速运转降温，不应立即停机；严禁用冷水注入水箱或泼洒内燃机机体。

③需开启冷却水沸腾的水箱盖时，作业人员应佩戴防护手套，面部应避开水箱盖口。

④柴油机"飞车"时，应迅速切断进气通路和高压油路，紧急停车。

4.3　勘察辅助设备

（1）离心水泵安装应牢固平稳。高压胶管接头密封应牢固可靠，放置宜平直，转弯处固定应牢靠。

（2）潜水泵使用与维护应符合下列规定：

①使用前，应用 500 V 摇表检测绝缘电阻，绝缘电阻值应符合产品说明书的规定。

②潜水泵的负荷线应使用无破损和接头的防水橡皮护套铜芯软电缆。

③放入水中前，应检查电路和开关，接通电源进行试运转，并应在经检查确认旋转方

向正确后再放入水中;脱水运转时间不得超过 5 min。

④提泵、下泵前应先切断电源,严禁拉拽电缆或出水软管。

⑤潜水泵下到预定深度后,电缆和出水软管应处于不受力悬空状态。

⑥潜水泵运行时,泵体周围 30 m 以内水体不得有人、畜进入。

(3)焊接与切割设备使用除应符合现行国家标准《焊接与切割安全》(GB 9448—1999)的有关规定外,还应符合下列规定:

①放置焊接和切割设备的位置应通风、干燥,并应无高温和无易燃物品,应采取防雨、防暴晒、防潮和防沙尘措施。

②焊接设备导线的绝缘电阻不得小于 1 MΩ,地线接地电阻不得大于 4 Ω;当长时间停用的电焊机恢复使用时,绝缘电阻值不得小于 0.5 MΩ。

③焊接设备的电源线不得随地拖拉,其长度不宜大于 5 m;电源进线处应设置防护罩;二次侧应采用防水橡皮护套铜芯软电缆,其长度不宜大于 30 m,不得采用金属构件代替二次侧的地线。

5 测绘安全作业方案

(1)一般要求:

①应持有效证件和公函与有关部门进行联系。在进入军事要地、边境、少数民族地区、林区、自然保护区或其他特殊防护地区作业时,应事先征得有关部门同意;了解当地民情和社会治安等情况,遵守所在地的风俗习惯及有关的安全规定。

②进入单位、居民宅院进行测绘时,应先出示相关证件,说明情况再进行作业。

③遇雷电天气应立刻停止作业,选择安全地点躲避,禁止在山顶、开阔的斜坡上、大树下、河边等区域停留,避免遭受雷电袭击。

④在高压输电线路、电网等区域作业时,应采取安全防范措施,优先选用绝缘性能好的标尺等辅助测量设备,避免人员和标尺、测杆、棱镜支杆等测量设备靠近高压线路,防止触电。在阴雨天,还要加大安全距离。

⑤外业作业时,应携带所需的装备以及水和药品等用品,必要时应设立供应点,保证作业人员的饮食供给;野外一旦发生水、粮和药品短缺,应及时联系补给或果断撤离,以免发生意外。

⑥外业作业时,所携带的燃油应使用密封、非易碎容器单独存放、保管,防止暴晒。洒过易燃油料的地方要及时处理。

⑦进入沙漠、戈壁、沼泽、高山、高寒等人烟稀少地区或原始森林地区,作业前应认真了解并掌握该地区的水源、居民、道路、气象、方位等情况,并及时记入随身携带的工作手册中。应配备必要的通信器材,以保持个人与小组、小组与中队之间的联系;应配备必要的判定方位的工具,如导航定位仪器、地形图等。必要时要请熟悉当地情况的向导带路。

⑧外业测绘必须遵守各地方、各部门相关的安全规定,如在铁路和公路区域应遵守交通管理部门的有关安全规定;进入草原、林区作业必须严格遵守《森林防火条例》《草原防火条例》及当地的安全规定;下井作业前必须学习相关的安全规程,掌握井下工作的一般安全知识,了解工作地点的具体要求和安全保护规定。

⑨安全员必须随时检查现场的安全情况,发现安全隐患立即整改。

⑩外业测绘严禁单人夜间行动。在发生人员失踪时必须立即寻找,并应尽快报告上级部门,同时与当地公安部门取得联系。

(2)在炎热天气野外作业时应采取防中暑措施,随身携带防暑降温药品。发现有中暑迹象时,立即就近找阴凉处休息,通知附近同事并发送定位信息或设立旗布等明显标志。

(3)在寒冷、冰雪天气作业时应采取防寒、防冻、防滑措施。遇有地势高低不平的地方,勿贸然下跳,以防跌、撞、扎伤。当地面被积雪覆盖时,应用棍棒试探前行。

(4)遇有强风、暴雨、大雾、雷电、冰雹、沙尘暴等恶劣天气时,应停止室外作业。雷雨天不得在电杆、铁塔、大树、广告牌下躲避,不得手持金属物品在野外行走并应关闭手机。

(5)外业测量时,应对现场情况进行地理、环境等综合调查,熟悉现场环境,辨识和分析危险源,制定相应的预防和安全控制措施。

(6)对影响现场作业或安全的树木进行砍伐前,一般应通过有关当事人同意。砍伐树木时注意以下几点:

①砍伐人员及树下配合人员必须选择在安全可靠的位置,树下配合人员佩戴安全帽,梯子应设置稳当,设专人扶梯。

②在道路旁砍伐树木时,必须在树木周围设置安全警示标志,并设专人指挥行人和车辆通行。

③遇树上有毒蜂或毒蛇等动物时,砍伐前应采取清除措施。

④对无力承担身体重量的树枝不得攀登。

⑤风力在5级以上时,不得砍伐树木。

(7)在水田、泥沼中作业时应穿长筒胶鞋,预防水蛭、血吸虫、毒蛇等叮咬,应配备必要的防毒用品及解毒药品。

(8)在滩涂、湿地及沼泽地带作业时,应注意有无陷入泥沙中的危险。

(9)在山区和草原作业时,应注意以下几点:

①在山岭上不得攀爬有裂缝、易松动的地方或不稳固的石块,不要站在活动的岩石或裂缝松动的土方边缘上。

②在山沟行走时应注意防滑,严禁抄近路攀爬,要严防人员坠落事故的发生。

③在林区、草原或荒山等地区作业时,严禁烟火。需动用明火时,一般应征得相关部门同意,同时必须采取严密的防范措施,严防森林火灾。

④在有毒的动、植物区内作业时,应采取戴防护手套、护目镜,绑扎裹腿等防范措施。

⑤在已知野兽经常出没的地方行走和住宿时,应特别注意防止野兽的侵害。夜间出行应两人以上随同,并携带防护用具或请当地相关人员协助。

⑥不要触碰猎人设置的捕兽陷阱或器具,要随身携带镰刀、石块等工具,万一触碰陷阱或器具,应懂得自救,并报告一起作业的人员协助救助;不要食用不知名的野果或野菜;不要喝生水。

⑦严禁在有塌方、山洪、泥石流危害的地方和高压输电线路下面架设帐篷及搭建简易住房。

⑧在蜱虫多发的山区作业,应注射疫苗,严防恙虫病的发生。恙虫病的症状与"打摆

子""感冒"发烧相似,定期发作,不同点是身上有虫咬的伤疤。

（10）在铁路、公路及进入特殊地区作业时,应注意以下几点：

①在铁路、公路上作业时,必须遵守铁路和公路交通管理部门的有关安全规定。应在距离作业地点的来车方向按相关部门的要求,分别设置明显的交通警示标志和导向箭头指示标志,按指定位置停放作业车辆。安全警示标志和防护设施应随工作地点的变动而转移,应将器材纵向肩扛行进,防止发生意外。作业完毕应及时撤除,清理干净。

②沿铁路、公路作业时,必须穿着色彩醒目的带有安全警示反光的马夹。严禁在铁轨、桥梁上坐卧;不得进入轨道内,火车通过时,要保持距离,站立等候,同时谨防车内向外丢弃物品被其砸伤。要尽可能缩短人员在路基上的作业时间。

③听力或视力不好的职工,禁止在铁路和公路上单独作业。

④严禁在铁轨或双轨中间行走;在电气化铁路附近作业时,禁止使用铝合金标尺、镜杆,防止触电。

⑤携带较长的工具、材料在铁路沿线行走时,所携带的工具、材料要与路轨平行,并注意避让;火车临近时,应停止前进,并注意防止列车刮伤自己,火车过去后再继续前进。

⑥在桥梁和隧道附近以及公路弯道和视线不清的地点作业时,应事先设置安全警示标志牌（墩）,必要时安排专人担任安全指挥。

⑦跨越铁路时,必须注意铁路的信号灯和来往的火车;工间休息应离开铁路、公路路基,选择安全地点休息。

⑧作业中以自行车代步者,要遵守交通规则,严禁超速、逆行和撒把骑车。

⑨进入军事要地、边境或其他特殊地区作业时,要事先征得有关部门同意,并严守有关安全规定。

（11）在城镇作业时,应注意以下几点：

①应持有效证件或公函与有关部门取得联系,并了解当地的社会治安等情况,以保证作业人员的安全。进入居民宅院时,应先说明情况再进行作业。

②在马路上作业时,要有明显的安全标志和专人担任安全指挥,必要时事先同交通民警取得联系,争取支持。

③作业中以自行车代步者,要遵守交通规则,严禁骑快车和撒把骑车。

④进行地下管线测量,要了解管线的基本情况,针对管线中的有毒、有害气体和高温、高压等不安全因素,采取相应的安全措施。在管井下作业时地面必须留人,现场要有专人负责指挥,以确保作业人员和行人的安全。

⑤在城镇和居民区内作业使用发电机等有噪声扰民时,应采取防止和减轻噪声扰民措施,并在相关部门规定时间内作业。需要在夜间作业的或在禁止时间内作业的,应报请有关单位和部门批准。

（12）地下管线施工时,应注意以下几点：

①无向导协助,禁止进入情况不明的地下管道作业。

②作业人员必须佩戴防护帽、安全灯,身穿安全警示工作服,应配备通信设备,并保持与地面人员的通信畅通。

③在城区或道路上进行地下管线探测作业时,应在管道口设置安全隔离标志牌,道口

设置安全隔离标志牌(墩),安排专人担任安全警戒员。打开窨井盖做实地调查时,井口要用警示栏圈围起来,必须有专人看管。夜间作业时,应设置安全警示灯。工作完毕必须清点人员,在确保井下没有留人的情况下及时盖好窨井盖。

④对规模较大的管道,在下井调查或施放探头、电极导线时,严禁明火,并应进行有害、有毒及可燃气体的浓度测定;有害、有毒及可燃气体超标时,应打开连续的3个井盖排气通风半小时以上,确认安全并采取保护措施后方可下井作业。

⑤在地下室、地下通道、管道内作业期间,作业人员若感觉呼吸困难或身体不适,或发现易燃、易爆或有毒、有害气体或其他异常情况时,必须立即呼救并迅速撤离,待查明原因并处理后方可恢复作业。

⑥禁止选择输送易燃、易爆气体管道作为直接法或充电法作业的充电点。在有易燃、易爆隐患环境下作业时,应使用具备防爆性能的测距仪、陀螺经纬仪和电池等设备。

⑦使用大功率电器设备时,作业人员应具备安全用电和触电急救的基础知识。工作电压超过36 V时,供电作业人员应使用绝缘防护用具,接地电极附近应设置明显警告标志,并设专人看管。雷电天气禁止使用大功率仪器设备作业。井下作业的所有电气设备外壳都应接地。

⑧进入企业厂区进行地下管线探测的作业人员,必须遵守该厂的安全保护规定。

⑨在地下作业时,作业人员与外面的巡视人员应保持通信畅通;上下梯子不得撤走;工具器材等物品,不得放在井口边缘,以防坠落伤人。

6 水上安全作业方案

6.1 水上钻探安全作业方案

(1)水域勘察作业前,应进行现场踏勘,并应收集与水域勘察安全生产有关的资料,如作业水域水下地形、地质条件,水文气象资料,水下电缆、管道敷设情况,人工养殖、航运等资料。

(2)在通航河流上、海上进行钻探时,应与航运部门、海事部门商定钻探期间安全措施,应在钻探船明显位置悬挂当地航运部门规定的标志。

(3)作业期间应悬挂锚泊信号、作业信号和安全标志。

(4)水域勘察过程中应保证有效通信联络。作业期间应指定专人收集每天的海况、天气和水情资讯,并应采取相应的安全生产防护措施。

(5)勘察作业船舶、勘探平台或交通船应配备救生、消防、通信联络等水上救护安全生产防护设施,并应规定联络信号。作业人员应穿戴水上救生器具。

(6)勘察作业船舶行驶、拖运、抛锚定位、调整锚绳和停泊等应统一指挥、有序进行,并应由持证船员操作。无证人员严禁驾驶勘察作业船舶。

(7)水域钻场应符合下列规定:

①宜避开水下电缆、管道保护区。

②应根据作业水域的海况、水情、勘探深度、勘探设备类型和负荷等选择勘探作业船舶或勘探平台的类型、结构强度和总载荷量,勘探作业船舶或勘探平台的载重安全系数应大于5。

③采用双船拼装作为水域钻场宜选用木质船舶,两船的几何尺寸、形状、高度、运载能

力应基本相同,并应连接牢固。

④作业平台宽度不应小于5 m;作业平台四周应设置高度不小于0.9 m的防护栏,钻场周边应设置防撞设施。

⑤水域漂浮钻场安装勘探设备与堆放勘探材料应均衡,可采用堆放重物或注水压舱方式保持漂浮钻场稳定。

⑥勘探作业船舶抛锚定位应遵守先抛主锚、后抛次锚的作业顺序,在通航水域,每个定位锚应设置锚漂和安全标志。

⑦勘探设备与勘探作业船舶或勘探平台之间应连接牢固,钻塔高度不宜大于9 m,且不得使用塔布或遮阳布。

(8)水域勘探作业应符合下列规定:

①作业人员安装勘探孔导向管应系安全带,在涨落潮水域作业应根据潮水涨落及时调整导向管的高度。

②水域固定式勘探平台的锚绳应均匀绞紧,定位应准确稳固。

③漂浮钻场应有专人检查锚泊系统,应根据水情变化及时调整锚绳,并应及时清除锚绳、导向管上的漂浮物和排除船舱内的积水。

④严禁在漂浮钻场上使用千斤顶处理孔内事故。

⑤在钻场上游的主锚、边锚范围内严禁进行水上或水下爆破作业。

⑥停工、停钻时,勘探船舶应有持证船员值班。

⑦勘探船舶横摆角度大于3°时,应停止勘探作业。

⑧能见度不足100 m时,交通船舶不得靠近漂浮钻场接送作业人员。

(9)水域勘察作业完毕,应及时清除埋设的套管、井口管和留置在水域的其他障碍物。

(10)水深大于20 m的内海勘探作业应符合下列规定:

①不使用专用勘探作业船舶进行勘探作业时,应采用自航式、船体宽度大于6 m、载重安全系数大于10的单体船舶。

②应根据作业海域水下地形、海底堆积物厚度、水文、气象等条件进行抛锚定位作业;锚绳宜使用耐腐蚀的尼龙绳。

③钻孔导向管不得紧贴船身,不得与漂浮钻场固定连接。

④移动式勘探平台应有足够的强度,平台底面应高处作业期间最高潮位与最大浪高的1.5倍之和。

⑤单机单班钻探作业人员不得少于4人。

(11)潮间带勘探作业应符合下列规定:

①勘探平台的类型和勘探作业时段应根据涨落潮时间、水流方向、水流速度、勘探点露出水面时段等水文条件、气象资讯确定。

②筏式勘探平台结构设计应稳定牢固,载重安全系数应大于5。

③筏式勘探平台装载勘探设备、器材应保持均衡,不得将多余器材放置在勘探平台上。

④筏式勘探平台遇4级以上风力、大雾或浪高大于1.0 m时,应停止勘探作业。

⑤固定式勘探平台的基础、结构和定位应稳定牢固。

(12)漂浮钻场暂时离开孔位时,应在孔位或孔口管上设置浮标和明显的安全标志。

6.2　水上地形测量安全作业方案

(1)作业前要收集测区旧有图形资料、水文资料等,对于岛礁区域、滩涂、河口、平台井场等区域,在计划图上标注岛礁、浅点、滩涂、渔网、沉船、平台等特殊地物的位置或范围,预防搁浅、触礁、撞船等事故发生。

(2)根据测区情况,租用合适的测船,测船应大小适宜、性能良好,并且具有一定的抗浪性,海上测量应根据水深和离岸的距离相应增加船舶吨位。租用船只应与承租方签订《租船协议》,明确双方安全责任和义务。

(3)在通航江河上作业应符合《内河交通安全管理条例》的规定,严格遵守劳动纪律、坚守工作岗位。

(4)船只操作驾驶人员应持证上岗,要了解、熟悉本河段作业区情况,并熟知本机船的动力设备和管线的布置、安装、修理方法、技术要求,做到操作熟练,发现故障做到及时排除。

(5)水上测量前,作业人员应事先了解作业水域的水深、水流、浅滩、礁石等情况,并选好避风锚地。

(6)仪器安装。

①换能器安装应尽量在风平浪静时,在港内等避风区域安装,安装前应根据水深情况预先定好吃水深度。测深杆安装必须用铁线拴牢,分别从船头、船尾将测深杆竖直固定。在海区作业还必须用绳索加固。

②GNSS 接收机应尽量安装在测深杆正上方,接收机固定螺旋要确保在水深测量过程中不会松动。接收机数据线要固定绑扎好,避免振动时拉扯导致断裂。

③采集数据的电脑要放置于船上安全位置,要预防浪涌振动、打湿。采用外接电瓶电源供电时要留意电源的正负极和电压的稳定性。

(7)在港池或航道附近作业的船舶,要挂旗帜,夜间挂灯或其他明显标志,并随时留意过往船舶,如与他船相遇应安全避让,不准进行水上测量作业。

(8)船只停靠时必须系好缆绳,跳板要搭设牢固,并要确保防滑设施。登船作业人员必须正确穿戴救生衣和其他防护用品,在船舶甲板上测量作业时,要采取防滑措施。

(9)大(雷)雨、大雾或风力大于 6 级以上的恶劣天气,严禁作业。

4.2.3　作业人员管理

该项目标准分值为 10 分。《评审规程》对该项的要求如表 4-48 所示。

表 4-48 作业人员管理

二级评审项目	三级评审项目	标准分值	评分标准
4.2 作业安全（270 分）	4.2.3 作业人员管理 对作业人员的上岗资格、条件等进行作业前安全检查，并安排专人进行现场安全管理，确保作业人员遵守岗位操作规程和落实安全及职业病危害防护措施	10	未对作业人员的上岗资格、条件等进行作业前安全检查，每人扣 2 分； 未安排专人进行安全生产管理，扣 2 分

对作业人员的上岗资格、条件等进行作业前安全检查，并安排专人进行现场安全管理，确保作业人员遵守岗位操作规程和落实安全及职业病危害防护措施。

分（承）包单位作业人员登记表见表 4-49。

项目兼职安全员任命文件可参见案例 4-16。

表 4-49 分（承）包单位作业人员登记表

项目名称						
分（承）包单位名称		资质等级			证书号	
工作内容						
序号	姓名	身份证号	岗位	岗前安全教育培训情况	上岗证号	进场时间

注：岗前安全教育培训需有证明材料，特种作业人员还需相关证书。

❈❈❈❈❈❈❈❈❈❈❈❈❈❈❈❈❈❈❈❈❈❈❈❈❈❈❈❈❈❈❈❈❈❈

【案例4-16】 项目兼职安全员任命文件。

<h2 style="text-align:center">项目兼职安全员任命文件</h2>

_____同志：

因项目安全生产需要,现任命您为_____项目_____阶段_____专业现场兼职安全员,请您按《×××公司安全产生管理办法》《×××安全生产手册》及相关要求,履行以下安全生产职责:

1. 协助项目(专业)负责人对所有现场作业人员开展安全教育,做好安全技术交底。

2. 协助项目(专业)负责人制作安全警示标识、安全生产责任牌等,购置必要的药品、劳保用品及消防设施等。

3. 督促作业人员严格执行安全操作规程,有权制止任何人违章指挥、违章作业,遇有紧急情况时,有权命令停止作业,并及时向领导报告。

4. 指导监督检查作业人员正确使用劳动用具。

5. 负责生产过程中的安全自检工作,对发现的问题及隐患,及时整改排除,并做好预防措施。

6. 发生工伤事故立即报告,并积极参加抢救工作,协助项目负责人分析事故原因,采取有效措施防止事故重复发生。

7. 其他。

×××部门
××××年××月××日

❈❈❈❈❈❈❈❈❈❈❈❈❈❈❈❈❈❈❈❈❈❈❈❈❈❈❈❈❈❈❈❈❈❈

4.2.4 交叉作业

该项目标准分值为5分。《评审规程》对该项的要求如表4-50所示。

表4-50 交叉作业

二级评审项目	三级评审项目	标准分值	评分标准
4.2 作业安全（270分）	4.2.4 交叉作业 两个以上作业队伍在同一作业区域内进行作业活动时,不同作业队伍相互之间应签订安全管理协议,明确各自的安全生产、职业健康管理职责和采取的有效措施,并指定专人进行检查与协调	5	交叉作业未签订安全协议,扣3分; 交叉作业安全协议不符合要求,每项扣2分; 交叉作业未指定专人进行检查与协调,每处扣2分

两个以上作业队伍在同一作业区域内进行作业活动时,不同作业队伍相互之间应签订安全管理协议,明确各自的安全生产、职业健康管理职责和采取的有效措施,并指定专人进行检查与协调。

交叉作业安全生产协议书可参见案例 4-17。

❋❋❋❋❋❋❋❋❋❋❋❋❋❋❋❋❋❋❋❋❋❋❋❋❋❋❋❋❋❋❋❋❋

【案例 4-17】　交叉作业安全生产协议书。

交叉作业安全生产协议书

一、交叉作业单位

监测单位:×××公司项目部。

施工单位:×××公司。

二、作业区域

×××工程×××施工现场。

三、协议内容

为认真执行国家"安全第一、预防为主、综合治理"的安全生产方针、政策法令、法规和有关规定,明确双方的安全生产责任,确保施工现场安全、文明施工管理工作,确保施工现场始终有良好的安全施工秩序,保证正常的生产秩序和设备的安全运行。依据《中华人民共和国安全生产法》第四十八条:"两个以上生产经营单位在同一作业区域内进行生产经营活动,可能危及对方生产安全的,应当签订安全生产管理协议,明确各自的安全生产管理职责和应当采取的安全措施,并指定专职安全生产管理人员进行安全检查与协调"的规定,经双方单位同意,特制定本协议,各方遵照履行。

具体条款如下:

1. 协议各方(以下简称各方)必须认真贯彻国家和建设行业法律法规,安全生产主管部门颁发的有关安全生产、消防工作的方针及政策;严格执行有关劳动法律法规、条例、规定,严格执行《中华人民共和国安全生产法》。

2. 各方都必须建立安全管理组织体系,包括主管安全生产的领导、各级专职和兼职的安全人员。双方施工现场应明确工作现场总负责人和专职安全员,如果通知有几处工作,你处指定工作负责人(监护人)负责现场安全监护工作。

3. 各指定专人负责相互联系、检查、协调施工现场的安全管理、工作程序、施工调度等。监测单位联系、检查及协调人为×××,联系电话为×××××××××××;施工单位联系、检查及协调人为×××,联系电话为×××××××××××。

4. 各方负责组织各自施工工序时,必须密切配合,场地尽量错开,减少干扰;无法错开的垂直交叉作业,层间必须搭设严密牢固的防护隔离设施,必要时必须设专人进行现场监护管理。

5. 各方严禁随意拆除对方设置的隔离层、孔洞盖板、栏杆、安全网等安全防护设施;必须拆除时,以书面形式征得搭设单位负责人的同意,在施工完毕后立即恢复原状,并经原搭设单位验收;如不能在一个作业面内施工完毕,必须采取有效的防护措施;严禁乱动非工作范围内的设备、机具及安全设施。

6. 各方必须保证交叉作业场所的通道畅通,有危险的出入口处设围栏及悬挂警示牌,必要时派专人进行现场监护。

7. 各方施工时,工具、材料、边角料等严禁上下投掷,应用工具袋或吊箱吊运,并派人现场监护。严禁在吊物下方接料及禁止他人逗留。

8. 各方对各自的施工区域设置警戒标识。

9. 各方对各自的施工区域进行治安保卫工作。不得随意动用对方的待安装设备、施工机具、材料等,双方在施工时要做好双方的成品保护工作。

10. 各方在施工过程中,其作业人员必须严格按照要求佩戴安全劳保用品。在一方作业人员未落实个人防护用品的情况下,另一方安全监管人员有权利下达整改联系单,要求整改。

11. 各方现场施工人员必须经教育培训考试合格后方可作业,特种作业人员持有特殊工作操作证,双方现场监管人员有权利对对方作业人员所持证件进行审查。

12. 各方施工过程中所用到的机械设备必须合格,并进行日常检查维护。

13. 各方明确各自的施工便道及机械人员出入口,并及时对污染的道路进行清理。

14. 由于违反《中华人民共和国安全生产法》《中华人民共和国建筑法》《建设工程安全生产管理条例》等相关规定,造成对方正常施工人员人身伤害及对建设单位造成的经济损失,由肇事单位承担责任。

15. 签约各方按该协议执行,对违反协议给对方造成损失者按造成损失的大小、影响赔偿。各项安全管理要求包括但不仅限于上述情况,如有未尽事宜,由监理单位、建设单位及相关单位协商解决,并参照国家法律法规和国家行业标准执行。本协议与国家法律法规有抵触的,按国家法律法规的规定执行。

16. 该协议各方签字后开始执行。

四、违约责任

1. 任何一方违反安全协议给其他单位造成损失的,违约方依法承担全部损失。

2. 任何一方违反安全协议造成安全隐患的,工作一方有权对责任单位提出整改要求,责任单位拒不整改的,主体单位有权拒绝其进入施工区域生产单位。

五、协议签订

本协议一式两份,双方协商无异议签订,签订后具有法律效力。

监测单位:×××公司项目部

     负责人签字: 签署日期:

施工单位:×××公司

     负责人签字: 签署日期:

4.2.5 危险物品

该项目标准分值为 5 分。《评审规程》对该项的要求如表 4-51 所示。

表 4-51 危险物品

二级评审项目	三级评审项目	标准分值	评分标准
4.2 作业安全（270 分）	4.2.5 危险物品 危险物品储存和使用单位的特殊作业,应符合《危险化学品、企业特殊作业安全规范》(GB 30871—2022)的相关规定。剧毒化学品以及储存数量构成重大危险源的其他危险化学品必须在专用仓库内单独存放,实行"双人收发、双人保管"制度,建立领用审批制度和出入库台账,并定期自查、核对,记录完整。 放射性同位素应当单独存放,不得与易燃、易爆、腐蚀性物品等一起存放,其储存场所应当采取有效的防火、防盗、防射线泄漏的安全防护措施,并指定专人负责保管。储存、领取、使用、归还放射性同位素时,应当进行登记、检查,做到账物相符。发生放射源丢失、被盗和放射性污染事故时,有关单位和个人必须立即采取应急措施,并向公安部门、卫生行政部门和环境保护行政主管部门报告	5	危险物品储存和使用不符合相关规定,每处扣 2 分; 剧毒化学品以及储存数量构成重大危险源的其他危险化学品剧毒药品未实行"双人收发、双人保管"制度双人双重责任制的,扣 5 分; 放射性同位素储存、使用不符合有关规定,扣 5 分

　　危险物品储存和使用单位的特殊作业,应符合 GB 30871—2022 的相关规定。剧毒化学品以及储存数量构成重大危险源的其他危险化学品必须在专用仓库内单独存放,实行"双人收发、双人保管"制度,建立领用审批制度和出入库台账,并定期自查、核对,记录完整。

　　放射性同位素应当单独存放,不得与易燃、易爆、腐蚀性物品等一起存放,其储存场所应当采取有效的防火、防盗、防射线泄漏的安全防护措施,并指定专人负责保管。储存、领取、使用、归还放射性同位素时,应当进行登记、检查,做到账物相符。发生放射源丢失、被盗和放射性污染事故时,有关单位和个人必须立即采取应急措施,并向公安部门、卫生行政部门和环境保护行政主管部门报告。

　　单人保管的化学品库存记录台账可参见案例 4-18。

　　双人保管的危险物品管理台账可参见案例 4-19。

【案例4-18】 单人保管的化学品库存记录台账。

单人保管的化学品库存记录台账见表4-52、表4-53。

编号:×××

单人保管的化学品库存记录台账

化学品库存台账

地点:×××实验室

每次取用需记录详细日期及取用数量。核算库存,并签名。

×××公司
××××年××月××日启用

表 4-52 目录

序号	化学品名称	页码	备注
1	硫酸亚铁($FeSO_4 \cdot 7H_2O$)	1	吸入、皮肤接触及吞食有毒;对水生生物有害,可能对水体环境产生长期不良影响
2	邻菲罗啉($C_{12}H_8N_2 \cdot H_2O$)	2	危险品标志:有毒、危害环境
3	氢氧化钙[$Ca(OH)_2$]	3	腐蚀性物品、刺激性物品
4	六偏磷酸钠[$(NaPO_3)_6$]	4	露置于空气中能逐渐吸收水分而呈黏胶状物。与钙、镁等金属离子能生成可溶性络合物
5	氢氧化铝[$Al(OH)_3$]	5	刺激眼睛
6	无水硫酸钠(Na_2SO_4)	6	对眼睛、呼吸道和皮肤有刺激作用
7	磷酸二氢钠($Na_2HPO_4 \cdot 12H_2O$)	7	对眼睛、呼吸道和皮肤有刺激作用
8	磷酸二氢钾(KH_2PO_4))	8	刺激眼睛、皮肤
9	甘油(丙三醇)($C_3H_8O_3$)	9	刺激眼睛;吸入、皮肤接触及吞食有害;高度易燃
10	氯化镁($MgCl_2 \cdot 6H_2O$)	10	有腐蚀性
11	溴酚蓝($C_{19}H_{10}O_5Br_4S$)	11	避免与强氧化物接触;危险品标志:有毒、有害
12	无水乙醇(C_2H_6O)	12	易燃;具刺激性
13	铬黑 T[$C_2(OH)_{12}N_3NaO_7S$]	13	危险品标志:刺激物
14	碳酸钙($CaCO_3$)	14	对眼睛有强烈刺激作用,对皮肤有中度刺激作用
15	氯化钠($NaCl$)	15	刺激眼部;半数致死量:3 000 mg/kg

续表 4-52

序号	化学品名称	页码	备注
16	氯化铵（NH_4Cl）	16	低毒,有刺激性
17	甲基红（$C_{15}H_{15}N_3O_2$）	17	易燃,吸入、皮肤接触及吞食有害
18	甲基橙（$C_{14}H_{14}N_3SO_3Na$）	18	易燃,远离火源;避免与皮肤和眼睛接触,吞食有毒
19	酚酞（$C_{20}H_{14}O_4$）	19	危险品标志:有害
20	紫脲酸铵（$C_8H_8N_6O_6$）	20	该物质对环境可能有危害,对水体应给予特别注意;危险品标志:有害
21	鞣酸（$C_{76}H_{52}O_{46}$）	21	本品低毒
22	硫酸铁铵（$FeH_4NO_8S_2$）	22	对眼睛和皮肤有刺激作用
23	氯化锶（$SrCl_2 \cdot 6H_2O$）	23	刺激呼吸系统和皮肤,对眼睛有严重伤害
24	氧化镁（MgO）	24	吸入和不慎吞咽有害
25	六次甲基四胺（$C_6H_{12}N_4$）	25	非常易燃,吸入和皮肤接触会导致过敏
26	碳酸铵（$C_2H_{11}N_3O_5$）	26	有强烈氨臭,有刺激性;接触后,刺激鼻、咽、肺,可引起咳嗽和呼吸困难;该物质对环境可能有危害,对水体应给予特别注意
27	乙二醇（$C_2H_6O_2$）	27	吞食有害
28	苯甲酸（C_6H_5COOH）	28	对环境有危害,对水体和大气可造成污染;可燃,具刺激性;遇明火、高热可燃
29	氯化钾（KCl）	29	刺激眼睛

表 4-53　化学品库存记录表

化学品名称：　　　　　　　　　　　　　　　　　　　　　　　　　　第　　页

序号	时间 （年-月-日）	购买记录		使用记录		库存/g	备注
		数量/g	保管人	数量/g	领用人		
1	2018-06-09	192		—	—	192	
2							
3							
4							
5							
6							
7							
8							
9							
10							
11							
12							
13							
14							
15							

❋❋❋❋❋❋❋❋❋❋❋❋❋❋❋❋❋❋❋❋❋❋❋❋❋❋❋❋❋❋❋❋❋❋❋❋

【案例 4-19】　双人保管的危险物品管理台账。

双人保管的危险物品管理台账见表 4-54～表 4-56。

编号:×××

危险物品储存及出入库管理台账

部门:_____

×××公司

年　　月　启用

表 4-54　危险品目录表

危险品名称	是否双人保管物品	页码	危险品名称	是否双人保管物品	页码

表 4-55 化学品库存记录表

危险物品名称：_____ 甲保管人姓名及联系方式：_____

乙保管人姓名及联系方式：_____

危险物品类别：□危险化学品 □剧毒品 □易制毒化学品 □易制爆化学品 □生化类试剂
　　　　　　　□麻醉精神物品 □放射性同位素 □其他_____

序号	日期 （年-月-日）	计量单位/g			甲保管 人签名	乙保管 人签名	审批人 签名	入库/领用 人签名及 联系方式	来源/ 用途摘要
		入库量	领用量	库存 总量					

注：剧毒化学品以及储存数量构成重大危险源的其他危险化学品、剧毒药品必须施行"双人收发、双人保管"制度，经甲、乙两保管人签字并经相关领导签字审批同意后，方可放行出入库。

表 4-56　化学品库存记录表（示例）

危险物品名称：海洛因 Heroin（CAS：561-27-3）　甲保管人姓名及联系方式：张三 138××××××××

乙保管人姓名及联系方式：李四 139××××××××

危险物品类别：□危险化学品　□剧毒品　□易制毒化学品　□易制爆化学品　□生化类试剂

　　　　　　　☑麻醉精神物品　□放射性同位素　□其他_____

序号	日期（年-月-日）	计量单位/g			甲保管人签名	乙保管人签名	审批人签名	入库/领用人签名及联系方式	来源/用途摘要
		入库量	领用量	库存总量					
例	2020-11-12	—	—	1	张三			王二 189××× ××××	保管人由王五变更为张三,工作交接期初余额
例	2020-11-13	2	—	3	张三			药监局马六 133××× ××××	采购入库,附采购审批单复印件
例	2020-11-14	—	1	2	张三			刘七 181××× ××××	用于"麻醉和海洛因依赖状态下大鼠前额联络皮层脑电特征实验",试验操作记录可查,废弃物回收/销毁追踪

注：剧毒化学品以及储存数量构成重大危险源的其他危险化学品、剧毒药品必须施行"双人收发、双人保管"制度,
　　经甲、乙两保管人签字并经相关领导签字审批同意后,方可放行出入库。

4.2.6 安全技术交底

该项目标准分值为 10 分。《评审规程》对该项的要求如表 4-57 所示。

表 4-57 安全技术交底

二级评审项目	三级评审项目	标准分值	评分标准
4.2 作业安全（270 分）	4.2.6 安全技术交底 外业作业应进行进场安全教育和安全技术交底,如实告知作业人员作业场所和工作岗位存在的危险源、安全生产防护措施和安全生产事故应急救援预案	10	未进行进场安全教育和安全技术交底,扣 10 分; 进场安全教育和安全技术交底内容不全,每项扣 2 分; 进场安全教育和安全技术交底人员不全,每人扣 2 分

外业作业应进行进场安全教育和安全技术交底,如实告知作业人员作业场所和工作岗位存在的危险源、安全生产防护措施和安全生产事故应急救援预案。

勘测技术、安全交底记录见表 4-58。

表 4-58 勘测技术、安全交底记录表

年 第 号

项目名称				专业	
专业负责人		安全员		主持人	
参加人员签名					
安全交底内容	安全交底至少包括以下内容: 1. 作业现场基本概况(包括地貌、气象、水文、生物等自然地理和人文条件); 2. 作业现场危险源、危险因素,对作业现场的危险源、危险因素的避险事项和安全生产防护措施; 3. 安全生产事故应急救援预案(需具体包括哪些应急预案); 4. 野外生存、避险、应急等相关知识及技能 负责人: 年 月 日				

4.2.7 工程勘察成果

该项目标准分值为 15 分。《评审规程》对该项的要求如表 4-59 所示。

表 4-59　工程勘察成果

二级评审项目	三级评审项目	标准分值	评分标准
4.2　作业安全（270 分）	4.2.7　工程勘察成果 应按照法律法规和工程建设强制性标准进行勘察，提供的勘察文件应当真实、准确，满足建设工程安全生产的需要，提出地质条件可能造成的工程风险	15	提供的勘察文件经外部审查不够真实、准确，不满足建设工程安全生产的需要，每处扣 5 分

应按照法律法规和工程建设强制性标准进行勘察，提供的勘察文件应当真实、准确，满足建设工程安全生产的需要，提出地质条件可能造成的工程风险。

强制性条文检查见表 4-60、表 4-61。

表 4-60　项目强制性条文检查汇总表

项目名称			
设计阶段	□可行性研究　　□初步设计　　□施工图设计		
序号	检查专业	检查结果	不符合项描述
1	水文	□符合　□不符合	
2	规划	□符合　□不符合	
3	勘察	□符合　□不符合	
4	水工	□符合　□不符合	
5	机电	□符合　□不符合	
6	金属结构	□符合　□不符合	
7	环境保护	□符合　□不符合	
8	水土保持	□符合　□不符合	
9	征地移民	□符合　□不符合	
10	劳动安全与卫生	□符合　□不符合	
11	工程管理	□符合　□不符合	
12	其他	□符合　□不符合	
检查结果		□合格　　□不合格	

制表人：　　　　　　　　　　项目经理：　　　　　　　　　　日期：

表 4-61　专业强制性条文检查表

项目名称					
设计阶段	□可行性研究		□初步设计		□施工图设计
设计文件及编号					
专业	□水文　　　　□规划　　　　□勘察　　□水工　　　□机电 □金属结构　　□环境保护　　□水土保持　□征地移民 □劳动安全与卫生　□工程管理　　□其他：＿＿＿＿＿＿				
标准名称				标准编号	

序号	条款号	强制性 条文内容	执行情况	符合/不符合/ 不涉及	设计人 签字

4.2.8　施工地质

该项目标准分值为 10 分。《评审规程》对该项的要求如表 4-62 所示。

表 4-62　施工地质

二级评审项目	三级评审项目	标准分值	评分标准
4.2　作业安全（270 分）	4.2.8　施工地质 应按相关规定进行施工地质工作,解决施工中出现的地质问题,并根据需要对防止施工安全事故提供意见。 现场施工地质作业应按风险控制措施及规章制度实施,控制现场施工地质作业安全风险	10	未按规定进行施工地质勘察,扣10 分; 施工地质未根据需要对防止施工安全事故提供意见,每项扣 5 分; 施工地质作业不符合有关规定,每项扣 2 分

应按相关规定进行施工地质工作,解决施工中出现的地质问题,并根据需要对防止施工安全事故提供意见。

现场施工地质作业应按风险控制措施及规章制度实施,控制现场施工地质作业安全风险。

可以施工地质通知单的形式提出施工地质问题意见,可参见案例 4-20。

❀❀❀❀❀❀❀❀❀❀❀❀❀❀❀❀❀❀❀❀❀❀❀❀❀❀❀❀❀❀❀❀❀❀

【案例 4-20】　施工地质通知单。

施工地质通知单见表 4-63。

表 4-63　×××公司施工地质通知单

工程名称：	专业：
单位工程：	部位：

关于提醒隧洞 F1 断层带施工安全等问题的通知

1. 现状、施工进度及开挖面形态

截至××××年××月××日，××支洞上台阶已开挖至桩号 HZ0+321.4，下台阶左侧开挖至桩号 HZ0+276.3，下台阶右侧开挖至桩号 HZ0+269.3。桩号 HZ0+321.4 对应洞顶埋深约 14 m，掌子面前方埋深逐渐变浅，最小埋深 10 m。从桩号 HZ0+310.7 至桩号 HZ0+321.4 洞段，平均进尺 1.8 m/循环。

2. 地质描述

目前，隧洞开挖揭露的地层岩性以泥盆系下统莲花山组（D_1l）的变质细砂岩为主，层面产状 347°/SW∠56°，褐黄色，局部夹少量紫红色，以强风化层为主，岩石强度为较软岩—软岩。根据 F1 断层补充钻探及洞内超前地质预报，F1 断层及其影响带范围为桩号 HZ0+310 至桩号 HZ0+380 段，产状 277°~296°/SW∠73°，主要由角砾岩、碎裂岩和石英条脉组成。结合洞内已开挖桩号 HZ0+310.7 至桩号 HZ0+321.4 洞段实际开挖揭露可见受构造影响的明显迹象，开挖面存在较多石英条脉发育以及明显扭曲挤压迹象，岩体风化程度较深，特别是顶拱左侧弧形段受构造影响较大，岩体受挤压致极破碎。局部裂隙面见较多铁锰质胶结物，遇水后手触见油污。本洞段地下水主要集中在左侧边墙（零散分布线状流水），顶拱及两侧弧形段以渗水、滴水为主。岩体遇水后可见软化、崩解致局部小范围滑落等情况，围岩极不稳定，围岩类别为 V 类。

3. 需立即开展的工作及建议

为了确保施工安全，保证工程质量，建议立即开展以下工作：

（1）进入断层及其影响带后，应根据围岩情况及时调整相关爆破参数。

（2）由于 F1 断层带属于浅埋段，其中在桩号 HZ0+320 至桩号 HZ0+350 段埋深只有 10~20 m，应严格控制单循环开挖进尺，确保围岩安全稳定；同时建议对 F1 断层地表进行地表沉降监测和人工巡查。

续表 4-63

（3）F1 断层补充勘探孔 GHZ4ZK02 号施工平台填土层达 4~5 m，应在隧洞开挖到此之前清理干净、恢复原状，并做好内侧地表排水措施。

（4）加快对 F1 断层带地表附近鱼塘的抽排水工作。

（5）××××年××月××日，现场对隧洞上台阶掌子面桩号 HZ0+312.4 进行 3 个超前钻孔（孔深 20 m，孔径 75 mm）施作。根据施作人员反映，在钻至孔深 18~20 m（对应洞内桩号 HZ0+330.4 至桩号 HZ0+312.4）时，钻进速度相对前面 18 m 较快，隧洞开挖过程中应着重注意：同时加强对 3 个超前钻孔返水情况进行观测。在施作锚杆孔、小导管孔、爆破孔等出现异常情况时，应暂停施工，并及时上报至工程参建各方。

（6）对已开挖洞段顶拱所欠缺的中空锚杆抓紧进行施作，确保围岩稳定和施工安全。开挖后，严格按照施工图、施工技术要求等及时跟进支护。

（7）开挖施工过程中应严格遵循"管超前、严注浆、弱爆破、短进尺、强支护、勤测量、早封闭"的原则。

（8）加强加密对洞内的安全监测，并对监测数据及时分析反馈。

为了保证工程安全、正常如期完成，特下发此通知，望业主及各参建单位重视。

×××工程设代组（盖章）

××××年××月××日

地质专业负责人		日期		工地负责人		日期	
				填写人			
接收单位				接收人		日期	

✿✿

4.2.9 勘察作业活动

该项目标准分值为 35 分。《评审规程》对该项的要求如表 4-64 所示。

表 4-64　勘察作业活动

二级评审项目	三级评审项目	标准分值	评分标准
4.2 作业安全（270分）	4.2.9　勘察作业活动 　　工程勘察项目的地质测绘、勘探（含钻探、坑探）、物探等外业勘探活动应按项目风险控制措施、规章制度及操作规程实施，控制工程勘察外业安全生产风险，无违章指挥、违规作业、违反劳动纪律（简称"三违"）行为，并采取措施保证各类管线、设施和周边建筑物、构筑物的安全。 　　勘察作业行为安全管理还应符合《水利水电工程地质勘察规范》（GB 50487—2008）、《岩土工程勘察安全标准》（GB/T 50585—2019）、《水利水电工程坑探规程》（SL 166—2010）、《地质勘探安全规程》（AQ 2004—2005）的相关规定	35	勘察现场作业活动不符合有关规定，存在"三违"行为，每项扣5分； 　　未采取措施保证各类管线、设施和周边建筑物、构筑物的安全，每项扣5分

　　工程勘察项目的地质测绘、勘探（含钻探、坑探）、物探等外业勘探活动应按项目风险控制措施、规章制度及操作规程实施，控制工程勘察外业安全生产风险，无"三违"行为，并采取措施保证各类管线、设施和周边建筑物、构筑物的安全。

　　勘察作业行为安全管理还应符合 GB 50487—2008、GB/T 50585—2019、SL 166—2010、AQ 2004—2005 的相关规定。

　　"三违"安全检查见表 4-65。

表 4-65 "三违"安全检查表

项目名称： 检查人：

专业： 检查时间： 年 月 日

检查内容	检查结果	整改措施	整改时限	整改责任人
一、违章指挥				
1.不遵守安全生产制度,不遵守安全操作规程				
2.指挥未经安全教育培训人员上岗作业,或者使用未经安全培训人员作业				
3.不完全具备安全生产条件,但又不采取安全措施,盲目安排生产作业				
4.对作业人员反映的安全隐患不排除、不采取安全措施而要求继续作业				
5.不按规定给作业人员配发劳保用品而强令上岗作业				
6.指挥作业人员在安全防护投施或设备有缺陷、隐患未排除的情况下冒险作业				
7.发现违章作业不制止				
8.指挥车辆进入危险区域				
9.其他				
二、违规作业				
1.不按安全操作规程操作设备仪器				
2.不按规定佩戴使用劳保防护用品				
3.未经安全教育培训就上岗作业				
4.检修带电设备时在配电开关处不断电和不挂警示牌				
5.发现隐患不排除、不报告,冒险作业				

续表 4-65

检查内容	检查结果	整改措施	整改时限	整改责任人
6. 钻探作业现场未按规定悬挂钻机安全操作规程、未悬挂相关警示标识				
7. 水上作业平台或钻探船未设置安全护栏				
8. 未进行管线调查或未采取措施保证管线、设施和周边建筑物、构筑物安全				
9. 冒险进入危险场所				
10. 违规驾驶车辆				
11. 其他				
三、违反劳动纪律				
1. 不遵守工地安全生产手册				
2. 不参加安全教育培训和安全技术交底				
3. 未经请示报告,擅自离开工地或脱离工作岗位				
4. 酒后指挥生产或进行生产作业				
5. 不服从安全提醒、安全监督和安全检查				

4.2.10 工程设计文件

该项目标准分值为 35 分。《评审规程》对该项的要求如表 4-66 所示。

表 4-66　工程设计文件

二级评审项目	三级评审项目	标准分值	评分标准
4.2　作业安全（270 分）	4.2.10　工程设计文件 应按照适用法律法规和工程建设强制性标准进行设计,防止因设计不合理导致生产安全事故的发生。 在编制工程概算时,应按有关规定记列建设工程安全作业环境及安全施工措施所需费用。 应按相关规范要求并结合现场实际情况,对施工现场进行科学规划、合理分区。 应考虑施工安全操作和防护的需要,对涉及施工安全的重点部位和环节在设计文件中注明,并对保障周边环境安全和防范生产安全事故提出指导意见。 采用新结构、新材料、新工艺的建设工程和特殊结构的建设工程,应在设计中提出保障施工作业人员安全和预防生产安全事故的措施建议	35	设计文件经外部审查、稽查,不符合适用法律法规和工程建设强制性标准,每处扣 10 分; 设计概算中未明确建设工程安全作业环境及安全施工措施所需费用,扣 10 分; 设计文件对施工现场的规划分区不合理,每处扣 5 分; 未对涉及施工安全的重点部位和环节在设计文件中注明,并对防范生产安全事故提出指导意见,每处扣 5 分; 采用新结构、新材料、新工艺的建设工程和特殊结构的建设工程,未在设计中提出保障施工作业人员安全和预防生产安全事故的措施建议,每处扣 5 分

应按照适用法律法规和工程建设强制性标准进行设计,防止因设计不合理导致生产安全事故的发生。

在编制工程概算时,应按有关规定记列建设工程安全作业环境及安全施工措施所需费用。

应按相关规范要求并结合现场实际情况,对施工现场进行科学规划、合理分区。

应考虑施工安全操作和防护的需要,对涉及施工安全的重点部位和环节在设计文件中注明,并对保障周边环境安全和防范生产安全事故提出指导意见。

采用新结构、新材料、新工艺的建设工程和特殊结构的建设工程,应在设计中提出保障施工作业人员安全和预防生产安全事故的措施建议。

强制性条文检查见表 4-60、表 4-61。

4.2.11　现场设计服务

该项目标准分值为 15 分。《评审规程》对该项的要求如表 4-67 所示。

表 4-67 现场设计服务

二级评审项目	三级评审项目	标准分值	评分标准
4.2 作业安全（270分）	4.2.11 现场设计服务 应按相关规定进行施工现场设计服务,解决施工中出现的设计问题,跟踪落实所提出的安全对策及措施。 开工前应对工程的外部环境、工程地质及水文条件对工程的施工安全可能构成的影响,工程施工对当地环境安全可能造成的影响,以及工程主体结构和关键部位的施工安全注意事项等进行设计交底。 涉及度汛工作的,汛前应确定度汛标准和度汛要求。 协助项目法人进行重大危险源辨识。 对可能引起较大安全风险的设计变更提出安全风险评价意见。 现场设计服务活动应按风险控制措施及规章制度实施,控制现场设计服务活动作业安全风险。 参加危大工程专项方案论证和危大工程验收	15	未按相关规定进行施工现场设计服务,扣15分; 未按要求开展设计交底,或设计交底未包括施工安全内容,每次扣10分; 涉及防洪度汛工作的,汛前未确定度汛标准和度汛要求,扣10分; 对可能引起较大安全风险的设计变更未提出安全风险评价意见,每项扣5分; 设计服务作业活动不符合有关规定,每项扣2分; 未参加危大工程专项方案论证和危大工程验收,每项扣3分

应按相关规定进行施工现场设计服务,解决施工中出现的设计问题,跟踪落实所提出的安全对策及措施。

开工前应对工程的外部环境、工程地质及水文条件对工程的施工安全可能构成的影响,工程施工对当地环境安全可能造成的影响,以及工程主体结构和关键部位的施工安全注意事项等进行设计交底。

涉及度汛工作的,汛前应确定度汛标准和度汛要求。

协助项目法人进行重大危险源辨识。

对可能引起较大安全风险的设计变更提出安全风险评价意见。

现场设计服务活动应按风险控制措施及规章制度实施,控制现场设计服务活动作业安全风险。

参加危大工程专项方案论证和危大工程验收。

技术、安全交底记录见表4-68。

危大工程专项方案论证和验收记录见表4-69。

表 4-68　技术、安全交底记录表

年　　第　　号

项目名称				专业	
专业负责人		交底人员		主持人	
参加人员签名					
交底内容					

负责人：
年　月　日

表 4-69 危大工程专项方案论证和验收记录表

项目名称				日期	
专业		验收组织单位		主持人	
参加验收人员					
专项方案论证					
验收内容					
验收结论	□合格　　　　　　□不合格				

4.2.12　测绘

该项目标准分值为 15 分。《评审规程》对该项的要求如表 4-70 所示。

表 4-70　测绘

二级评审项目	三级评审项目	标准分值	评分标准
4.2　作业安全（270 分）	4.2.12　测绘 测绘项目的野外测绘、水域测绘、航拍测绘、无人机测绘、交通、食宿等活动应按项目风险控制措施、相关规章制度及操作规程实施，控制测绘安全生产风险，无"三违"行为	15	测绘作业活动不符合有关规定，存在"三违"行为，每项扣 3 分

测绘项目的野外测绘、水域测绘、航拍测绘、无人机测绘、交通、食宿等活动应按项目风险控制措施、相关规章制度及操作规程实施，控制测绘安全生产风险，无"三违"行为。

测绘作业活动"三违"行为检查见表 4-71。

表 4-71　测绘作业活动"三违"行为检查表

项目名称：　　　　　　　　　　　　　　　　检查人：

专业：　　　　　　　　　　　　　　　　　　检查时间：　　年　　月　　日

检查内容	检查结果	整改措施	整改时限	整改责任人
一、违章指挥				
1.不遵守安全生产制度，不遵守安全操作规程				
2.指挥未经安全教育培训人员上岗作业，或者使用未经安全培训人员作业				
3.不完全具备安全生产条件，但又不采取安全措施，盲目安排生产作业				
4.对作业人员反映的安全隐患不排除、不采取安全措施而要求继续作业				
5.不按规定给作业人员配发劳保用品而强令上岗作业				
6.指挥作业人员在安全防护设施或设备有缺陷、隐患未排除的情况下冒险作业				
7.发现违章作业不制止				
8.指挥车辆进入危险区域				

续表 4-71

检查内容	检查结果	整改措施	整改时限	整改责任人
9. 其他				
二、违规作业				
1. 不按安全操作规程操作设备仪器				
2. 不按规定佩戴使用劳保防护用品				
3. 未经安全教育培训就上岗作业				
4. 检修带电设备时在配电开关处不断电和不挂警示牌				
5. 发现隐患不排除、不报告,冒险作业				
6. 冒险进入危险场所				
7. 违规驾驶车辆				
8. 其他				
三、违反劳动纪律				
1. 不遵守工地安全生产手册				
2. 不参加安全教育培训和安全技术交底				
3. 未经请示报告,擅自离开工地或脱离工作岗位				
4. 酒后指挥生产或进行生产作业				
5. 不服从安全提醒、安全监督和安全检查				
6. 其他				

4.2.13 工程检测、监测

该项目标准分值为 15 分。《评审规程》对该项的要求如表 4-72 所示。

表 4-72 工程检测、监测

二级评审项目	三级评审项目	标准分值	评分标准
4.2 作业安全 (270 分)	4.2.13 工程检测、监测 工程检测、监测项目的检测(无损检测、现场检测)、现场试验(荷载试验、原位试验)、监测(内观、外观)等作业活动应按项目风险控制措施、相关规章制度及操作规程的规定实施,控制工程监测、检测安全风险,无"三违"行为	15	工程监测、检测、现场试验作业活动不符合有关规定,存在"三违"行为,每项扣 3 分

　　工程检测、监测项目的检测（无损检测、现场检测）、现场试验（荷载试验、原位试验）、监测（内观、外观）等作业活动应按项目风险控制措施、相关规章制度及操作规程的规定实施，控制工程监测、检测安全风险，无"三违"行为。

　　工程检测安全检查记录可参见表 4-73。

　　项目安全检查记录可参见表 4-74。

表 4-73　工程检测安全检查记录表

表格编号：

受检查对象	＿＿＿＿＿＿实验室/项目部		负责人	
检查依据	相关法律法规、规章、规范性文件、技术标准和公司管理文件及标准化文件包括《质量手册》《程序文件》《工地实验室标准化建设与管理指南》《质量与安全检查工作指南》			
检查内容	安全违规行为描述		检查记录	结论
安全管理体系	1. 未建立健全安全生产管理机构		是□　否□	符合□　不符合□
	2. 未配备专职安全生产管理人员或配备不符合要求		是□　否□	符合□　不符合□
	3. 安全管理制度、安全操作规程不完善、不落实（实验室应重点检查大型试验设备使用安全制度和安全操作规程落实情况）		是□　否□	符合□　不符合□
	4. 未制定安全生产目标、安全生产目标管理计划，或制定后未落实		是□　否□	符合□　不符合□
	5. 未建立安全生产责任制		是□　否□	符合□　不符合□
	6. 特种作业人员未持证上岗		是□　否□	符合□　不符合□
	7. 安全生产投入不足		是□　否□	符合□　不符合□
	8. 未按规定购买工伤保险和安全生产责任保险		是□　否□	符合□　不符合□
安全教育和培训	1. 未对从业人员按规定组织安全生产教育培训		是□　否□	符合□　不符合□
	2. 人员安全教育时间、频次不满足规定		是□　否□	符合□　不符合□
	3. 采用新技术、新工艺、新设备、新材料时未对作业人员进行教育培训		是□　否□	符合□　不符合□
安全技术管理	1. 未组织安全技术交底		是□　否□	符合□　不符合□
	2. 擅自修改、调整专项施工/监测/检测方案		是□　否□	符合□　不符合□

续表 4-73

检查内容		安全违规行为描述	检查记录	结论
风险管控		1. 未按规定开展重大危险源辨识和管控	是□　否□	符合□　不符合□
		2. 未按要求在危险部位、危险岗位、设施设备设置安全警示标识	是□　否□	符合□　不符合□
		3. 安全监测发现重大异常,影响工程安全,未按规定及时报告	是□　否□	符合□　不符合□
		4. 发现重大事故隐患,未及时报告	是□　否□	符合□　不符合□
		5. 重大事故隐患未处置或处置不当	是□　否□	符合□　不符合□
		6. 发生生产安全事故,迟报、漏报、谎报或瞒报	是□　否□	符合□　不符合□
现场作业安全管理	一般规定	1. 未对存在粉尘、有害物质、噪声、高温等职业危害因素的场所和岗位制定专项防控措施	是□　否□	符合□　不符合□
		2. 现场作业人员未遵守安全生产基本要求(无安全帽/工作鞋、酒后作业、危险源停留、高空抛物等)	是□　否□	符合□　不符合□
		3. 未提供安全防护用具,或作业人员未按规定使用安全防护用具	是□　否□	符合□　不符合□
		4. 对被查封或扣押的设施、设备、器材、危险物品和作业场所,擅自启封或使用的	是□　否□	符合□　不符合□
		5. 有(受)限空间作业未做到"先通风、再检测、后作业"或通风不足、检测不合格作业	是□　否□	符合□　不符合□
		6. 驻地设置在滑坡、泥石流、潮水、洪水、雪崩等危险区域;办公区、生活区和生产作业区未分开设置或安全距离不足	是□　否□	符合□　不符合□
	警示标识	1. 作业现场危险部位未设置安全警示标识	是□　否□	符合□　不符合□
		2. 未根据化学危险物品的种类、性能设置相应的通风、防火、防爆、防毒、监测、报警、降温、防潮、避雷、防静电、隔离操作等安全设施、警示标识	是□　否□	符合□　不符合□

续表 4-73

检查内容		安全违规行为描述	检查记录	结论
现场作业安全管理	设备管理	1. 未定期对设备、用具安全状况进行检查、检验、维修、保养	是□　否□	符合□　不符合□
		2. 未按规定运输、储存、使用、处置危险品/化学品(实验室应重点检查危化品的安全管理)	是□　否□	符合□　不符合□
	防护设置	1. 设备转动、传动的裸露部分,未安设防护装置	是□　否□	符合□　不符合□
		2. 作业场所危险出入口、井口、临边部位未设置警告标志或钢防护设施	是□　否□	符合□　不符合□
		3. 作业现场的临边、洞、孔、井、坑、升降口、漏斗口等危险处无防护,或防护体刚度、强度不符合要求	是□　否□	符合□　不符合□
	用电管理	1. 电气设施、线路和外电未按规范要求采取防护措施	是□　否□	符合□　不符合□
		2. 配电箱及开关箱安装使用不符合规程、规范要求	是□　否□	符合□　不符合□
		3. 未按规定设置接地系统	是□　否□	符合□　不符合□
		4. 现场及作业地点无足够照明	是□　否□	符合□　不符合□
		5. 临近带电体作业安全距离及防护措施不符合规范规定,如钻机等与架空输电线路安全距离不符合规定	是□　否□	符合□　不符合□
	交通	1. 交通频繁的施工道路、交叉路口、急弯陡坡未设置警示标识或信号指示灯	是□　否□	符合□　不符合□
	消防	1. 现场消防通道、防火安全距离等不符合规定	是□　否□	符合□　不符合□
		2. 未按规定配备消防器材和设备并定期检验检查,未及时更换过期器材	是□　否□	符合□　不符合□
		3. 未定期组织消防培训和演练		

续表 4-73

检查内容		安全违规行为描述	检查记录	结论
现场作业安全管理	高边坡	1. 高边坡、深基坑作业不符合规定,如无安全防护栏或防护网等措施	是□ 否□	符合□ 不符合□
		2. 高边坡未按规定进行边坡稳定检测,在高边坡滑坡地段或潜在滑坡地段冒险作业,交叉作业无防护措施	是□ 否□	符合□ 不符合□
	水上水下	1. 水上(下)作业无专项方案,无应急预案,救生设施配备不足	是□ 否□	符合□ 不符合□
		2. 水上(下)作业未设置可靠作业平台;临水、临边未设置安全防护栏杆和安全网等	是□ 否□	符合□ 不符合□
应急与事故管理		1. 未制定生产安全事故应急救援预案	是□ 否□	符合□ 不符合□
		2. 未按规定开展生产安全事故应急救援预案培训和演练	是□ 否□	符合□ 不符合□
		3. 未按规定配备应急救援、消防、联络通信等器材、设备,并定期维护保养	是□ 否□	符合□ 不符合□
		4. 未建立事故报告制度		
		5. 安全监测发现重大异常,影响工程安全,未按规定及时报告	是□ 否□	符合□ 不符合□
		6. 发现重大事故隐患,未及时报告	是□ 否□	符合□ 不符合□
		7. 重大事故隐患未处置或处置不当	是□ 否□	符合□ 不符合□
		8. 发生生产安全事故,迟报、漏报、谎报或瞒报	是□ 否□	符合□ 不符合□
安全档案管理		1. 未建立安全生产、安全防护用具、特种设备安全技术等档案或档案不符合规定	是□ 否□	符合□ 不符合□
		2. 各类安全检查等记录不全	是□ 否□	符合□ 不符合□
		3. 工伤保险和安全生产责任保险档案资料无归档	是□ 否□	符合□ 不符合□
检查人			被检查对象确认人	年 月 日

表 4-74　项目安全检查记录

编号：

项目名称						
专业负责人			项目安全员		项目计划工期	
项目作业人员：				项目聘请劳务人员：		
项目安全情况						
序号	项目	主要内容			情况说明	备注
1	现场制度	1.1　有无对项目危险源及安全隐患进行辨识并制定相应的安全生产措施				
		1.2　是否建立了地质气象灾害预警和安全防范措施				
		1.3　是否有车辆交通工具管理措施				
2	教育培训	2.1　是否对项目人员进行安全意识教育和安全交底				
		2.2　是否落实了对新职工、临时聘用员工进行"三级"安全教育				
3	合同保险	3.1　工程分承包是否已签订了分包合同,并明确了安全责任(包括安全生产、保密等)				
		3.2　租用的所有交通工具(汽车、船只)、设备、设施等,是否符合规定并签订了租赁合同,明确了安全风险责任				
		3.3　是否与聘用人员签订了劳动合同,并明示和明确了安全生产风险及责任				
		3.4　是否为临时聘用员工购买了人身意外保险				
4	资料台账	4.1　教育培训交底活动是否留下记录并签字确认				
		4.2　临时聘用员工人身意外保险名单及保单资料是否齐全				
		4.3　租赁车辆、船只、设备、设施清单及相关资料是否齐全				

续表 4-74

序号	项目	主要内容	情况说明	备注
5	环境卫生	5.1　工作及生活场所环境卫生状况是否整洁有序		
		5.2　办公区、生活区防滑、防坠落等安全措施是否有效		
		5.3　事故逃生通道指引标志是否完善、明确		
6	安全作业	6.1　项目人员是否按规定配发劳动防护用品,并根据测区具体情况添置必要的救生用品、药品、通信或特殊装备,并确保防护及装备的安全可靠性		
		6.2　仪器设备或交通工具是否按规定定时检修并规范使用		
		6.3　用电设备和电气线路周围是否留有足够的安全通道和工作空间		
		6.4　易燃易爆物品是否远离火源、电火花场所存放和保管		
		6.5　是否定期对安全防护设备、设施、警示标志等进行检查		
		6.6　厨房卫生、用电、用气安全是否符合规定		
		6.7　在人、车流量大的街道上是否穿戴有安全警示反光的马夹,设置安全警示标志牌(墩)		
		6.8　施工区或基坑地下作业人员是否佩戴防护帽、安全灯,身穿安全警示工作服		
		6.9　水上或水边作业时,是否穿戴救生衣以及注意收听预报,关注潮涨潮落时间		
7	其他			

检查人签名:　　　　　项目安全员签名:　　　　　记录时间:

4.2.14　科研试验

该项目标准分值为 15 分。《评审规程》对该项的要求如表 4-75 所示。

表 4-75 科研试验

二级评审项目	三级评审项目	标准分值	评分标准
4.2 作业安全（270分）	4.2.14 科研试验 科研试验项目的取样、模型建造、试验环境和设备运行管理、危化品管理、试验过程等作业活动按项目风险控制措施、相关规章制度及操作规程的规定实施，控制科研试验安全风险，无"三违"行为	15	科研试验作业活动不符合有关规定，存在"三违"行为，每项扣3分

科研试验项目的取样、模型建造、试验环境和设备运行管理、危化品管理、试验过程等作业活动按项目风险控制措施、相关规章制度及操作规程的规定实施，控制科研试验安全风险，无"三违"行为。

科研试验检查记录见表 4-73。

4.2.15 个体防护

该项目标准分值为 10 分。《评审规程》对该项的要求如表 4-76 所示。

表 4-76 个体防护

二级评审项目	三级评审项目	标准分值	评分标准
4.2 作业安全（270分）	4.2.15 个体防护 为从业人员配备与岗位安全风险相适应的、符合《个体防护装备选用规范》（GB/T 11651—2008）和《地质勘查安全防护与应急救生用品（用具）配备要求》（AQ 2049—2013）等相关规定的个体劳动防护用品，并监督、指导从业人员按照有关规定正确佩戴、使用、维护、保养和检查劳动防护装备与用品。同时为野外作业人员配备野外救生用品和野外特殊生活用品	10	现场作业人员劳动防护用品配备不足，每项扣2分； 现场作业人员个体防护不符合有关规定，每项扣2分； 现场作业人员未按要求佩戴、使用劳动防护用品，每人扣2分； 未对劳动防护用品进行检查维护，每项扣2分

为从业人员配备与岗位安全风险相适应的、符合 GB/T 11651—2008 和 AQ 2049—2013 等相关规定的个体劳动防护用品，并监督、指导从业人员按照有关规定正确佩戴、使用、维护、保养和检查劳动防护装备与用品。同时为野外作业人员配备野外救生用品和野外特殊生活用品。

工会等部门应对从业人员进行的劳动保护监督检查见表 4-77。

野外救生用品和野外特殊生活用品台账可参见案例 4-21。

表 4-77 劳动保护监督检查表

检查部门及场所：

检查项目	检查结果		改善措施及说明	处理结果
1. 安全教育和培训	□培训计划　□培训记录	□按期培训　□培训效果		
2. 劳动保护制度	□制定制度　□内容完整	□职责明确　□尚需完善		
3. 劳动保护措施	□制定措施　□是否实施	□尚需完善　□实施效果		
4. 劳动保护设施和工器具	□设施配备合理、完善　□工器具完好	□记录情况		
5. 工伤保险	□险种合理性　□办理记录	□办理覆盖面　□更新记录		
6. 劳动保护用品供应	□发放规定　□发放记录	□按规定发放　□满足程度		
7. 劳动保护用品使用	□佩戴规定　□检查人	□按规定佩戴　□检查记录		
8. 职工健康检查	□检查规定　□检查结果	□定期检查　□结果分析		
9. 休息休假制度	□制定制度　□是否实施	□内容完整		
10. 特殊工种职工健康检查	□特殊工种　□检查结果	□定期检查　□处置措施		
11. 职业病防治	□建立职业病档案　□医治情况	□调整岗位		
12. 女职工特殊待遇	□女职工规定　□落实效果	□按规定执行		
13. 工伤事故处理	□事件事故	□按规定处理		
14. 劳动保护和安全不符合的纠正和预防	□纠正措施制定　□整改落实	□明确责任　□整改效果		

检查人：　　　　　　　项目负责人：　　　　　　　时间：

❋❋❋❋❋❋❋❋❋❋❋❋❋❋❋❋❋❋❋❋❋❋❋❋❋❋❋❋❋❋❋❋❋❋❋

【案例 4-21】 野外救生用品和野外特殊生活用品台账。

野外救生用品和野外特殊生活用品台账见表 4-78。

编号：

野外救生用品和野外特殊生活用品台账

工程名称_____

×××公司

年　月　日启用

表 4-78　野外救生用品和野外特殊生活用品台账

项目名称											
序号	名称	单位	购置情况				领用情况			结余数量	备注
			数量	单价/元	金额/元	购置日期	数量	领用日期	领用人		

第　页,共　页

❋❋

4.2.16　班组安全活动

该项目标准分值为 10 分。《评审规程》对该项的要求如表 4-79 所示。

表 4-79　班组安全活动

二级评审项目	三级评审项目	标准分值	评分标准
4.2 作业安全（270 分）	4.2.16　班组安全活动 班组安全活动管理制度应明确岗位达标的内容和要求,开展安全生产和职业卫生教育培训、安全操作技能训练、岗位作业危险预知、作业现场隐患排查、事故分析等岗位达标活动,并做好记录。从业人员应熟练掌握本岗位安全职责、安全生产和职业卫生操作规程、安全风险及管控措施、防护用品使用、自救互救及应急处置措施	10	未以正式文件发布,扣 3 分; 未开展岗位达标活动,扣 10 分; 制度内容或岗位达标活动不符合要求,每处扣 2 分; 从业人员应掌握的内容不清楚,每人扣 2 分

班组安全活动管理制度应明确岗位达标的内容和要求,开展安全生产和职业卫生教育培训、安全操作技能训练、岗位作业危险预知、作业现场隐患排查、事故分析等岗位达标活动,并做好记录。从业人员应熟练掌握本岗位安全职责、安全生产和职业卫生操作规程、安全风险及管控措施、防护用品使用、自救互救及应急处置措施。

班组安全活动管理制度可参见案例 4-22。

班组安全活动记录可参见案例 4-23。

❋❋❋❋❋❋❋❋❋❋❋❋❋❋❋❋❋❋❋❋❋❋❋❋❋❋❋❋❋❋❋❋❋❋❋❋❋❋

【案例 4-22】 班组安全活动管理制度。

×××公司关于印发班组安全活动管理制度的通知

(××××安〔××××〕××号)

公司各部门、分公司、控(参)股公司：

为贯彻落实水利部、×××上级主管部门安全生产工作部署,进一步明确全员安全生产责任,现颁布公司班组安全活动管理制度,请各部门、各公司、各项目遵照执行。

附件:班组安全活动管理制度

×××公司
××××年××月××日

班组安全活动管理制度

一、目的

为确保测绘、地勘、监测等项目生产班组的日常安全教育,做到经常化、制度化、规范化,防止流于形式和"走过场",特制定本制度。

二、范围

班组安全活动的范围主要是指从事测绘、地勘、监测等从事外业生产的班组。

三、职责与分工

(1)各班组长是班组日常安全活动的负责人。

(2)专业负责人和班组所在部门领导是班组安全生产定期活动的负责人。

(3)部门综合办公室或部门安全管理人员负责班组安全活动的协调和监督。

四、内容与要求

(1)班组安全活动开展流程:

①由部门综合办公室结合公司安全生产实际,制定本部门年度班组安全活动计划,规定活动的形式、内容和要求。

②班组长应该按照规定和活动计划,按时开展班组安全活动。各班组所在部门领导应配合和帮助班组长开展日常的班组安全活动工作。

(2)班组安全活动的频率及对相关管理人员参与要求:

①班组安全活动每月宜进行 1 次,每次不少于 1 学时。

②安全管理人员和班组所在部门领导每季度或重大节日前宜参加 1 次班组安全活动。

③部门领导每季度或重大节日前宜参加 1 次班组安全活动。

④部门综合办公室每月宜检查一次班组安全活动记录。

(3)班组安全活动的形式:可采用学习、讨论、参观、观摩、竞赛等方式。

（4）班组安全活动内容：

①学习国家和政府的有关安全生产法律法规。

②学习有关安全生产文件、安全通报、安全生产规章制度、安全操作规程及安全技术知识。

③讨论、分析典型事故案例，总结和吸取事故教训。

④开展防火、防爆、防中毒及自我保护能力训练，以及异常情况紧急处理和应急演练。

⑤开展岗位安全技术练兵、比武等岗位达标活动。

⑥开展查隐患、反习惯性违章活动。

❈❈❈❈❈❈❈❈❈❈❈❈❈❈❈❈❈❈❈❈❈❈❈❈❈❈❈❈❈❈❈❈❈❈❈❈

【案例 4-23】　班组活动记录

班组活动记录见表 4-80。

班组活动记录本

部门（项目）名称：＿＿＿＿＿＿＿＿＿＿＿＿＿＿

共　　　册

第　　　册

××××有限公司

年　　　月启用

表 4-80　班组活动记录表

主题					
时间		地点		主持人	
参加人员 （签名）					
主要内容					
备注					

4.2.17　相关方管理制度

该项目标准分值为 3 分。《评审规程》对该项的要求如表 4-81 所示。

表 4-81　相关方管理制度

二级评审项目	三级评审项目	标准分值	评分标准
4.2　作业安全（270 分）	4.2.17　相关方管理制度 相关方(含分包、出租及劳务用工等供方)管理制度应包括与相关方的信息沟通、理解相关方的需求和期望,以及供方的资格预审、选择、作业人员培训、作业过程检查监督、提供的产品与服务、绩效评估、续用或退出等内容	3	未以正式文件发布,扣 3 分; 制度内容不全,每项扣 1 分; 制度内容不符合有关规定,每项扣 1 分

相关方(含分包、出租及劳务用工等供方)管理制度应包括与相关方的信息沟通、理解相关方的需求和期望,以及供方的资格预审、选择、作业人员培训、作业过程检查监督、提供的产品与服务、绩效评估、续用或退出等内容。

相关方管理制度可参见案例 4-24。

❋❋❋❋❋❋❋❋❋❋❋❋❋❋❋❋❋❋❋❋❋❋❋❋❋❋❋❋❋❋

【案例 4-24】　公司相关方管理制度。

××× 公司关于印发相关方管理制度的通知

(××××安〔××××〕××号)

公司各部门、分公司、控(参)股公司:

为贯彻落实水利部、××× 上级主管部门安全生产工作部署,进一步明确全员安全生产责任,现颁布公司相关方管理制度,请各部门、各公司、各项目遵照执行。

附件:公司相关方管理制度

××× 公司
××××年××月××日

公司相关方管理制度

第一条　公司相关方主要包括后勤基建施工作业、设备安装维修、消防电梯设备设施维保、物管食堂外委、废弃物处置;地勘、测绘等外业项目外委;租船租车、劳务用工;检查指导、来访参观、培训学习等外来人员等。

第二条　各相关部门(项目)负责与对应的相关方进行信息沟通,掌握相关方的需求和期望。

第三条　各相关业务部门(项目)负责与承包(揽)方进行管理对接。必须对承包(揽)方的合法性、技术水平和安全保证条件进行确认,审核相关承包(揽)方各类证件和资格、签订安全合同(协议),对承包(揽)方进行安全教育(或交底),向承包方介绍各项安全管理要求,对作业人员、作业过程进行监督检查等。

第四条　承包(揽)方作业前,必须落实方案,定人员、定安全措施、定制度,对全体作业人员进行全面安全教育和考核合格,配发劳保用品,特种作业人员必须持合格有效证作业,并须将相关材料备案至发包业务部门(项目)。

第五条　承包(揽)方作业期间,要严格按照既定方案和法律法规、标准规范各项要求作业,杜绝违章作业。

第六条　地勘、测绘外业外委合作。

(一)由公司《外委管理办法》指定的责任部门,负责对地勘、测绘外业外委及施工合作单位的营业执照、资质证书、安全生产许可证等进行资格审查,在签订分包合同的同时签订安全生产协议书。

(二)各勘察、测绘外业项目组,负责代表公司按照签订的安全生产协议书和相关法规规定对外委单位派驻现场的人员进行安全管理,加强安全教育培训、监督检查和指导,确保项目现场生产安全。

第七条　相关业务部门(项目)应在《外委管理办法》进行的质量、进度等评价基础上对承包(揽)方进行全面评价和定期再评价,包括相关方沟通、相关方需求和期望接受或采纳情况,供方经营许可和资质证明,专业能力,人员结构和素质,机具装备,技术、安全、作业管理的保证能力,业绩和信誉等,建立并及时更新合格相关方名录和档案。

第八条　各相关业务部门(项目)根据实际情况,负责通过供应链关系管理、沟通协调、施加影响等,促进相关方达到安全生产标准化要求。

第九条　出租及劳务用工管理。

(一)各部门、各工地需要租车,应选择有实力、有租车资质的单位租车,并签订租车合同,明确对方的安全生产责任。所租车辆应车况良好,证照齐全,并购买合适的第三方责任险。乘车前应检查车辆安全情况,并对司机进行安全教育。乘车系好安全带。

(二)租船应证照齐全,签订租船合同,明确对方的安全生产责任。乘船前应检查船舶安全情况及救生设施情况,并对船员进行安全教育。要制定相应的应急预案。

(三)项目劳务用工应签订合同,明确双方的权利和义务。上岗前应进行三级安全教育,并考核合格。对劳务用工人员购买人身意外险。

第十条 外来人员安全管理。

(一)外来人员主要指临时来公司或公司项目进行检查指导、来访参观、培训学习等人员。

(二)外来人员应由接待部门或项目现场人员进行必要的安全培训和风险提醒。

(三)外来人员应由接待部门或项目指定专人带领进入公司或项目相关场所。

4.2.18 相关方评价

该项目标准分值为 7 分。《评审规程》对该项的要求如表 4-82 所示。

表 4-82 相关方评价

二级评审项目	三级评审项目	标准分值	评分标准
4.2 作业安全 (270 分)	4.2.18 相关方评价 对相关方进行全面评价和定期再评价,包括相关方沟通、相关方需求和期望接受或采纳情况,供方经营许可和资质证明,专业能力,人员结构和素质,机具装备,技术、质量、安全、作业管理的保证能力,业绩和信誉,建立并及时更新合格相关方名录和档案	7	未对分包方进行评价和定期再评价,扣 7 分; 评价范围或内容不全,每项扣 1 分; 未建立或未及时更新合格分包方名录和档案,扣 2 分

对相关方进行全面评价和定期再评价,包括相关方沟通、相关方需求和期望接受或采纳情况,供方经营许可和资质证明,专业能力,人员结构和素质,机具装备,技术、质量、安全、作业管理的保证能力,业绩和信誉,建立并及时更新合格相关方名录和档案。

外委产品质量验证表见表 4-83。

分承包商评价记录表见表 4-84。

表 4-83 外委产品质量验证表

产品名称		合同编号	
分承包商名称			
验证项目			
合同要求		执行情况	
验证单位			

评价:

  1. 是否按要求如期交付足够数量的产品:□是   □否

  2. 产品质量是否符合规定要求:□是   □否

  3. 存在的问题:

结论:□接收   □退回

  编制: 审核: 核定:

    年   月   日   年   月   日   年   月   日

注:本表由专业负责人编制,审查人审核,部门总工程师核定。

表 4-84 分承包商评价记录表

编号：

分承包商名称	
外委项目及 合同编号	

评价意见：(各项评分按百分制评分)

　　1. 安全管理评分：

　　2. 成果质量评分：

　　3. 进度控制评分：

　　4. 过程服务评分：

　　5. 综合报价评分：

　　6. 垫资能力评分：

　　7. 其他意见：

专业负责人：	项目经理/部门负责人：	生产管理部门：
(初评)	(审核)	(审定)
年　月　日	年　月　日	年　月　日

4.2.19　相关方选择

该项目标准分值为 10 分。《评审规程》对该项的要求如表 4-85 所示。

表 4-85　相关方选择

二级评审项目	三级评审项目	标准分值	评分标准
4.2　作业安全 （270 分）	4.2.19　相关方选择 确认相关方具备相应资质和能力，按规定选择相关方；依法与相关方签订合同和安全管理协议，明确双方安全生产责任和义务	10	相关方不具备相应资质和能力，扣 10 分； 未签订安全管理协议，扣 10 分； 协议内容不全，每处扣 2 分

确认相关方具备相应资质和能力，按规定选择相关方；依法与相关方签订合同和安全管理协议，明确双方安全生产责任和义务。

项目常见的相关方是钻探外委。钻探外委安全管理协议可参见案例 4-25。

【案例 4-25】　钻探外委安全管理协议。

钻探外委安全管理协议

发包方：＿＿＿＿＿×××公司＿＿＿＿＿（简称甲方）

施工方：＿＿＿＿＿×××公司＿＿＿＿＿（简称乙方）

甲方将部分工程项目钻探施工劳务工作发包给乙方，为贯彻"安全第一、预防为主、综合治理"的安全生产方针，根据《中华人民共和国民法典》《中华人民共和国建筑法》《中华人民共和国安全生产法》和其他有关法律法规的规定，为明确双方安全生产责任，确保施工安全，双方协商一致，签订本协议。

第 1 条　甲、乙双方必须认真贯彻国家、省、市颁发的有关安全生产方针、政策，严格执行有关安全生产法律法规、法令、条例和安全工作规程及建筑施工安全管理规定，增强员工法制观念，提高员工安全生产意识、自我保护意识和自我保护技能，督促员工自觉遵守安全生产法规、纪律、制度。

第 2 条　甲方的责任和义务

2.1　甲方在正式钻探施工前会同乙方进行现场查勘，向乙方现场负责人及安全负责人介绍发包项目的安全生产规章的制度和安全生产要求，根据工程项目内容、特点进行安全技术交底，进行孔位标示，明确施工技术要求，并留下交底记录。

2.2　监督乙方安全生产制度的落实，协助乙方做好安全生产管理工作。

2.3 若项目钻探工作顺利完成,没有发生任何安全事故,应及时支付乙方安全生产、进度保证金(项目合同额的 20% 作为该项目的安全生产、进度保证金)。

第 3 条 乙方的责任和义务。

3.1 乙方应有安全管理制度,包括各工种的安全操作规程、特种作业人员的持证上岗与审查考核制度等,乙方参加施工人员要求身体健康、年龄必须年满 18 周岁且小于 55 周岁(特种作业人员年龄按国家相关文件规定执行),并为其人员购买意外保险,若乙方工人因自身健康问题发生意外事故,产生的一切赔偿由乙方负责。

3.2 乙方须给现场施工人员配置安全帽、劳保鞋、劳保手套等安全防护用具,水上作业时还须配置救生衣。现场施工人员必须穿戴合格的安全帽、劳保鞋,水上作业必须穿救生衣,上岗时严禁穿拖鞋、赤膊等。一经发现,甲方有权对乙方施工违章人员进行处罚。

3.3 乙方配置的现场工人须身体健康,且各项信息均符合工程地的防疫政策要求。出现疫情应及时处理,并通知甲方。

3.4 乙方应配置能满足施工需求的施工机械、工器具及安全防护用具,并定期进行检查,确保其满足安全生产和质量要求。

3.5 乙方在开工前,其施工人员应详细了解工程项目的作业环境、施工日期、各类安全措施情况及安全注意事项。

3.6 乙方应做好施工现场安全管理和文明生产,不得野蛮施工,应注意保护场地植被及环境,发生不安全情况应及时向甲方汇报。

3.7 乙方在施工期间必须严格遵守和执行甲方有关安全生产的规章制度,服从甲方的安全指挥及要求,自觉接受甲方的监督、检查和指导;对甲方查出的安全隐患和违章行为必须限时整改,并将整改情况通报甲方,接受甲方对施工违章人员的处罚;对不接受甲方监督检查或限期整改不达标的,甲方有权责令乙方暂停施工,直至撤销合同,由此造成的损失均由乙方承担。

3.8 乙方在勘探施工中,应注意避开地下设施(如地下管廊、水管、煤气管、电缆、光缆、网线等),乙方应贯彻交底要求;严禁在未征得甲方同意下擅自挪移孔位,出现不明情况时应立即告知甲方,严禁自行进一步施工或处理。

第 4 条 发生安全事故的处理与赔偿。

4.1 若安全事故因乙方未尽到责任或其他自身原因导致的,则事故责任及相应赔偿完全由乙方承担,并赔偿甲方损失。事故善后工作由乙方负责处理,甲方应配合乙方做好事故调查、处理工作。

4.2 由于乙方原因造成甲方或第三方安全事故损失的,若安全事故影响较小,赔偿金额未超过该项目的安全生产保证金的,则在项目合同款中进行补扣;若安全事故赔偿金超过该项目的安全生产保证金的,则在项目合同款中进行补扣;若安全事故影响较大,赔偿金超过该项目的合同款,甲方保留追溯的权利。

4.3 若钻探过程中出现地下管线及埋藏物损坏,乙方应及时通知甲方,并在事故发生后 8 h 内处理完毕。若存在置之不理或超时处理情况,每发生一起扣除 1 万元违约金。

第 5 条 施工区域范围内各类安全防护设施、遮拦、安全标志牌、警告牌等不得擅自拆除、变动。任何一方擅自拆除、变动所造成的后果,均由该方人员及其单位负责。

第 6 条　协议履行中,如有未尽事宜,需经双方协商并签订补充协议,所签订的补充协议与本协议具有同等法律效力。

甲方:＿＿＿＿＿＿×××公司＿＿＿＿＿　　乙方:＿＿＿＿＿＿×××公司＿＿＿＿＿

法定代表人或委托代理人:＿＿＿＿＿　　法定代表人或委托代理人:＿＿＿＿＿

日期:＿＿＿年＿＿＿月＿＿＿日　　日期:＿＿＿年＿＿＿月＿＿＿日

4.2.20　相关方促进

该项目标准分值为 5 分。《评审规程》对该项的要求如表 4-86 所示。

表 4-86　相关方促进

二级评审项目	三级评审项目	标准分值	评分标准
4.2　作业安全（270 分）	4.2.20　相关方促进 通过供应链关系管理、沟通协调、施加影响等,促进相关方达到安全生产标准化要求	5	未通过供应链关系促进相关方达到安全生产标准化要求,扣 2 分

通过供应链关系管理、沟通协调、施加影响等,促进相关方达到安全生产标准化要求。公司建立合格相关方名录文件,优胜劣汰,格式见表 4-87。

表 4-87　公司合格相关方名录文件

编号	名称	服务类别	地址	规模	所属行业	地区	评分	等级	合同总金额	录入人	录入时间
2022-137	×××公司	效果图制作	×××	小型	其他	珠江三角洲	××	A	××	×××	×××

4.3 职业健康

职业健康总分 30 分,三级评审项目有 11 项,分别是 4.3.1 管理制度(3 分)、4.3.2 工作环境和条件(3 分)、4.3.3 报警与应急(3 分)、4.3.4 防护设施及用品(3 分)、4.3.5 职业健康检查(3 分)、4.3.6 治疗及疗养(2 分)、4.3.7 职业危害告知(3 分)、4.3.8 警示教育与说明(2 分)、4.3.9 职业病申报(2 分)、4.3.10 检测(3 分)和 4.3.11 整改(3 分)。

4.3.1 管理制度

该项目标准分值为 3 分。《评审规程》对该项的要求如表 4-88 所示。

表 4-88 管理制度

二级评审项目	三级评审项目	标准分值	评分标准
4.3 职业健康 (30 分)	4.3.1 管理制度 职业健康管理制度应明确职业危害的管理职责,作业环境,"三同时",劳动防护品及职业病防护设施,职业健康检查与档案管理、职业危害告知,职业病申报,职业病治疗和康复,职业危害因素的辨识、监测、评价和控制等内容	3	未以正式文件发布,扣 3 分; 制度内容不全,每缺一项扣 1 分; 制度内容不符合有关规定,每项扣 1 分

职业健康管理制度应明确职业危害的管理职责,作业环境,"三同时",劳动防护品及职业病防护设施,职业健康检查与档案管理、职业危害告知,职业病申报,职业病治疗和康复,职业危害因素的辨识、监测、评价和控制等内容。

公司职业健康管理制度可参见案例 4-26。

❈❈❈❈❈❈❈❈❈❈❈❈❈❈❈❈❈❈❈❈❈❈❈❈❈❈❈❈❈❈❈❈❈❈❈

【案例 4-26】 公司职业健康管理制度。

×××公司关于印发职业健康管理制度的通知

(××××安[××××]××号)

公司各部门、分公司、控(参)股公司:

为贯彻落实水利部、×××上级主管部门安全生产工作部署,进一步明确全员安全生产责任,现颁布公司职业健康管理制度,请各部门、各公司、各项目遵照执行。

附件:公司职业健康管理制度

×××公司

××××年××月××日

公司职业健康管理制度

第一条　目的和范围

为了规范公司职业健康检查工作,加强职业健康监护管理,保护本公司员工的职业健康,根据有关法规,特制定本制度。

该制度适用于本公司员工的职业健康管理。

第二条　职责

(一)安全生产管理部门

1. 负责组织公司员工定期体检,建立职工健康档案及日常管理。

2. 负责督促用人部门对工作中负伤、生病的员工及时实施救护。

3. 负责协调有关专业部门对公司职业危害等危害、危险因素进行辨识,并提出包括配备必须的个人保护用品在内的相关管控措施、方案,负责对公司内流行性传染病的预防管控及统计、报告。

4. 负责安全生产和职业健康教育归口管理。

5. 负责建立劳动保护用品管理制度并督促执行。

(二)人力资源管理部门

1. 负责对身体状况不适宜工作岗位的员工进行岗位调整或部门间协调。

2. 对新入职员工开展岗前培训,提示安全风险(职业病危害情况)、充实安全知识、强化安全防范。

3. 负责对入职、离职员工与岗位职业危害因素相关体检结果的管理。

(三)后勤综合服务部门

1. 负责办公楼及周围环境卫生整治。

2. 负责员工工作餐饮的卫生防疫管理。

3. 负责组织实施公司内流行性传染病的预防及救治。

4. 负责职工活动中心后勤保障服务。

5. 负责公司劳动保护用品、用具的定制、采购和发放等归口管理。

(四)外业及工地场所负责部门

1. 负责识别外业现场可能的职业危害因素,并根据影响程度制定相关管理方案。

2. 负责外业现场员工、外包单位人员的职业健康管理。

3. 负责外业现场工作餐饮的卫生防疫管理工作。

4. 负责落实、确保现场安全防护设施、防护用品、用具与进驻现场作业同时配置、同时使用。

(五)职业健康安全事务代表

1. 参与公司职业健康安全重大问题决策,在公司职业健康安全事务上享有代表权。

2. 根据公司安全生产情况,参与定期与不定期的安全检查。

3. 参与职业健康安全目标及管理方案的提案和制定。

4. 参与职业健康安全方面的协商与交流。

5. 收集职业健康安全方面的合理化的建议、意见。

6. 参与事故调查和处理。

7. 参与职业健康安全的其他事务。

第三条　工作程序与要求

（一）公司各部门和项目严禁使用童工，对于未成年工（年满 16~18 周岁）的使用必须在法定的体力和禁忌许可范围内。

（二）公司办公综合管理部门组织开展安全教育和心理健康讲座，保障员工身心健康。

（三）公司人力资源管理部门负责员工进入公司前的体检，办公综合管理部门负责员工年度定期体检，并建立员工职业健康监护档案。

1. 进入公司前的体检

（1）一般体检：对新招聘人员要求提供符合其岗位的近期（半年内）体检结果，必要时公司组织进行体检。

（2）特殊健康检查：对所招聘员工拟从事具有特殊作业环境因素岗位的，根据国家职业病危害因素分类目录安排进行与作业环境因素的性质相一致的特殊健康检查，并根据特殊健康检查结果确定其是否适合该岗位。

2. 员工定期体检

（1）一般体检：对全体员工进行每年一次的一般体检，以便发现疾病及时治疗，保障员工身体健康；对女工妇科疾病检查结合一般体检进行，督促女工及时治疗妇科疾病。

（2）特殊健康检查：除对国家职业病危害因素分类目录所属的职业危害岗位的员工进行前项的一般体检外，还须实施一年一次的与职业危害岗位性质相适应的专门体检。根据公司员工实际情况，可增加普遍需要的体检项目。

3. 健康复查

对检查结果显示身体健康状况存在问题的员工，督促其进行健康复查。

（1）对一般健康检查发现身体健康状况存在问题的员工，及时告知员工本人，并督促其按医疗保险管理办法进行复查。

（2）对特殊健康检查结果异常者，如属于国家职业病危害因素分类目录所确定的岗位，组织复查。

4. 安全生产管理部门负责保管由体检单位提供的年度公司员工体检汇总结果，除非公司需要，不得向其他人员公开。员工个人保存本人的体检报告。对被确定为在本公司服务期内患有职业病者，进行跟踪并做好病史记录，对其发生的相关医疗就诊费用，将根据有关法律法规执行。

（四）工伤处理及职业病申报

1. 员工发生工伤按公司相关应急方案处理。

2. 工伤和职业病按国家相关规定进行申报和认定。

3. 工伤的治疗期和恢复期由指定医院确定。

4. 员工在工伤治疗期内享受正常出勤待遇，在恢复期内按病假处理。

5. 员工在恢复期内所属部门负责人应安排其力所能及的工作。

6. 工伤发生的相关医疗就诊费按相关规定执行。

7. 若员工在工作时患急诊，安排就近医院、医务室进行应急处理。

8.员工因公司工作导致罹患职业病的,依法享受认定等别的工伤保险等待遇。

（五）食品卫生和环境卫生

1.后勤综合服务部门负责员工公司本部午餐餐饮的卫生防疫工作的管理工作。

2.各有关部门、项目工地或外业现场负责人负责工地现场的餐饮卫生防疫管理工作。

3.公司本部发生食物中毒事故事件,启动应急预案;由后勤综合服务部门、办公综合管理部门组织协调各方处理事故。

项目工地或外业现场发生食物中毒事故事件,启动应急预案;由责任部门、安全生产管理部门、生产管理部门组织协调各方处理事故。

4.安全生产管理部门或各项目工地或外业现场负责部门应对食堂等就餐场所卫生防疫工作的管理和现场情况进行监督检查,发现问题按《事故、事件、不符合纠正与预防措施管理程序》进行。

5.后勤综合服务部门负责公司办公楼、周围环境卫生,以及除灭蚊、虫、鼠、蟑螂等"四害"工作。

第四条 成文信息

《事件、事故、不合格及纠正措施控制程序》。

第五条 说明

在安全生产标准化执行过程中,有关职业健康管理内容如有与公司质量、职业健康安全、环境管理体系职业健康管理规定有冲突的,以本制度为准。

第六条 附录

员工职业健康监护档案由办公综合管理部门保存,期限至员工退休后三年。

4.3.2 工作环境和条件

该项目标准分值为3分。《评审规程》对该项的要求如表4-89所示。

表4-89 工作环境和条件

二级评审项目	三级评审项目	标准分值	评分标准
4.3 职业健康（30分）	4.3.2 工作环境和条件 按相关要求为从业人员提供符合职业健康要求的工作环境和条件,应确保使用有毒、有害物品的作业场所与生活区、辅助生产区分开,作业场所不应住人;将有害作业与无害作业分开,高毒工作场所与其他工作场所隔离	3	工作环境和条件不符合有关规定,每项扣1分; 作业场所住人,每人扣1分; 有害作业与无害作业未分开,每处扣2分; 高毒工作场所与其他工作场所未有效隔离,每处扣2分

按相关要求为从业人员提供符合职业健康要求的工作环境和条件,应确保使用有毒、有害物品的作业场所与生活区、辅助生产区分开,作业场所不应住人;将有害作业与无害作业分开,高毒工作场所与其他工作场所隔离。

工作环境和条件检查表见表4-90。

表 4-90 工作环境和条件检查表

项目(场所)：   日期：   年   月   日

检查项目	检查结果		异常说明	处理结果
	正常	异常		
有毒、有害物品的作业场所与生活区、辅助生产区分开				
有毒、有害物品的作业场所不住人				
有害作业与无害作业分开				
高毒工作场所与其他场所隔开				
用电设备的安全防护装置完好，照明充足；用电线路无破损、裸露，接触良好				
住宿物品摆放整齐，卫生干净、整洁清洁；垃圾及时清理，不遗留火种				
住处不存放易燃易爆物和大量可燃物				
住处消防通道、安全出口畅通				
灭火器完好、有效、清洁，放置符合要求				
各类墙体无开裂、变形现象；装饰层、装饰物无脱落的可能				
其他				
填表说明：检查情况正常时打"√"，异常时打"×"，并在异常说明栏说明情况				

检查人：   负责人：

4.3.3　报警与应急

该项目标准分值为 3 分。《评审规程》对该项的要求如表 4-91 所示。

表 4-91　报警与应急

二级评审项目	三级评审项目	标准分值	评分标准
4.3　职业健康（30 分）	4.3.3　报警与应急 在可能发生急性职业危害的有毒、有害工作场所,设置检测、报警装置,制定应急处置方案,现场配置急救用品、设备,并设置应急撤离通道	3	检测、报警装置设置不全,每少一处扣 1 分; 检测、报警装置不能正常工作,每处扣 1 分; 无应急处置方案,扣 2 分; 急救用品、设备、应急撤离通道设置不全,每处扣 1 分

在可能发生急性职业危害的有毒、有害工作场所,设置检测、报警装置,制定应急处置方案,现场配置急救用品、设备,并设置应急撤离通道。

应急处置方案可参见案例 4-27。

【案例 4-27】　应急处置方案。

集体登山活动应急处置方案

1　目的

××××年××月××日公司组织集体登山活动,为防范活动过程发生意外事故,保障职工的生命安全,特制定本方案。

2　适用范围

本方案适用于××××年××月××日公司组织员工前往×××山国家森林公园进行集体登山期间发生意外事故的应急处理。

3　职责

3.1　公司工会主席负责对本次外出活动意外事故应急处理的总协调和总指挥。

3.2　工会办公室负责意外事故应急及善后处理具体工作。其职责如下:

(1)组织制定、实施集体外出活动意外事故应急处置方案。

(2)负责制定活动方案、安全预防措施及后勤保障工作。

(3)负责事故应急处置相关知识的宣传、培训。

(4)组织事故调查和处理。

4　危险源辨识、预防与处置措施

4.1　危险源辨识和评价

通过对危险源的辨识和评价,本次活动的主要危险源如下:

(1)坠湖或摔伤。

（2）人员失踪。

（3）食物中毒。

（4）交通事故。

4.2 预防措施和主要监控点

4.2.1 成立事故救援组，负责活动的安全救援工作。

4.2.2 配备安全员。

4.2.3 配备联系手机、应急交通车辆及相应的应急药物。

4.2.4 活动前进行安全宣传。

一是在公司网页上发布登山活动补充通知，提醒登山注意事项，特别是不要太过靠近湖边，以防坠湖溺水；

二是在公司网页上发布本方案，提醒登山人员及相关人员做好预防措施以及发生意外的应急处置响应；

三是通过登山导游提醒注意事项。

4.3 应急处置

4.3.1 发生坠湖和摔伤事故时：

（1）发现事故的"现场员工"应在力所能及的范围内协助施救，包括迅速打电话通知事故救援组有关人员或拨打 120。

（2）事故救援组接到通知后，应一边迅速赶赴现场，一边通知小组其他人员。

（3）现场人员或到达现场救援人员应视事故严重程度，立即将伤员撤离危险地带，必要时护送至就近医院救治。

（4）必要时，划定危险区域范围，并设置明显警示标志，防止其他人员进入危险区域。

4.3.2 发生人员失踪时，事故救援组负责人及时报告相关领导和组织报警及相关搜救工作。

4.3.3 发生食物中毒事故时：

（1）事故救援组接报后应立即赶赴现场处理，视严重程度，将中毒人员护送至就近医院救治。

（2）立即取食物样品送医院检验，对症治疗。

4.3.4 发生交通事故时：

（1）事故救援组接报后立即赶赴现场对受伤人员施救，视事故严重程度，立即将伤员护送至就近医院救治和组织报警。

（2）立即根据现场情况划定事故现场危险区域范围，并设置明显警示标志，防止其他人员和车辆进入危险区域。

5 事故救援组

5.1 事故救援组

组长：×××

成员：×××、×××、应急交通车辆司机

5.2 应急救援联系电话

（1）×××：×××××××××××。

（2）×××：×××××××××××。

（3）×××：×××××××××××。

（4）×××：×××××××××××。

（5）就近医院：×××医院，电话：××××-××××××××。

　　　　　救援应急：××××-××××××××。

（6）报警电话：治安、交通 110，抢救 120。

6　事故调查处理

6.1　按《关于印发×××公司生产安全事故综合应急预案的通知》（×××办〔××××〕××号）进行事故报告和调查处理。

6.2　根据事故发生的情况进行事故分析，总结经验教训，组织对全体员工的安全教育，提高安全意识，做好防范，防止类似事故发生。

7　附录

溺水事故应急措施。

7.1　有人溺水过程中：

1. 不慎落水，不要惊慌，要立即屏住呼吸，踢掉双鞋，然后放松肢体，千万不要手脚乱蹬、拼命挣扎，以减少水草缠绕，节省体力。尽可能地保持仰位，使头部后仰，使鼻部可露出水面呼吸，呼吸时尽量用嘴吸气、用鼻呼气，以防呛水。千万不要试图将整个头部伸出水面，这是一个致命的错误。

2. 若未受过专业救人的训练或未领有救生证的人，切记不要轻易下水救人。会游泳并不代表会救人。在岸边的人员，最好的救援方式是丢绑绳索的救生圈或长杆类的东西（就地取材，树木、树藤、枝干、木块、矿泉水瓶等都可利用来救人）。记得拨打救援电话求助。

3. 水中救人四条法则。

（1）不要从正面去救援，否则会被溺水者抱住，让救援者也无法游动，导致双方下沉。

（2）要从溺水者后方进行救援。用一只手从其腋下插入握住其对侧的手，也可以托住其头部，用仰游方式将其拖至岸边。拖带溺水者的关健是让他的头部露出水面。

（3）如果溺水者很兴奋，无法绕到其身后，可将溺水者打晕再救。

（4）不要盲目下水救人，尤其是水性不好的人，可在岸上将绳子、长杆、木板等投向溺水者，使其抓住，然后拖向岸边，与此同时，大声呼救。

7.2　岸上抢救

1. 应迅速帮溺水者清除口腔、鼻咽部异物。然后放低溺水者的头部，并拍打其背部，让进入呼吸道和肺中的水流出。若溺水者的口唇青紫明显，神志不清，应立即进行人工呼吸和胸外按压（千万不要放弃人工呼吸），直到专业急救人员到达现场。

2. 及时拨打急救电话，用救护车送医院治疗。

编写：×××　　　　　　审查：×××　　　　　　批准：×××

时间：××××年××月××日　　时间：××××年××月××日　　时间：××××年××月××日

4.3.4　防护设施及用品

该项目标准分值为 3 分。《评审规程》对该项的要求如表 4-92 所示。

表 4-92　防护设施及用品

二级评审项目	三级评审项目	标准分值	评分标准
4.3　职业健康（30 分）	4.3.4　防护设施及用品 产生职业病危害的工作场所应设置相应的满足要求的职业病防护设施，为从业人员提供适用的职业病防护用品，并指导和监督从业人员正确佩戴和使用。 各种防护用品、器具定点存放在安全、便于取用的地方，建立台账，指定专人负责保管防护器具，并定期校验和维护，确保其处于正常状态	3	产生职业病危害的工作场所未设置职业病防护设施，每处扣 1 分； 未配备适用的劳动防护用品，每人扣 1 分； 未按规定正确佩戴劳动防护用品，每人扣 1 分； 防护用品、器具存放不符合规定，每处扣 1 分； 未建立台账，扣 1 分； 未指定专人保管，扣 1 分； 未定期校验和维护，每项扣 1 分

产生职业病危害的工作场所应设置相应的满足要求的职业病防护设施，为从业人员提供适用的职业病防护用品，并指导和监督从业人员正确佩戴和使用。

各种防护用品、器具定点存放在安全、便于取用的地方，建立台账，指定专人负责保管防护器具，并定期校验和维护，确保其处于正常状态。

部分防护设施及防护用品如图 4-8~图 4-11 所示。

图 4-8　用电设备外围设有防护网

图 4-9　住处蚊帐

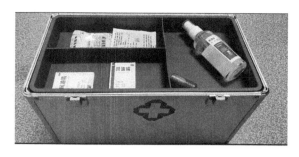

图 4-10　应急药箱

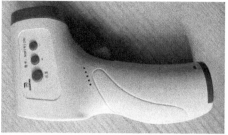

图 4-11　测温枪

4.3.5　职业健康检查

该项目标准分值为 3 分。《评审规程》对该项的要求如表 4-93 所示。

表 4-93　职业健康检查

二级评审项目	三级评审项目	标准分值	评分标准
4.3　职业健康（30 分）	4.3.5　职业健康检查 对从事接触职业病危害的作业人员应按规定组织上岗前、在岗期间和离岗时的职业健康检查,建立健全职业卫生档案和员工健康监护档案	3	职业健康检查不符合有关规定,每人次扣 1 分; 职业卫生档案不全,扣 1 分; 健康监护档案不全,每少 1 人扣 1 分

对从事接触职业病危害的作业人员应按规定组织上岗前、在岗期间和离岗时的职业健康检查,建立健全职业卫生档案和员工健康监护档案。

职业卫生档案可参见案例 4-28。

❈❈❈❈❈❈❈❈❈❈❈❈❈❈❈❈❈❈❈❈❈❈❈❈❈❈❈❈❈❈❈❈❈

【案例 4-28】　职业危害管理登记档案(见表 4-94)。

表 4-94　职业危害管理登记表

序号	场所(岗位)	危害种类	职业病种类	检测情况	接触人	备注

续表 4-94

序号	场所(岗位)	危害种类	职业病种类	检测情况	接触人	备注

注:对从事职业病危害的作业人员应按规定组织上岗前、在岗期间和离岗时的职业健康检查。

4.3.6　治疗及疗养

该项目标准分值为 2 分。《评审规程》对该项的要求如表 4-95 所示。

表 4-95　治疗及疗养

二级评审项目	三级评审项目	标准分值	评分标准
4.3　职业健康(30 分)	4.3.6　治疗及疗养 按规定给予职业病患者及时的治疗、疗养;患有职业禁忌症的员工,应及时调整到合适岗位	2	职业病患者未得到及时治疗、疗养,每人扣 1 分; 患有职业禁忌症的员工未及时调整到合适岗位,每人扣 1 分

按规定给予职业病患者及时的治疗、疗养;患有职业禁忌症的员工,应及时调整到合适岗位。

职业病患者治疗、康复和定期检查记录见表 4-96。

表 4-96　职业病患者治疗、康复和定期检查记录

姓名	性别	年龄	身份证号	项目			起止日期	诊断结论	需要说明事项	患者签字确认
				治疗	康复	定期检查				

续表 4-96

姓名	性别	年龄	身份证号	项目			起止日期	诊断结论	需要说明事项	患者签字确认
				治疗	康复	定期检查				

注：附上职业病诊断证明书、职业病诊断鉴定书等。

4.3.7　职业危害告知

该项目标准分值为 3 分。《评审规程》对该项的要求如表 4-97 所示。

表 4-97　职业危害告知

二级评审项目	三级评审项目	标准分值	评分标准
4.3　职业健康（30 分）	4.3.7　职业危害告知 与从业人员订立劳动合同时，应告知并在劳动合同中写明工作过程中可能产生的职业病危害及其后果和防护措施。 应当关注从业人员的身体、心理状况和行为习惯，加强对从业人员的心理疏导、精神慰藉，严格落实岗位安全生产责任，防范从业人员行为异常导致事故发生	3	未如实告知相关内容，每人扣 1 分； 告知内容不全，每处扣 1 分； 未关注从业人员的身体、心理状况和行为习惯，未对从业人员进行心理疏导、精神慰藉，出现从业人员行为异常的，扣 3 分

与从业人员订立劳动合同时，应告知并在劳动合同中写明工作过程中可能产生的职业病危害及其后果和防护措施。

应当关注从业人员的身体、心理状况和行为习惯，加强对从业人员的心理疏导、精神慰藉，严格落实岗位安全生产责任，防范从业人员行为异常导致事故发生。

职业危害告知书见表 4-98。

表 4-98　职业危害告知书

时间		地点		告知人	
被告知人(签名)					
主要内容(含安全规定、可能接触到的危险有害因素、职业病危害防护措施、应急知识等)					
备注					

4.3.8　警示教育与说明

该项目标准分值为 2 分。《评审规程》对该项的要求如表 4-99 所示。

表 4-99　警示教育与说明

二级评审项目	三级评审项目	标准分值	评分标准
4.3　职业健康（30 分）	4.3.8　警示教育与说明 对接触严重职业危害的作业人员进行警示教育,使其了解作业过程中的职业危害、预防和应急处理措施;在严重职业危害的作业岗位,设置警示标识和警示说明,警示说明应载明职业危害的种类、后果、预防以及应急救治措施	2	教育培训不全,每少 1 人扣 1 分; 作业人员不清楚职业危害、预防和应急处理措施,每人扣 1 分; 未设置警示标识和警示说明,每处扣 1 分; 警示标识和警示说明不符合要求,每处扣 1 分

对接触严重职业危害的作业人员进行警示教育,使其了解作业过程中的职业危害、预防和应急处理措施;在严重职业危害的作业岗位,设置警示标识和警示说明,警示说明应载明职业危害的种类、后果、预防以及应急救治措施。

严重职业危害培训表见表 4-100。

表 4-100　严重职业危害培训表

培训部门		主讲人		记录整理人	
培训时间		地点		学时	
参加培训人员(签名)					
主要内容(工作过程中的职业危害、预防和应急处理措施)					
备注					

4.3.9　职业病申报

该项目标准分值为 2 分。《评审规程》对该项的要求如表 4-101 所示。

表 4-101　职业病申报

二级评审项目	三级评审项目	标准分值	评分标准
4.3　职业健康（30 分）	4.3.9　职业病申报 工作场所存在职业病目录所列职业病的危害因素,应按规定通过"职业病危害项目申报系统"及时、如实向所在地有关部门申报职业病危害项目,并及时更新信息	2	未按规定申报,扣 1 分; 申报材料内容不全,每项扣 1 分; 发生变化未及时补报,每项扣 1 分

工作场所存在职业病目录所列职业病的危害因素,应按规定通过"职业病危害项目申报系统"及时、如实向所在地有关部门申报职业病危害项目,并及时更新信息。

职业病危害项目申报表见表 4-102。

表 4-102　职业病危害项目申报表

单位:(盖章)　　　　　　主要负责人:　　　　　　日期:

申报类别	初次申报□　变更申报□		变更原因		
单位注册地址			工作场所地址		
企业类型	大□ 中□ 小□ 微□		行业分类		
法定代表人			联系电话		
职业卫生管理机构	有□　　无□		职业卫生管理人员数	专职	
				兼职	
劳动者总人数			职业病累计人数		
职业病危害因素种类	粉尘类:有□ 无□	接触人数		接触职业病危害总人数:	
	化学物质类:有□　无□				
	物理因素类:有□　无□				
	放射性物质类:有□ 无□				
	其他:有□　无□				

续表 4-102

	作业场所名称	职业病危害因素名称	接触人数(可重复)	接触职业病危害人数(不重复)
职业病危害因素分布情况				
	合计			

填表说明：

1. "申报类别"指初次申报还是变更申报。如是变更申报,需要填写"变更原因"。

2. "单位注册地址"指单位工商注册的地址。

3. "工作场所地址"指用人单位从事职业活动的地点。

4. "法定代表人"不具备法人资格的企业、个人经济组织等用人单位,填写单位负责人。

5. "企业类型"按国家统计局关于印发统计大、中、小、微型企业划分办法的通知(国统〔2011〕75号)的要求填写。

6. "行业分类"按《国民经济行业分类和代码》(GB/T 4754—2002)填报。

7. "劳动者总人数""职业病累计人数"等需要填写数字的栏目,数据统计范围为截至目前。

8. "职业病危害因素种类"接触人数按粉尘类、化学物质类、物理因素类、放射性物质类、其他 5 类分别填写,此栏目由计算机自动生成,网上申报可以不填;如仅纸质申报,应分类填写。

9. "接触职业病危害总人数"指目前接触各种职业危害的人数,此栏目由计算机自动生成,网上申报不填;如仅纸质申报,应填写。

10. "职业病危害因素分布情况"按作业场所分别填报,"职业病危害因素名称"依据《职业病危害因素分类目录》规定填写,"接触人数(可重复)"指实际接触该职业病危害因素的人数。

11. "接触职业病危害人数(不重复)"指该作业场所实际接触所有职业病危害因素的人数,由于一个人可能接触多种职业病危害因素,不能按职业病危害因素简单相加,为方便起见,可采用工作场所内在岗职工人数减去不接触职业危害人数的简单计算方式填报。

4.3.10　检测

该项目标准分值为 3 分。《评审规程》对该项的要求如表 4-103 所示。

表4-103　检测

二级评审项目	三级评审项目	标准分值	评分标准
4.3　职业健康（30分）	4.3.10　检测 按相关规定制定职业危害场所检测计划,定期对职业危害场所进行检测,并将检测结果存档	3	未制定检测计划,扣2分; 　未定期检测,每少一次扣1分; 　检测结果未存档,每少一次扣1分

按相关规定制定职业危害场所检测计划,定期对职业危害场所进行检测,并将检测结果存档。

检测结果告知牌见表4-104。

公司职业危害场所危害因素检测计划可参见案例4-29。

公司职业危害场所危害因素检测报告可参见案例4-30。

公司职业病危害防治制度公告可参见案例4-31。

表4-104　检测结果告知牌

场所	检测地点	有害因素	检测结果	职业卫生标准	结果判断

【案例4-29】　公司职业危害场所危害因素检测计划。

公司职业危害场所危害因素检测计划

1　目的

为提高对工作场所职业病危害相关因素的识别能力,有效控制工作场所职业病危害因素的浓度(强度),确保其符合国家职业接触限值要求,以达到控制职业病危害风险的目的,特制定本制度。

2　主要内容与适用范围

(1)职业卫生管理部门职责、职业危害识别检测和整改处理,职业危害因素定期监督检测。

(2)本制度适用于公司各部门。

3 引用法规

(1)《中华人民共和国安全生产法》(2021 年 6 月 10 日修正)。

(2)《中华人民共和国职业病防治法》(2018 年 12 月 29 日修正)。

(3)《职业病危害因素分类目录》(国卫疾控发〔2015〕92 号)等法规标准。

4 职责

(1)安全生产管理部门负责指导和管理职业病危害因素的识别和检测工作。

(2)协助部门为后勤综合服务部门、生产管理部门、党群工作部门、人力资源管理部门、科技质量管理部门及各个生产部门。

5 职业病危害因素识别方法

(1)根据作业流程和使用的物品性质来识别有害成分。

(2)根据生产设备运行过程中产生的有害成分进行识别。

(3)通过委托职业卫生技术服务机构对工作场所职业病危害因素进行检测来识别。

(4)查阅文献资料、类比同行业进行识别。

6 识别后的处理

(1)检查识别出的职业病危害项目及时向职业卫生行政管理部门申报,如未申报应及时申报或补充申报,并保留申报回执。

(2)发现有利于保护劳动者健康的新技术、新工艺、新材料时,及时向公司主管领导汇报,申请逐步替代现有职业病危害严重的技术、工艺、材料。

(3)发现存在《职业病危害因素分类目录》里存在的危险因素,或者经常发生职业病事故的高危险化学品时,检索有无低毒或无毒的替代品。若有低毒或无毒的替代品,及时上报公司领导,申请替代;若无,应当及时上报公司领导,申请通过工程控制(如加强防护设施)、行政(如减少接触时间)、加强个人防护等途径来预防职业病危害事故的发生。

7 检测项目的确定

(1)参照《职业病危害因素分类目录》,根据工作场所中存在的职业病危害因素确定检测项目。

(2)若工作场所中存在《职业病危害因素分类目录》所列出的项目,或工作场所中存在应作为职业病危害因素检测的重点项目。

(3)检测项目经所委托的检测机构现场调查确认。

8 检测机构的确定

应委托具有职业卫生技术服务资质的机构对工作场所进行职业病危害识别、风险评估及检测。

9 检测周期的确定

(1)按照《职业病危害因素分类目录》所列出的项目每年检测一次。

(2)其他职业病危害因素,每年至少检测一次。

(3)对检测结果有不符合职业接触限值(国家职业卫生标准)的情况下,必须按卫生监督部门规定的期限进行整改,直至检测合格。

10 检测结果的记录、报告和公示

(1)安全生产管理部门应建立检测结果档案。

（2）每次检测结果应及时上报公司主管领导及所在地职业卫生行政管理部门。

（3）每次检测结果应及时公示。公示地点为检测点及人员较集中的公共场所（如食堂）。公示内容包括检测地点、检测日期、检测项目、检测结果、职业接触限值、评论等。

11　检测费用列入安全措施职工经费开支。

12　安全生产管理部门负责对职业病危害因素识别和检测情况的检查，发现问题，提出整改意见，并监督整改。

13　附则

（1）本制度未尽事宜宜按国家和上级规定执行。

（2）本制度如与国家法律法规冲突，以国家法律法规为准。

（3）本制度解释权归安全生产管理部门。

（4）本制度自下发之日起生效执行。

【案例4-30】　公司职业危害场所危害因素检测报告。

公司职业危害场所危害因素检测报告

委托单位：

工程名称：

工程地点：

报告总页数：

检测项目：

检测日期：

报告日期：

报告编号：

检测单位

年　　月　　日

×××

检测报告

检测人员：　　　　　　　　　上岗证号：

报告编写：　　　　　　　　　上岗证号：

校　　核：　　　　　　　　　上岗证号：

审　　查：　　　　　　　　　上岗证号：

批　　准：

注意事项：

1. 报告未加盖本单位"检测报告专用章"无效。

2. 报告无试验人、审核人、批准人签名无效。

3. 报告发生涂改、换页或剪贴无效。

4. 未经本单位书面批准，不得部分复制报告（完整复制除外）；复印报告未重新加盖"检测报告专用章"无效。

5. 为保护您的合法权益，请在收到本单位所出具报告 5 个工作日后，到本单位网站（××××××××××）进行查询。您只需输入报告编号或者报告查询号，即可进行查询并确认；若查无此报告，请及时致电我单位，我单位将有专人为您提供相关信息。联系电话：××××××××××。

检测单位：

年　　月　　日

报告目录

❀❀❀❀❀❀❀❀❀❀❀❀❀❀❀❀❀❀❀❀❀❀❀❀❀❀❀❀❀❀

【案例4-31】　公司职业病危害防治制度公告。

公司职业病危害防治制度公告

1　职业病的含义

　　职业病是指企业、事业单位和个体经济组织的劳动者在职业活动中,因接触粉尘、放射性物质和其他有毒、有害因素等因素而引起的疾病。构成职业病必须具备4个条件:①患病主体是企业、事业单位或个体经济组织的劳动者;②必须是在从事职业活动的过程中产生的;③必须是因接触粉尘、放射性物质和其他有毒、有害物质等职业病危害因素引起的;④必须是国家公布的职业病分类和目录所列的职业病。

2　职业卫生管理制度

2.1　目的

　　本制度规定了职业卫生和职业病管理的主要内容及职业病的诊断、治疗和报告。

2.2　范围

　　本制度适用于职业卫生和职业病的管理。

2.3　职业卫生管理

　　(1)员工上岗前,应对其进行职业性健康检查,经检查合格后方可安排从事有关作业,同时建立健康档案。

　　(2)对从事有职业危害因素作业的员工根据从事的岗位检测报告的危害程度定期安排身体检查,按有关规定要求每年体检一次。

　　(3)对有职业危害因素的作业场所选择有代表性的作业点,定期监测。如发现超标,应查明原因,提出治理意见。

　　(4)员工按规定接受职业性健康检查所占有的生产时间,按正常出勤处理。

2.4　预防与防护

（1）员工上岗前应接受职业卫生培训,在岗期间每年进行培训,提高员工防护意识和技能。

（2）新建、改建、扩建工程项目(含技术改造、技术引进项目),应执行《建设项目职业病危害分类管理办法》和《建设项目职业卫生审查规定》,严格履行建设项目的职业卫生审查制度和职业卫生防护设施必须与主体工程同时设计、同时施工、同时投产使用的规定。

（3）产生职业危害的部门或部位,应设置警示标识和警示说明,说明包括产生职业危害的种类、后果、预防和应急救治措施等内容。

（4）职业卫生与职业病防护设施的管理维修应由专人负责,防护设施管理应纳入日常生产设备设施管理范畴,并严格执行设备操作规程,未经批准不得擅自拆除或停止使用。

（5）对产生职业危害的工作岗位,各部门应配备安全有效的个人防护设施。

（6）发生或可能发生急性职业病危害事故时,应当立即启用应急救援预案或(和)控制措施,并按规定和程序及时上报,配合上级处室做好事故的调查处理工作。

3　岗位职业健康操作规程

3.1　接触粉尘岗位操作规程

（1）进入岗位操作前,必须佩戴防尘口罩等岗位所需劳动保护用品。

（2）进入岗位后要认真检查岗位配置的除尘设施,如除尘设施出现故障,要及时报告本部门相关领导,安排人员对除尘设施的故障进行维修处理,确保除尘设施的正常运转。

（3）对本岗位生产现场产生的各类粉尘,必须采取有效措施进行清理,杜绝粉尘任意飞扬。

（4）岗位操作人员必须严格按照操作规程的规定进行岗位操作。对未严格按操作规程进行操作的人员,一经发现将严肃处理。

（5）离开岗位后,要保持良好的卫生习惯,要对身体及衣服上黏附的粉尘进行彻底清理,并及时清洗身体接触粉尘的各个部位,避免粉尘吸入体内。

3.2　噪声岗位职业病预防操作规程

（1）进入噪声区域前必须佩戴防声耳塞等岗位所需劳动防护用品,在噪声较大区域连续工作时,宜分批轮换作业。

（2）进入岗位后要认真检查岗位配置的隔音、消声设施,确认无异常现象后,方可进行岗位操作;如隔音、消声设施出现故障时,要及时报告带班领导,安排人员对故障进行维修处理,确保隔音、消声设施的正常运转。

（3）加强设备的日常维修保养工作,确保设备正常运转,控制设备异常而造成噪声的上升。

（4）作业人员要严格按照操作规程的规定进行岗位操作,对未严格按操作规程进行操作的人员,一经发现将严肃处理。

3.3　有毒有害岗位职业卫生操作规程

（1）进入岗位操作前必须按照不同岗位,正确佩戴防毒口罩(面具)等岗位所需劳动保护用品,掌握基本的有毒有害气体自救措施。

(2)进入岗位后要认真对岗位配置的通风设施进行检查,确认通风设施正常运转时,方可进行岗位操作。

(3)如通风设施出现故障,致使岗位操作现场有毒有害气体浓度超过正常范围,要及时报告本单位相关领导,及时安排对通风设施进行维修,确保操作现场有毒有害气体浓度正常后,方可进行岗位操作。

(4)严格按照岗位操作规程进行岗位操作,避免因违反操作规程而引发安全事故。对未严格按工艺操作规程进行操作的人员,一经发现将严肃处理。

(5)对生产现场进行经常性检查,及时消除现场中设备的跑、冒、滴、漏现象,降低职业危害。

(6)工作时尽量站在上风侧,减少吸入有毒有害气体的概率,生产现场严禁吸烟、就餐。

(7)下班前将工作服等生产现场所使用的各类劳动保护用品进行更换后离开工作岗位,预防将污染源带离工作岗位后传播给其他人员。

(8)离开岗位后,要保持良好的卫生习惯,要对身体及衣服上黏附的污染物进行彻底清理,并及时清洗身体接触有毒有害气体的各个部位,避免污染物进入体内。

(9)保持良好的个人卫生习惯,坚持下班洗澡等措施,有效预防职业病。

4 职业病危害事故应急救援措施

(1)各岗位发生职业危害事故时,现场人员要立即向当班调度报告,当班调度要立即向部门领导报告。

(2)发生事故后,当班班长有权立即停止导致职业病危害事故的工作,控制事故现场,防止事态扩大,把事故危害降到最低限度。

(3)按照先救人、再救物的应急救援原则,当班调度、当班班长组织疏通应急撤离通道,撤离工作现场人员,组织抢险。

(4)对遭受急性职业病危害的劳动者,及时组织救治,进行健康检查和医学观察。

(5)当班调度负责组织保护事故现场,保留导致职业病危害事故的材料、设备和工具等。

❀❀❀❀❀❀❀❀❀❀❀❀❀❀❀❀❀❀❀❀❀❀❀❀❀❀❀❀❀❀❀❀❀❀❀❀

4.3.11 整改

该项目标准分值为3分。《评审规程》对该项的要求如表4-105所示。

表4-105 整改

二级评审项目	三级评审项目	标准分值	评分标准
4.3 职业健康 (30分)	4.3.11 整改 职业病危害因素浓度或强度超过职业接触限值的,制定切实有效的整改方案,立即进行整改	3	未制定有效的整改方案,扣2分; 未整改,每处扣2分

职业病危害因素浓度或强度超过职业接触限值的,制定切实有效的整改方案,立即进行整改。

公司职业危害防治整改方案可参见案例 4-32。

※※※※※※※※※※※※※※※※※※※※※※※※※※※※※※※※※※※※※

【案例 4-32】　公司职业危害防治整改方案。

公司职业危害防治整改方案

我公司近年来对职业防治工作高度重视,加大了硬件设施投入,强化管理,狠抓职工培训,增强职工对职业危害个体防护的认识和基本技能。全体员工配备了劳保服,监测、设代工作场所配备了安全帽,全员个体防护基本到位。公司近×年时间内无一例新增职业病例。但今年上级部门来我公司××设代现场进行检测发现:设代施工现场粉尘少量超标,设代休息场所噪声超标。

为确保职工身心健康,经对超标地点实际情况的具体分析,现拟定以下整改方案。

一、加紧完善硬件设施

督促施工单位抓紧匹配施工洒水车,对施工现场定期洒水,确保工作场所地面粉尘不超标。购置防尘罩,必要时进工地戴上防尘罩,防止吸入粉尘。

二、加强职工教育培训

进一步增强职工个体防护意识,年度、每季、每月的职工培训会,增设职工危害相关知识内容。年度职业危害防治措施、防尘安全措施组织相关人员贯彻学习。

三、严格管理

通过业主和监理,加强对施工单位的管理,落实施工单位对施工现场防尘的安全管理责任,定期对施工现场洒水。严格个人防护管理,劳保用具按年度计划定期发放。职工必须正确使用,如有违反按违章行为处理。

四、定期检测

由×××负责定期对施工现场噪声进行检测,并做好记录,如有异常立即汇报,采取措施进行处理。

五、定期职业健康体检

每年年初组织职工进行职业健康体检,如发现职业病或职业禁忌症,及时采取预防控制措施或调离岗位。

※※※※※※※※※※※※※※※※※※※※※※※※※※※※※※※※※※※※※

4.4　警示标志

警示标志总分 20 分,三级评审项目有 3 项,分别是 4.4.1 安全警示标志管理制度(3分)、4.4.2 设置(12 分)和 4.4.3 检查维护(5 分)。

4.4.1　安全警示标志管理制度

该项目标准分值为 3 分。《评审规程》对该项的要求如表 4-106 所示。

表 4-106　安全警示标志管理制度

二级评审项目	三级评审项目	标准分值	评分标准
4.4　警示标志（20分）	4.4.1　安全警示标志管理制度 安全警示标志管理制度应明确现场安全和职业病危害警示标志、标牌的采购、制作、安装和维护等内容	3	未以文件正式发布，扣 3 分； 制度内容不全，每处扣 1 分； 制度内容不符合有关规定，每处扣 1 分

安全警示标志管理制度应明确现场安全和职业病危害警示标志、标牌的采购、制作、安装和维护等内容。

公司安全警示标志管理制度可参见案例 4-33。

❉❉❉❉❉❉❉❉❉❉❉❉❉❉❉❉❉❉❉❉❉❉❉❉❉❉❉❉❉❉❉❉❉❉

【案例 4-33】　公司安全警示标志管理制度。

×××公司关于印发安全警示标志管理制度的通知

（××××安〔××××〕××号）

公司各部门、分公司、控(参)股公司：

为贯彻落实水利部、×××上级主管部门安全生产工作部署，进一步明确全员安全生产责任，现颁布公司安全警示标志管理制度，请各部门、各公司、各项目遵照执行。

附件：公司安全警示标志管理制度

×××公司

××××年××月××日

公司安全警示标志管理制度

第一条　公司各相关部门、项目部和外业现场的生产、生活、办公场所应根据国家有关法律法规、规程、规范要求设置安全警示标志，以提高事故防范能力和公司安全文明形象。

第二条　公司安全生产管理部门根据有关法律法规、规范标准要求，组织制定安全警示标志相关管理制度，指导与督促各部门、各项目安全标志的使用和管理。

第三条　后勤综合服务部门负责公司办公大楼及基地的安全警示标志的采购、制作、安装、维护、更新、日常清洁和管理，根据实际负责或协助项目现场安全警示标志的采购工作。

第四条　各相关部门、项目部和外业现场负责本部门、本项目、本现场的安全标志的管理，根据自身生产、各类活动、场所、设备实施以及相关服务范围等，编制安全标志需求计划，可由公司采购或自行采购安装，使用的安全标志应符合有关标准规定，并负责维护、更新和日常管理。

第五条　总承包项目部门还须监督施工合作单位按照有关法律法规、规范、标准在施工现场设置符合要求的安全标志和职业病危害标志，以及定期检查维护确保完好有效等。

第六条　安全警示标志的设计、采购、制作和使用等，应严格按照国家相关安全标志管理法规、规范、标准的要求实施。

第七条　设置安全警示标志的场所一般包括但不限于：

（1）在重大危险源、较大危险因素和严重职业病危害因素的场所，设置明显的安全警示标志和职业病危害警示标识。

（2）在易燃、易爆、有毒有害等危险场所的醒目位置设置安全标志。

（3）公司有效消防设施地点、重要防火部位、停车场、地下工程等，应设置明显的消防安全标志。

（4）在停车场及作业范围内的道路上设置限速、限高、禁行等交通安全标志。

（5）在检修、维修、施工、吊装等作业现场设置警戒区域和安全标志。

（6）作业现场临时用房（包括集装箱房、木工房等）应设置防机械伤害、触电、噪声、火灾等危险信息类安全警示标志。

（7）场地作业时在作业现场入口处、脚手架、出入通道口、楼梯口、孔洞口、隧道口、基坑边沿设置安全警示标志。

（8）按照有关规定其他应设置安全警示标志的场所。作业现场安全警示标志设置见表 4-107。

表 4-107　作业现场安全警示标志设置一览表

危险部位		标识名称
临边防护	临边防护	禁止吸烟、禁止跨越、当心落物、当心塌方、必须戴安全帽、必须系安全带
	楼层四周临边	禁止跨越、当心坠落、禁止抛物、当心落物
	阳台临边	禁止跨越、禁止抛物
	楼梯临边	禁止跨越、当心滑跌
	各种垂直运输卸料平台临边	禁止探头、"随手关门"
洞口防护	预留洞口	当心落物、当心坠落、禁止挪动
	通道口	当心落物、禁止停留、"安全通道"
	电梯井口	禁止跨越
	通风管道口	

续表 4-107

危险部位		标识名称
高处作业 平网防护	外立面平网防护验收	禁止停留、当心落物
	脚手架作业面	注意安全、当心坠落、必须戴安全帽、必须系安全带
	满堂脚手架施工作业面	注意安全、当心坠落、必须系安全带
大模板存放区		"大模板存放区"、"大模板存放区管理规定"、非工莫入、当心落物
高大模板支撑区		当心坠落、必须系安全带
井道承重平台	现场电梯井	当心坠落
	管道井等井道承重平台	
物料周转平台		管理规定、材料码放数量、设计承重
交叉作业防护	采用非落地式脚手架 进行回填土施工	当心落物
	处于塔吊等设备起重臂回转 范围之内的人流较多的通道	当心落物、禁止停留
	结构施工时相邻近的作业面 存在较大高差等情况	当心落物、禁止停留、注意安全
马道防护		当心滑跌、禁止停留
各类脚手架作业	落地式外脚手架	当心坠落、必须系安全带
	吊篮脚手架	
	悬挑式外脚手架	
	挂脚手架	
	附着式升降脚手架	
	门型脚手架	
配电箱		当心触电、必须戴防护手套、禁止用手直接摸
高压防护		当心触电、禁止架梯、禁止停留、禁放易燃物
特种设备	塔式起重机	操作规程、设备编号、"十不吊"
	施工升降机	操作规程、设备编号、"十不准"、限重标牌
	物料提升机	操作规程、设备编号、限重标牌

续表 4-107

危险部位		标识名称
普通机械	钢筋加工机械	操作规程、设备编号、当心机械伤手、修理时禁止转动、运转时禁止加油
	木工机械	操作规程、设备编号、当心机械伤手、当心扎脚、禁止烟火、修理时禁止转动、运转时禁止加油
	混凝土泵车	操作规程、设备编号、当心机械伤手、修理时禁止转动、运转时禁止加油
消防设施		禁止挪用、火警电话、地上(地下)消火栓、消防水带、灭火器、易燃易爆品存放区
易燃易爆品存放区		禁止烟火、当心火灾
勘察作业	钻探	前方施工、车辆慢行、危险作业、请勿靠近、进入施工区域、请佩戴安全帽
	水上作业	请穿好救生衣、围栏易松、请勿倚靠
易燃材料存放区		禁止烟火、当心火灾
宣传口号		根据实际情况挂设
其他		根据实际情况挂设

第八条　安全警示标志牌应采用坚固耐用的材料制作,一般不宜使用遇水变形、变质或易燃的材料,有触电危险的作业场所应使用绝缘材料;标志牌应图形清楚,无孔洞或影响使用的瑕疵。

第九条　安全警示标志牌应设在醒目的位置,不应设在门、窗等可移动的物体上,多个标志牌在一起设置时,应按警告、禁止、指令、提示类型的顺序,先左后右、先上后下地排列。

第十条　安全警示标志牌以"谁使用、谁负责"的原则进行检查和维护,保持标志的清晰、整洁和完好,当发现有破损、变形、褪色等不符合要求时应及时修整或更换,尽可能地再利用,并建立安全标志牌管理台账。

第十一条　安全警示标志是公司共有财产,每位员工都有义务加以爱护,有责任对其损坏行为加以制止。

第十二条　公司各相关部门、各相关项目除贯彻执行有关安全警示标志的法律法规、标准及规范性文件外,可结合公司安全警示标志管理制度和本部门、本项目实际,进一步健全和完善自身的安全警示标志管理要求,加强安全标志管理。

※※※※※※※※※※※※※※※※※※※※※※※※※※※※※※※※※※※※

4.4.2　设置

该项目标准分值为 12 分。《评审规程》对该项的要求如表 4-108 所示。

表 4-108　设置

二级评审项目	三级评审项目	标准分值	评分标准
4.4　警示标志 （20 分）	4.4.2　设置 　　按照规定和场所的安全风险特点,在有重大危险源、较大危险因素和严重职业病危害因素的场所（包括起重机械、临时供用电设施、平洞出入通道口、竖井井口、陡坡边缘、变压器配电房、爆破物品库、油品库、危险有害气体和液体存放处等）及危险作业现场（包括爆破作业、大型设备设施安装或拆除作业、起重吊装作业、高处作业、水上作业、设备设施维修作业等）,根据《安全色》（GB 2893—2008）、《安全标志及其使用导则》（GB 2894—2008）、《道路交通标志和标线》（GB 5768.1~8）、《消防安全标志　第 1 部分:标志》（GB 13495.1—2015）、《工作场所职业病危害警示标识》（GBZ 158—2003）等标准设置明显的、符合有关规定的安全和职业病危害警示标志、标识,并根据需要设置警戒区或安全隔离、防护设施,安排专人现场监护,定期进行维护,确保其完好有效	12	未按规定设置警示标志、标识,每处扣 2 分; 　　危险作业现场未按规定设置安全警戒区或安全隔离设施,每处扣 2 分; 　　危险作业现场无专人监护,扣 5 分

　　按照规定和场所的安全风险特点,在有重大危险源、较大危险因素和严重职业病危害因素的场所（包括起重机械、临时供用电设施、平洞出入通道口、竖井井口、陡坡边缘、变压器配电房、爆破物品库、油品库、危险有害气体和液体存放处等）及危险作业现场（包括爆破作业、大型设备设施安装或拆除作业、起重吊装作业、高处作业、水上作业、设备设施维修作业等）,根据 GB 2893—2008、GB 2894—2008、GB 5768.1~8、GB 13495.1—2015、GBZ 158—2003 等标准设置明显的、符合有关规定的安全和职业病危害警示标志、标识,并根据需要设置警戒区或安全隔离、防护设施,安排专人现场监护,定期进行维护,确保其完好有效。

　　作业现场警示标志设置如图 4-12~图 4-15 所示。

图 4-12　作业现场设置有安全警示标志、
标识及夜间警示灯（一）

图 4-13　作业现场设置有安全警示标志
标识及夜间警示灯（二）

图 4-14　作业现场设置安全隔离设施

图 4-15　钻探船周边设置有护栏、救生圈

4.4.3　检查维护

该项目标准分值为 5 分。《评审规程》对该项的要求如表 4-109 所示。

表 4-109　检查维护

二级评审项目	三级评审项目	标准分值	评分标准
4.4　警示标志（20 分）	4.4.3　检查维护 定期对警示标志进行检查维护，确保其完好有效	5	未定期进行检查维护，扣 5 分； 警示标志损坏，每处扣 1 分

定期对警示标志进行检查维护，确保其完好有效。

安全设施台账及定期检查维护记录表见表 4-110。

表 4-110 安全设施台账及定期检查维护记录表

项目(场所)：

序号	安全设施名称	规格型号	数量	所在位置	管理责任人	检查及维护情况				说明
						检查人	检查时间	检查结果	维护情况	
1	报警器									
2	防护罩									
3	防雷设施									
4	电器过载保护设施									
5	通风设施									
6	防护栏									
7	警示标识									
8	指示标识									
9	逃生避难标识									
10	灭火器									
11	安全帽									
12	反光衣									
13	救生衣									
14	应急照明									
15	应急药箱及器材									
⋮										

注：各项目至少进行一次安全设备设施的检查维护，并做好记录。每次极端天气(暴雨、台风、暴风雪等)前后均应对安全设施进行全面的检查验收。

第 5 章　安全风险分级管控及隐患排查治理

安全风险分级管控及隐患排查治理总分 170 分,二级评审项目有 3 项,分别为 5.1 安全风险管理(95 分)、5.2 隐患排查治理(60 分)和 5.3 预测预警(15 分)。

5.1　安全风险管理

安全风险管理总分 95 分,三级评审项目有 7 项,分别是 5.1.1 危险源辨识、风险评价与分级管控制度(3 分),5.1.2 危险源辨识(25 分),5.1.3 风险评价(17 分),5.1.4 分级管控(25 分),5.1.5 风险评价结果告知(7 分),5.1.6 变更管理制度(3 分),5.1.7 变更后危险源辨识、风险评价与分级管控(15 分)。

5.1.1　危险源辨识、风险评价与分级管控制度

该项目标准分值为 3 分。《评审规程》对该项的要求如表 5-1 所示。

表 5-1　危险源辨识、风险评价与分级管控制度

二级评审项目	三级评审项目	标准分值	评分标准
5.1　安全风险管理(95 分)	5.1.1　危险源辨识、风险评价与分级管控制度 危险源辨识、风险评价与分级管控制度的内容应包括危险源辨识及风险评价的职责、范围、频次、方法、准则和工作程序等,并以正式文件发布实施	3	未以正式文件发布,扣 3 分; 制度内容不全,每缺一项扣 1 分; 制度内容不符合有关规定,每项扣 1 分

危险源辨识、风险评价与分级管控制度的内容应包括危险源辨识及风险评价的职责、范围、频次、方法、准则和工作程序等,并以正式文件发布实施。

危险源辨识、风险评价与分级管控制度可参见案例 5-1。

✤✤✤

【案例 5-1】　危险源辨识、风险评价与分级管控制度。

×××公司关于印发危险源辨识、风险评价与分级管控制度的通知

(××××安〔××××〕××号)

公司各部门、分公司、控(参)股公司:

为贯彻落实水利部、×××上级主管部门安全生产工作部署,进一步明确全员安全生产

责任,现颁布公司危险源辨识、风险评价与分级管控制度,请各部门、各公司、各项目遵照执行。

　　附件:公司危险源辨识、风险评价与分级管控制度

×××公司

××××年××月××日

公司危险源辨识、风险评价与分级管控制度

第一章　总　则

第一条　目的和依据

为科学辨识与评价公司危险源及其风险等级,强化和规范安全风险分级管控工作,有效防范生产安全事故,根据《中华人民共和国安全生产法》、《国务院安委会办公室关于印发标本兼治遏制重特大事故工作指南的通知》(安委办〔2016〕3 号)、《国务院安委会办公室关于实施遏制重特大事故工作指南构建双重预防机制的意见》(安委办〔2016〕11 号)和《水利部关于开展水利安全风险分级管控的指导意见》(水监督〔2018〕323 号)等,制定本办法。

第二条　适用范围

本办法适用于公司办公区域及有外业工作的项目危险源辨识、风险评价与分级管控。

第三条　名词解释

(一)危险源是指公司生产经营活动过程中存在的,可能导致人员伤亡、健康损害、财产损失或环境破坏,在一定的触发因素作用下可转化为事故的根源或状态。

(二)重大危险源是指公司生产经营活动过程中存在的,可能导致人员重大伤亡、健康严重损害、财产重大损失或环境严重破坏,在一定的触发因素作用下可转化为事故的根源或状态。

重大危险源包含《中华人民共和国安全生产法》定义的危险物品重大危险源。在公司生产经营活动过程中危险物品的购买、搬运、储存或者使用,其危险源辨识与风险评价按照国家和行业有关法律法规和技术标准执行。

(三)危险源辨识是指对有可能产生危险的根源或状态进行分析,识别危险源的存在并确定其特性的过程,包括辨识出危险源以及判定危险源的类别与级别。

(四)风险评价是对危险源在一定触发因素作用下导致事故发生的可能性及危害程度进行调查、分析、论证等,以判断危险源风险程度,确定风险等级的过程。

第四条　危险源类别、级别与风险等级

(一)危险源分五个类别,分别为作业活动类、设备设施类、作业场所类、管理类和其他类。

(二)危险源分两个级别,分别为重大危险源和一般危险源。

(三)危险源的风险分为四个等级,由高到低依次为重大风险、较大风险、一般风险和低风险,分别用红、橙、黄、蓝四种颜色标示。

第五条　危险源辨识与风险评价应严格执行国家和水利行业有关法律法规、技术标准和本办法。

第二章　工作范围与职责

第六条　公司危险源辨识与风险评价覆盖生产经营活动过程中的所有生产工艺、作业活动、人员行为、设备设施、作业场所和安全管理等方面。

第七条　公司安全生产管理部门在安全生产领导小组领导下,负责公司危险源辨识、风险评价和分级管控的组织与协调。

第八条　公司各部门、外业项目组是本部门、项目组危险源辨识、风险评价和管控的责任主体。

第九条　各责任主体应结合实际,根据本部门、项目现场情况和管理特点,组织人员科学、系统、全面地开展危险源辨识与风险评价,编制危险源辨识与风险评价报告(主要内容及要求见附件 1),严格落实相关管理责任和管控措施,有效防范和减少生产安全事故。

第十条　公司安全生产管理部门依据有关法规、标准和本办法对危险源辨识与风险评价工作进行指导、监督与检查。

公司质量管理部门结合管理体系控制,对危险源辨识与风险评价检查与指导。

公司生产管理部门结合项目生产管理,对项目危险源辨识与风险评价监督与检查。

第三章　频次要求

第十一条　危险源辨识与风险评价,各部门每年初(1 月底前)应全方位开展一次,做到系统、全面、无遗漏。后续原则上每季度开展一次,对危险源实施动态管理,并于本季度末月底 2 日前将危险源辨识和风险评价报表报送至公司安全生产管理部门。无变化时报送"无变化"即可。

第十二条　各外业项目组在开展外业工作前应全方位开展一次,做到系统、全面、无遗漏。项目周期大于一季度者,后续原则上每季度开展一次,对危险源实施动态管理,并于本季度末月底 3 日前将危险源辨识和风险评价报表报送至牵头负责部门。牵头负责部门汇总后于本季度末月底 2 日前报送至公司安全生产管理部门。无变化时报送"无变化"即可。

第十三条　当有新规程、规范发布或修订,或作业条件、环境、要素或危险源致险因素发生较大变化,或发生生产安全事故,各责任主体应及时组织重新辨识与评价危险源,持续更新完善。

第四章　危险源辨识准则、程序与方法

第十四条　危险源辨识由各责任主体第一责任人负责组织与协调。由现场作业、生产管理或安全管理方面经验丰富的人员,采用科学、相适应的方法进行辨识、分类和分级,汇总制定危险源清单,确定危险源名称、类别、级别、事故诱因、可能导致的事故等内容,必要时可进行集体讨论或组织专家咨询。

第十五条 危险源辨识方法主要有直接判定法、安全检查表法、预先危险性分析法、因果分析法等。

第十六条 危险源辨识应优先采用直接判定法,不能用直接判定法辨识的,可以结合实际采用其他方法判定。勘测设计现场符合《水利水电勘测设计单位安全生产标准化评审规程》(T/CWEC 17—2020)附录 C"水利水电勘测设计单位重大危险源参考清单"(见附件 2)、公司大楼办公场所和基地符合《水利后勤保障单位安全生产标准化评审规程》(T/CWEC 20—2020)附录 C"水利后勤保障单位重大危险源清单"(见附件 3)的,可直接判定为重大危险源。

第五章 危险源风险评价准则、程序与方法

第十七条 各责任主体对危险源进行风险评价时,应至少从影响人员、财产和环境三个方面的可能性和严重程度进行分析,并考虑控制措施的有效性,确定风险等级。

第十八条 危险源风险评价方法主要有直接评定法、作业条件危险性评价法(LEC 法)、风险矩阵法(LS 法)等。

第十九条 对于重大危险源,其风险等级应直接评定为重大风险。对于一般危险源,其风险等级应结合实际情况选取适当的方法评价,推荐使用作业条件危险性评价法(LEC 法)。

第二十条 作业条件危险性评价法(LEC 法)介绍:

(一)作业条件危险性评价法中危险性大小值 D 按下式计算:

$$D = LEC$$

式中 D——危险性大小值;

      L——发生事故或危险事件的可能性大小;

      E——人体暴露于危险环境的频率;

      C——危险严重度。

(二)事故或危险性事件发生的可能性 L 值与作业类型有关,可按表 5-2 的规定确定。

表 5-2   事故或危险性事件发生的可能性 L 值对照表

L 值	事故发生的可能性
10	完全可以预料
6	相当可能
3	可能,但不经常
1	可能性小,完全意外
0.5	很不可能,可以设想
0.2	极不可能

（三）人体暴露于危险环境的频率 E 值与作业类型无关，仅与作业时间的长短有关，可从人体暴露于危险环境的频率，或危险环境人员的分布及人员出入的多少，或设备及装置的影响因素分析，按表 5-3 的规定确定。

（四）发生事故可能造成的后果，即危险严重度因素 C 值与危险源在触发因素作用下发生事故时产生后果的严重程度有关，可从人身安全、财产及经济损失、社会影响等因素分析，按表 5-4 的规定确定。

表 5-3　人体暴露于危险环境的频率因素 E 值对照

E 值	暴露于危险环境的频繁程度
10	连续暴露
6	每天工作时间内暴露
3	每周 1 次，或偶然暴露
2	每月 1 次暴露
1	每年几次暴露
0.5	非常罕见暴露

表 5-4　危险严重度因素 C 值对照

C 值	危险严重度因素
100	造成 30 人以上（含 30 人）死亡，或者 100 人以上重伤（包括急性工业中毒，下同），或者 1 亿元以上直接经济损失
40	造成 10~29 人死亡，或者 50~99 人重伤，或者 5 000 万元以上 1 亿元以下直接经济损失
15	造成 3~9 人死亡，或者 10~49 人重伤，或者 1 000 万元以上 5 000 万元以下直接经济损失
7	造成 3 人以下死亡，或者 10 人以下重伤，或者 1 000 万元以下直接经济损失
3	无人员死亡、致残或重伤，或很小的财产损失
1	引人注目，不利于基本的安全卫生要求

（五）各责任主体应结合实际，根据现场情况和管理特点，合理确定 L 值、E 值和 C 值。

（六）危险源风险等级划分以作业条件危险性大小 D 值作为标准，按表 5-5 的规定确定。

表 5-5　作业条件危险性评价法危险性等级划分标准

D 值区间	危险程度	风险等级
$D>320$	极其危险,不能继续作业	重大风险
$320 \geqslant D>160$	高度危险,需立即整改	较大风险
$160 \geqslant D>70$	一般危险(或显著危险),需要整改	一般风险
$D \leqslant 70$	稍有危险,需要注意(或可以接受)	低风险

第六章　危险源分级管控

第二十一条　公司按安全风险等级分级管理危险源,落实各级部门、项目、班组、岗位的管控责任。

风险等级为重大的一般危险源和重大危险源要按照职责范围报属地水行政主管部门备案,危险物品重大危险源要按照规定同时报有关应急管理部门备案。各总承包项目部应检查督促施工合作单位按规定将结果及时报送有关单位。国(境)外项目内部管理按此办法实施,国(境)外另有规定的从其规定。

第二十二条　重大风险危险源由公司主要负责人组织管控,上级主管部门重点监督检查。必要时,公司报请上级主管部门协调相关单位共同管控。

第二十三条　较大风险危险源由部门分管(指导)领导或项目分管领导组织管控,分管安全生产工作领导协助主要负责人监督。

第二十四条　一般风险危险源由各部门或项目负责人组织管控,安全生产管理部门负责人协助其分管领导监督。

第二十五条　低风险危险源由三级部门、现场班组或岗位自行管控。

第七章　风险公告警示

第二十六条　公司安全生产管理部门对各部门、项目报送的危险源报表信息,进行汇总、整理,形成公司危险源清单,经公司主要领导审批后按季度在公司内网公布。

第二十七条　外业项目现场、办公楼设施设备间、食堂等风险工作区要在醒目位置和重点区域分别设置安全风险公告栏,制作岗位安全风险告知卡(示例见附件4),标明项目或场所的主要安全风险名称、等级、所在部位、可能引发的事故隐患类别、事故后果、管控措施、应急措施及报告方式等内容。

第二十八条　外业项目现场、办公楼设施设备间、食堂等风险工作区负责人要定期组织风险教育和技能培训,对外来人员进行教育和告知,确保相关人员和进入风险工作区域的外来人员掌握安全风险的基本情况及防范、应急措施。

第二十九条　对存在重大安全风险的工作场所和岗位,要设置明显警示标志,并强化监测和预警。将安全防范与应急措施告知可能直接影响范围内的相关单位和人员。

第八章　附　则

第三十条　各责任主体应对已辨识危险源及风险评价进行登记建档,建立台账。对相关数据进行统计、分析和整理。按安全风险等级从高到低依次为重大风险、较大风险、一般风险和低风险,分别用红、橙、黄、蓝四种颜色标示,绘制四色安全风险空间分布图。

第三十一条　本办法与国家、水利部、×××等上级规定有冲突或未尽事宜,以上级规定为准。

第三十二条　本办法危险源辨识与评价不等同质量、环境和职业健康安全管理体系中危险源识别、风险评价。质量、环境和职业健康安全管理体系中的环境因素、水安全因素和危险源识别、风险评价及控制要求按《环境因素、水安全因素和危险源识别、风险评价及控制策划程序》执行。

第三十三条　本办法由公司安全生产管理部门负责解释,自发布之日起施行。《×××公司关于印发〈劳动保护用品管理办法〉等制度体系文件的通知》(×××办〔××××〕×××号)中附件 3 有关危险源辨识、风险评价内容以此办法为准。

附件:

1. 危险源辨识与风险评价报告主要内容及要求
2. 危险源辨识与风险评价表
3. 重大的一般危险源和重大危险源辨识汇总表
4. 水利水电勘测设计单位重大危险源参考清单
5. 水利后勤保障单位重大危险源清单
6. 安全风险告知卡(示例)

附件 1

危险源辨识与风险评价报告主要内容及要求

一、部门(项目)简介。

二、危险源辨识与风险评价主要依据。

三、危险源辨识和风险评价方法:结合部门(项目)管理实际选用相适应的方法。

四、危险源辨识与风险评价内容:危险源名称、类别、级别、所在部位、事故诱因、可能导致的事故及危险源风险等级。

五、安全管控措施:根据危险源辨识与风险评价结果,对危险源提出安全管理、技术及防护措施等。

六、应急预案:根据危险源辨识与风险评价结果,提出有关应急预案或应急措施。

说明:

1. 有附表列明具体内容的,报告可简略描述。
2. 危险源辨识与风险评价报告应经辨识负责人签字确认,必要时应先组织专家咨询或审查。

附件 2

水利水电勘测设计单位重大危险源参考清单

序号	类别	项目	重大危险源	事故诱因	可能造成的后果
1	作业活动类	深槽开挖	在地层松散的高边坡、活动滑坡体、岩石崩塌区、泥石流堆积区开挖	指挥错误、操作错误、违反劳动纪律、监护失误、防护缺陷	坍塌、物体打击、机械伤害
2			堆渣高度大于 10 m(含)区的开挖作业		
3			土方边坡高度大于 30 m(含)或地质缺陷部位的开挖作业		
4			石方边坡高度大于 50 m(含)地段的开挖作业		
5			开挖深度超过 5 m(含)的探槽作业,或开挖深度虽未超过 5 m,但地质条件、周围环境和地下管线复杂,或影响毗邻建筑(构筑)物安全的探槽开挖作业		坍塌、高处坠落
6		平洞、竖井、斜井开挖	断面大于 20 m²、单洞或斜井长度大于 50 m 以及地质缺陷部位开挖;地应力大于 20 MPa 或大于岩石强度的 1/5 或埋深大于 500 m 部位的作业	防护缺陷	冒顶片帮、物体打击、机械伤害
7			不能及时支护的部位作业		冒顶片帮、物体打击、机械伤害
8			进出口及交叉洞作业		冒顶片帮、物体打击、机械伤害
9			地下水渗透强度较大地段开挖	排水失效、防护缺陷	透水、物体打击、机械伤害
10			深度大于 20 m 的竖井开挖	井口及井壁防护缺陷、通风不良	物体打击、中毒和窒息、高处坠落
11			爆破作业	爆破作业	火药爆炸、物体打击、坍塌、冒顶片帮
12		钻探作业	坡度大于 30°的陡坡上、滑坡体及泥石流活动区等处钻探作业	指挥错误、操作错误、违反劳动纪律,监护失误、防护缺陷	物体打击、机械伤害
13			在人、车流量大的交通道路、地铁和复杂供水、供气、供暖、供电、通信设施或邻近高层建筑、构筑物区域钻探		物体打击、车辆伤害、火灾、爆炸、坍塌

续表

序号	类别	项目	重大危险源	事故诱因	可能造成的后果
14	作业活动类	钻探作业	高原钻探	海拔超过 4 000 m	高原病
15			冰上钻探	指挥错误、操作错误、违反劳动纪律、监护失误	淹溺、冻伤
16			水深>2 m、或水深>0.6 m且流速>3 m/s的水上钻探		
17		起重作业	采用非常规起重设备及方法,且单件起吊重量在 10 kN 及以上的设备起重吊装	指挥错误、操作错误、违反劳动纪律、监护失误	物体打击、起重伤害、高处坠落
18		"四新"作业	采用新技术、新工艺、新材料、新设备的危险性较大勘探作业	作业方案未经专门评审、论证	坍塌、淹溺、物体打击
19		其他野外作业	疫区作业	接触致病微生物	传染病
20			恶劣气候与环境作业	防护缺陷	物体打击、机械伤害、中暑、冻伤等
21			易燃场所动火作业		火灾
22	设备设施类	钻机	机组迁移钻塔未落下,非车装钻机整体迁移	指挥错误、操作错误、违反劳动纪律、监护失误	物体打击
23		起重设备	采用起重设备进行勘探设备安装、拆卸		
24		供电系统	室内外作业场所供用电系统	防护缺陷	触电
25		消防系统	室内外作业场所消防设备设施		火灾
26	作业场所类	危险化学品	储存和使用临界量超过《危险化学品重大危险源辨识》(GB 18218—2018)标准的危险化学品		中毒和窒息、爆炸
27		作业现场	位于行洪区的作业现场或营地	超标洪水	淹溺
28			洞、井内粉尘浓度超标	明火作业或长期接触	粉尘爆炸、矽肺病
29			平洞、竖井、斜井内有毒有害气体浓度招标		中毒、爆炸
30			在林区、草原、化工厂、燃料厂附近作业	明火	火灾
31			作业场地、营地在洪水淹没区、沼泽地、潮汐影响滩涂区、风口、旋风区、雷击区、雪崩区、滚石区、悬崖和高切坡以及不良地质作用影响的场地内	防护缺陷	坍塌、淹溺、物体打击

附件 3

水利后勤保障单位重大危险源清单

序号	类别	项目	重大危险源	潜在重大事故
1	设备设施	电梯	电梯故障、未定期保养	高处坠落、人员伤亡
2		机械车库	机械车库运行控制模块失灵、车库结构断裂	车库坠落、人员伤亡、车辆损失
3		排烟管道	油烟堵塞、不畅通	火灾
4		锅炉、压力容器	超压力工作	爆炸、火灾、其他伤害
5		消防	故障或停用、影响阻碍使用	火灾扩大
6		消防	器材无法正常使用、失效、过期	火灾扩大
7	作业环境	易燃、易爆品	未正确使用或存放	火灾、爆炸
8		有毒有害气体	天然气管道、阀门、液化石油气瓶损坏、泄漏	中毒、火灾、爆炸
9		消防	通道堵塞、场所占用	火灾扩大

附件 4

安全风险告知卡（示例）

安全风险告知卡（示例）				
安全风险名称	×××		可能引发的事故隐患类别	1.×××；2.×××；…
安全风险等级	一般风险			
安全风险部位	×××			
安全标志			事故后果	1.×××；2.×××；…

当心触电　非工作人员请勿入内　必须穿工作服　紧急出口 …

续表

安全风险告知卡(示例)

| 责任部门
(项目) | | 管控措施 | 1.×××;
2.×××;
… |
| 责任人
联系电话 | | 应急措施 | 1.×××;
2.×××;
… |

注:安全风险告知卡规格为 400 mm×600 mm,分为 4 种样式分别对应四个等级,重大风险颜色标识区为红色,较大风险颜色标识区为橙色,一般风险颜色标识区为黄色,低风险颜色标识区为蓝色。

❈❈❈❈❈❈❈❈❈❈❈❈❈❈❈❈❈❈❈❈❈❈❈❈❈❈❈❈❈❈❈

5.1.2　危险源辨识

该项目标准分值为 25 分。《评审规程》对该项的要求如表 5-6 所示。

表 5-6　危险源辨识

二级评审项目	三级评审项目	标准分值	评分标准
5.1　安全风险管理(95 分)	5.1.2　危险源辨识 组织开展全面、系统的危险源辨识,确定一般危险源和重大危险源。危险源辨识应按制度采用适宜的程序和方法,覆盖本单位的所有生产工艺、人员行为、设备设施、作业场所和安全管理等方面。 应对危险源辨识及风险评价资料进行统计、分析、整理、归档	25	未开展危险源辨识,扣 25 分; 一般危险源辨识不全或与实际不符,每项扣 1 分; 重大危险源辨识不全或与实际不符,每项扣 5 分; 统计、分析、整理和归档资料不全,每缺一项扣 1 分

组织开展全面、系统的危险源辨识,确定一般危险源和重大危险源。危险源辨识应按制度采用适宜的程序和方法,覆盖本单位的所有生产工艺、人员行为、设备设施、作业场所和安全管理等方面。

应对危险源辨识及风险评价资料进行统计、分析、整理、归档。

危险源辨识见表 5-7、表 5-8。

表 5-7　危险源辨识与风险评价表

部门（项目）名称						填表人							
辨识负责人						辨识时间							
参与辨识人员	姓名					职务/职称/专业					部门（项目）		

序号	危险源辨识						可能导致的事故类型	安全风险评价						管控要求	
	危险源名称	部位	特性描述	辨识方法	类别	级别		评价方法	（如有）			风险等级	颜色标示	采取的管控措施	管控、监管部门（项目）	管控责任人
									L	E	C	D					
1																管控： 监管：	
2																管控： 监管：	
3																管控： 监管：	
…																管控： 监管：	

续表 5-7

序号	危险源名称	部位	特性描述	辨识方法	类别	级别	可能导致的事故类型	评价方法	L	E	C	D	风险等级	颜色标示	采取的管控措施	管控、监管部门(项目)	管控责任人
																管控: 监管:	

填表说明：

1. 部门(项目)根据规定频次,开展危险源辨识与评价。

2. 部门(项目)将风险等级为重大的一般危险源和重大危险源填写"重大的一般危险源和重大危险源辨识汇总表"(见表 5-8),根据规定时间报送危险源辨识和风险评价表格。

3. "特性描述"指危险源物理、化学特性；"辨识方法"包括直接判定法、安全检查表法,预先危险性分析法及因果分析法等,应优先采用直接判定法等；"类别"包括作业活动类、机械设备类、设施场所类、作业环境类和其他类等五个类别；"级别"包括重大危险源和一般危险源两个级别；"可能导致的事故类型"包括物体打击、车辆伤害、机械伤害、起重伤害、触电、淹溺、灼烫、火灾、高处坠落、坍塌、冒顶片帮、透水、放炮、瓦斯爆炸、火药爆炸、锅炉爆炸、容器爆炸、其他爆炸、中毒和窒息以及其他伤害等 20 种事故类型；"评价方法"包括作业条件危险性评价法(LEC)、风险矩阵法(LS 法)等方法,应优先使用作业条件危险性评价法(LEC)；"采取的管控措施"指针对辨识分析出的安全风险所进行的管控措施,包括从制度、人员、设备以及专项方案、应急预案等方面所采取的安全保障措施。

"风险等级"分为重大风险、较大风险、一般风险和低风险四个等级。

4. 本表可根据现场实际情况当调整。

表 5-8 重大的一般危险源和重大危险源辨识汇总表

序号	危险源辨识				风险评价			管控措施		
	危险源名称	部位	辨识方法	类别	级别	评价方法	风险等级	管控措施	管控、监管部门（项目）	管控责任人
1							重大		管控： 监管：	
2							重大		管控： 监管：	
3							重大		管控： 监管：	
4							重大		管控： 监管：	
5							重大		管控： 监管：	

备注：

5.1.3　风险评价

该项目标准分值为 17 分。《评审规程》对该项的要求如表 5-9 所示。

表 5-9　风险评价

二级评审项目	三级评审项目	标准分值	评分标准
5.1　安全风险管理(95 分)	5.1.3　风险评价 对危险源进行风险评价时,应至少从影响人员、财产和环境三个方面的可能性和严重程度进行分析,并对现有控制措施的有效性加以考虑,确定风险等级	17	未实施安全风险评价,扣 17 分; 风险评价对象不全,每缺一项扣 1 分; 风险等级不合理,每项扣 1 分

对危险源进行风险评价时,应至少从影响人员、财产和环境三个方面的可能性和严重程度进行分析,并对现有控制措施的有效性加以考虑,确定风险等级。

危险源风险评价见表 5-7、表 5-8。

5.1.4　分级管控

该项目标准分值为 25 分。《评审规程》对该项的要求如表 5-10 所示。

表 5-10　分级管控

二级评审项目	三级评审项目	标准分值	评分标准
5.1　安全风险管理(95 分)	5.1.4　分级管控 实施风险分级分类差异化动态管理,及时掌握危险源及风险状态和变化趋势,适时更新危险源及风险等级,并根据危险源及风险等级制定并落实相应的安全风险控制措施(包括工程技术措施、管理措施、个体防护措施等),对安全风险进行控制。重大危险源应制定专项安全管理方案和应急预案,明确责任部门、责任人、分级管控措施和应急措施,建立应急组织,配备应急物资,登记建档并及时将重大危险源的辨识评价结果、风险防控措施及应急措施向上级主管部门报告	25	未实施分级分类差异化动态管理,扣 25 分; 未制定风险防控措施,每项扣 1 分; 重大危险源未制定专项方案或应急预案,每项扣 3 分; 专项方案或应急预案内容不全,每项扣 1 分; 专项方案或应急预案内容不符合有关规定,每项扣 1 分; 应急组织及物资准备不符合有关规定,每项扣 1 分; 重大危险源未登记建档,每项扣 3 分; 重大危险源未及时向上级主管部门报告,每项扣 3 分; 报告内容不全或不符合有关规定,每项扣 1 分

实施风险分级分类差异化动态管理,及时掌握危险源及风险状态和变化趋势,适时更新危险源及风险等级,并根据危险源及风险等级制定并落实相应的安全风险控制措施(包括工程技术措施、管理措施、个体防护措施等),对安全风险进行控制。重大危险源应制定专项安全管理方案和应急预案,明确责任部门、责任人、分级管控措施和应急措施,建立应急组织,配备应急物资,登记建档并及时将重大危险源的辨识评价结果、风险防控措施及应急措施向上级主管部门报告。

分级管控见表5-7、表5-8。

5.1.5 风险评价结果告知

该项目标准分值为7分。《评审规程》对该项的要求如表5-11所示。

表5-11 风险评价结果告知

二级评审项目	三级评审项目	标准分值	评分标准
5.1 安全风险管理(95分)	5.1.5 风险评价结果告知 将风险评价结果及所采取的控制措施告知相关从业人员,使其熟悉工作岗位和作业环境中存在的安全风险,掌握和落实相应控制措施。 应对重大危险源的管理人员进行专项培训,使其了解重大危险源的危险特性,熟悉重大危险源安全管理规章制度,掌握安全操作技能和应急措施	7	未告知,扣5分; 告知不全,每少1人扣1分; 相关人员不熟悉有关的安全风险及控制措施,每人扣1分; 未对重大危险源的管理人员进行专项培训,每少1人扣1分

将风险评价结果及所采取的控制措施告知相关从业人员,使其熟悉工作岗位和作业环境中存在的安全风险,掌握和落实相应控制措施。

应对重大危险源的管理人员进行专项培训,使其了解重大危险源的危险特性,熟悉重大危险源安全管理规章制度,掌握安全操作技能和应急措施。

危险源告知表格见表5-7、表5-8。

5.1.6 变更管理制度

该项目标准分值为3分。《评审规程》对该项的要求如表5-12所示。

表5-12 变更管理制度

二级评审项目	三级评审项目	标准分值	评分标准
5.1 安全风险管理(95分)	5.1.6 变更管理制度 变更管理制度应明确组织机构、人员、工艺、技术、作业方案、设备设施、作业过程及环境发生变化时的审批程序等内容	3	未以正式文件发布,扣3分; 制度内容不全,每项扣1分; 制度内容不符合有关规定,每项扣1分

变更管理制度应明确组织机构、人员、工艺、技术、作业方案、设备设施、作业过程及环境发生变化时的审批程序等内容。

变更管理制度可参见案例 5-2。

❋❋

【案例 5-2】　变更管理制度。

×××公司关于印发变更管理制度的通知

（××××安〔××××〕××号）

公司各部门、分公司、控（参）股公司：

为贯彻落实水利部、×××上级主管部门安全生产工作部署，进一步明确全员安全生产责任，现颁布公司变更管理制度，请各部门、各公司、各项目遵照执行。

附件：公司变更管理制度

×××公司

××××年××月××日

公司变更管理制度

第一条　本变更管理制度适用于组织机构、人员、工艺、技术、作业方案、设备设施、作业过程及环境变化时安全风险变更管理工作。

第二条　为了便于管理，按分级管理的原则，将安全风险变更分为一般安全风险变更和重大安全风险变更。重大安全风险变更指涉及重大危险源管理措施的变更，其他为一般安全风险变更。

第三条　公司安全生产管理部门负责重大安全风险变更的备案管理工作和公司级有关变更工作的具体实施；各部门、项目是安全风险变更的责任主体，负责风险变更的具体落实和审批工作。

第四条　一般安全风险变更可由公司二级部门、项目自主进行审批；重大安全风险变更须由管理责任单位进行审批。

第五条　变更前应明确变更的内容，对变更过程及变更后可能产生的安全风险进行辨识、评价，履行审批和验收程序，制定相应的控制措施，对作业人员进行交底和培训。

第六条　变更的类型可分为以下几类：

（1）组织机构及人员变更，指机构调整或机构职责变更，岗位人员变更；

（2）工艺、技术变更包括：作业要求变化引起的技术变更，工艺流程及操作条件的变更，工艺设备的改进和变更，操作规程的变更，作业方案的变更，工艺参数的变更等。

（3）设备设施的变更包括：设备设施的更新改造，安全设施的变更，更换与原设备不同的设备或配件，设备材料代用变更等。

（4）作业过程及环境变更。

第七条　一般安全风险变更可由所在二级部门、项目主要负责人或分管负责人同意,留存相应的记录;实施重大安全风险变更时,由申请人留存相应的记录并报公司安全生产管理部门备案。

第八条　变更批准后,实施部门、项目须落实相应的控制措施和培训交底等管理要求。

第九条　变更实施部门、项目应及时将变更结果通知相关部门或单位和人员。

5.1.7　变更后危险源辨识、风险评价与分级管控

该项目标准分值为15分。《评审规程》对该项的要求如表5-13所示。

表5-13　变更后危险源辨识、风险评价与分级管控

二级评审项目	三级评审项目	标准分值	评分标准
5.1 安全风险管理(95分)	5.1.7　变更后危险源辨识、风险评价与分级管控　变更前,应对变更过程及变更后可能产生的危险源及安全风险进行辨识、评价,制定相应控制措施,履行审批及验收程序,并对作业人员进行交底和培训	15	变更前未进行危险源及风险评价,每项扣5分;　未制定相应控制措施,每项扣5分;　未履行审批或验收程序,每项扣5分;　未进行交底或培训,每项扣5分;　参加交底人员不全,每人扣1分

变更前,应对变更过程及变更后可能产生的危险源及安全风险进行辨识、评价,制定相应控制措施,履行审批及验收程序,并对作业人员进行交底和培训。

变更危险源辨识、风险评价与分级管控见表5-7、表5-8。

变更项目实施方案交底记录见表5-14。

变更项目验收记录见表5-15。

表5-14　变更项目实施方案安全交底记录表

年　第　号

项目名称					
变更项目		专业		主持	
参加安全技术交底人员(签名)					
安全技术交底内容					

交底负责人:　　　交底日期:　　　年　月　日

表 5-15　变更项目验收记录表

年　　第　　号

项目名称			
变更项目		位置	
组织验收单位		日期	
验收组成员 （签名）	姓名	单位	职务

验收意见：

交底负责人：　　　　交底日期：　　　　年　　月　　日

5.2 隐患排查治理

隐患排查治理总分 60 分,三级评审项目有 10 项,分别是 5.2.1 事故隐患排查治理制度(3 分)、5.2.2 事故隐患排查(10 分)、5.2.3 事故隐患报告和举报奖励制度(5 分)、5.2.4 重大事故隐患整改(5 分)、5.2.5 一般事故隐患整改(7 分)、5.2.6 安全防范措施(5 分)、5.2.7 验证和效果评估(10 分)、5.2.8 隐患记录与通报(5 分)、5.2.9 重大事故隐患治理评估(5 分)和 5.2.10 信息化管理(5 分)。

5.2.1 事故隐患排查治理制度

该项目标准分值为 3 分。《评审规程》对该项的要求如表 5-16 所示。

表 5-16 事故隐患排查治理制度

二级评审项目	三级评审项目	标准分值	评分标准
5.2 隐患排查治理(60 分)	5.2.1 事故隐患排查治理制度 事故隐患排查治理制度应包括隐患排查的目的、范围、方式、频次和要求,以及隐患治理的职责、验证、评价与监控等内容	3	未以正式文件发布,扣 3 分; 制度内容不全,每缺一项扣 1 分; 制度内容不符合有关规定,每项扣 1 分

事故隐患排查治理制度应包括隐患排查的目的、范围、方式、频次和要求,以及隐患治理的职责、验证、评价与监控等内容。

事故隐患排查治理制度可参见案例 5-3。

【案例 5-3】 事故隐患排查治理制度。

×××公司关于印发事故隐患排查治理制度的通知

(××××安〔××××〕××号)

公司各部门、分公司、控(参)股公司:

为贯彻落实水利部、×××上级主管部门安全生产工作部署,进一步明确全员安全生产责任,现颁布公司事故隐患排查治理制度,请各部门、各公司、各项目遵照执行。

附件:公司事故隐患排查治理制度

×××公司

××××年××月××日

公司事故隐患排查治理制度

第一章　总　则

第一条　目的

为规范公司安全生产事故隐患排查治理工作,及时发现和消除各类安全生产事故隐患,结合公司安全生产工作实际,特制定本制度。

第二条　主要依据

(1)《中华人民共和国安全生产法》。

(2)《水利部关于开展水利安全风险分级管控的指导意见》(水监督〔2018〕323 号)。

(3)《水利部关于进一步加强水利生产安全事故隐患排查治理工作的意见》(水安监〔2017〕409 号)。

第三条　术语及定义

(一)事故隐患定义与分类

安全生产事故隐患(简称事故隐患)是指生产经营单位违反安全生产法律法规、规章、标准、规程和安全生产管理制度的规定,或者因其他因素在生产经营活动中存在可能导致事故发生的物的危险状态、人的不安全行为和管理上的缺陷。事故隐患分为一般事故隐患和重大事故隐患。

(1)一般事故隐患,是指危害和整改难度较小,发现后能够立即整改排除的隐患。

(2)重大事故隐患,是指危害和整改难度较大,应当全部或局部停工,并经过一定时间整改治理方能排除的隐患,或者因外部因素影响致使生产经营单位自身难以排除的隐患。

(二)事故隐患主要排查方法

(1)看:观察人的不安全行为、物的不安全状态、环境的不安全因素。

(2)查:主要查看管理制度、管理记录、持证上岗、现场标识、交接验收资料、"劳保"使用情况。

(3)量测:主要是用仪器、仪表、计量器具等对作业现场进行实测实量。

(4)现场操作:检验所使用设施、设备的安全装置的动作灵敏性和可靠性。

(三)事故隐患主要排查方式

事故隐患主要排查方式有定期综合检查、专项检查、季节性检查、节假日检查和日常检查。

第二章　隐患排查治理职责

第四条　公司各部门、各项目、各现场是本部门、本项目、本现场事故隐患排查、治理和防控的责任主体,应结合自身生产、各类活动、场所、设备设施以及相关方服务范围等实际,制定隐患排查治理标准、排查清单(检查表格),明确排查时限、范围、内容、频次和要求,并组织开展相应的培训。

第五条　各部门、各项目、各现场主要负责人对本部门、本项目、本现场事故隐患排查治理工作全面负责,应结合安全生产的需要和特点,采用综合检查、专项检查、季节性检查、节假日检查和日常检查等方式定期或不定期对本部门、本项目、本现场安全生产情况进行自查、自纠,将隐患排查治理日常化,各部门、各项目、各现场兼(专)职安全管理人员协助。

……

第七条　公司各部门和个人发现事故隐患,均有权向负有相应安全主体责任的部门、项目、现场负责人或其兼(专)职安全管理人员报告,情节严重时可向公司安全归口管理部门或公司分管安全领导报告。

第八条　公司安全生产管理部门,根据安全生产领导小组组长批准的年度安全生产工作计划,定期或不定期组织对各部门、各项目安全生产管理和责任制落实情况进行监督抽查,督促隐患整改、提出奖惩意见,并报告安全生产领导小组组长和公司分管安全领导。

第九条　部门分管领导或项目分管领导,应加强对所分管的部门或分管的项目安全生产工作的指导和监督,必要时组织内部自查、巡查。

第十条　安全生产领导小组是公司事故隐患排查的督促管理组织,有责任定期和不定期督促各部门、各项目、各现场开展隐患排查工作,并对隐患排查后的整治情况进行跟踪管理。

第三章　隐患排查治理工作要求

第十一条　公司各部门、各项目、各现场对排查出的事故隐患,要进行分析评价,确定隐患等级,登记建档。对于一般事故隐患能立即整改的应立即整改,对不能立即整改的应定人、定措施、限期进行整改。对于重大事故隐患,由部门分管领导或项目分管领导组织制定并实施事故隐患治理方案组织整改,治理方案应包括目标和任务、方法和措施、经费和物质、机构和人员、时限和要求,并制定应急预案。

对于相关方服务范围的隐患,各部门、各项目、各现场应及时书面通知相关方,定人、定时、定措施进行整改,并将相关方排查出的隐患纳入本单位隐患管理。

第十二条　隐患治理完成后,各部门、各项目、各现场按规定要对治理情况进行评估、验收,并对事故隐患排查治理情况如实记录(见表5-17),至少每月进行统计分析(见表5-18),及时将隐患排查治理情况向相关人员通报。同时应通过水利安全生产信息系统对隐患排查、报告、治理、销账等过程进行电子化管理和统计分析。

第十三条　公司监督检查工作实行"交叉检查"方式。

(一)根据检查项目或检查场所特点,组织相邻项目或相邻部门的领导或兼职安全员参加公司监督检查。

(二)根据项目总体工作计划和公司安全生产工作计划,考虑实施生产检查、贯标检查和安全生产检查的互相结合、互相兼容,提高效率和效果。

(三)监督检查的内容主要包括:规章制度是否健全;是否开展安全生产宣传教育和培训;劳动保护用品是否发放并正确使用;生产工作场地安全环境、卫生环境、生产交通工具、设备设施是否符合安全要求,消防设备设施配备是否足够,特种岗位是否持证上岗,安全警示标志是否符合要求等。

第四章　附　则

第十四条　本制度未涉及的其他问题,按国家和水利部等相关规定执行。

第十五条　本制度适用于公司各部门、分公司。

第十六条　本制度由安全生产管理部门负责解释,自发布之日起施行。

表 5-17 公司事故隐患排查治理台账记录表

部门(项目): 建档日期: 年 月 日 第 页,共 页

序号	排查日期	排查人员	隐患情况	隐患等级	整改措施	应急预案	治理人员	治理资金	整改期限	整改完成情况	验收人员	公布情况	上报情况	备注

注:本表由各部门(项目)自行填写,用于归档和备查,按需报公司办公室备案。

部门(项目)负责人: 填表人:

表 5-18 公司事故隐患排查治理情况统计分析月报表

部门（项目）：

统计时段：___年___月___日 ~ ___年___月___日

类型	一般事故隐患				重大事故隐患					未整改的重大事故隐患列入治理计划					
	隐患排查数/项	已整改数/项	整改率/%	整改投入资金/万元	隐患排查数/项	已整改数/项	整改率/%	整改投入资金/万元	计划整改数/项	落实整改目标任务/项	落实经费和物质/项	落实应机构人员/项	落实整改期限/项	落实应急措施/项	整改投入资金/万元
本月数															
本年累计数															

事故隐患排查治理情况分析	类型	管理型	条，占 %			隐患现象	
		操作型	条，占 %				
		自然型	条，占 %				
		技术型	条，占 %			产生原因	

隐患治理防范措施：

工程技术措施：

管理措施：

教育措施：

防护措施：

应急措施：

总体要求：

部门（项目）负责人签字：		
签名：	时间：	年 月 日
签名：	时间：	年 月 日
签名：	时间：	年 月 日
签名：	时间：	年 月 日
签名：	时间：	年 月 日
签名：	时间：	年 月 日

参加分析人员：

部门（项目）负责人（签字）：

填表人：　　　　　填表日期：

说明：本表由各部门（项目）自行填写，用于归档和备查，以部门为单位每月底前向公司安全生产管理部门备案。

❋❋❋❋❋❋❋❋❋❋❋❋❋❋❋❋❋❋❋❋❋❋❋❋❋❋❋❋❋❋❋❋

5.2.2　事故隐患排查

该项目标准分值为 10 分。《评审规程》对该项的要求如表 5-19 所示。

表 5-19　事故隐患排查

二级评审项目	三级评审项目	标准分值	评分标准
5.2　隐患排查治理（60分）	5.2.2　事故隐患排查 根据事故隐患排查制度开展事故隐患排查，排查前应制定排查方案，明确排查的目的、范围和方法；排查方式主要包括定期综合检查、专项检查、季节性检查、节假日检查和日常检查等；对排查出的事故隐患，应及时书面通知有关责任部门，定人、定时、定措施进行整改，并按照事故隐患的等级建立事故隐患信息台账。相关方排查出的隐患应统一纳入本单位隐患管理。至少每季度自行组织一次安全生产综合检查	10	未制定排查方案，每次扣 1 分； 排查方式不全，每缺一项扣 2 分； 排查结果与现场实际不符，每次扣 1 分； 未书面通知有关部门，每次扣 1 分； 隐患信息台账不全，每缺一项扣 1 分； 未将相关方隐患纳入本单位隐患管理，扣 5 分； 安全生产综合检查频次不够，每少一次扣 1 分； 存在重大事故隐患未完成有效整改的，不得评定为安全生产标准化达标单位

　　根据事故隐患排查制度开展事故隐患排查，排查前应制定排查方案，明确排查的目的、范围和方法；排查方式主要包括定期综合检查、专项检查、季节性检查、节假日检查和日常检查等；对排查出的事故隐患，应及时书面通知有关责任部门，定人、定时、定措施进行整改，并按照事故隐患的等级建立事故隐患信息台账。相关方排查出的隐患应统一纳入本单位隐患管理。至少每季度自行组织一次安全生产综合检查。

　　公司安全生产大检查隐患排查方案见表 5-20。

　　公司用电用气安全专项隐患排查方案见表 5-21。

　　安全检查和整改记录见表 5-22。

　　事故隐患排查治理台账记录、事故隐患排查治理情况统计分析月报表见案例 5-3、表 5-17、表 5-18。

　　事故隐患整改回复单见表 5-23。

表 5-20　公司安全生产大检查隐患排查方案

排查部门/项目		排查方式	综合检查
排查范围		排查方法	观察、查看
排查组长		排查时间	××××年××月××日
排查成员			

排查目的：

　　认真贯彻落实全国安全生产电视、电话会议精神，深刻吸取近期一些行业和地区的生产安全事故教训，进一步加强安全生产工作，坚决防范遏制生产安全事故发生

排查重点内容：

　　1. 责任落实情况。

　　2. 工程勘测设计。主要检查勘测设计执行《工程建设标准强制性条文》和有关安全生产规程、规范情况，野外勘察、测量作业和规划设计现场查勘、现场设计配合安全防护和应急避险预案制定情况，山地灾害、水灾、火灾和有毒气体的监测与防治情况等。

　　3. 人员密集场所。以防范火灾、爆炸和防止踩踏为重点，主要检查办公场所、职工食堂等人员密集场所安全管理制度、安全防护设施、安全警示牌与安全疏散通道设置情况等。

　　4. 工程安全度汛。重点检查涉及防洪度汛项目的防汛设计方案、度汛标准和度汛要求确定落实情况

审批人(签名)：　　　　　　编制人(签名)：　　　　　　　日期:××××年××月××日

注：1. 排查方式主要包括综合检查、专项检查、季节性检查、节假日检查和日常检查等；

　　2. 事故隐患主要排查方法有观察、查看、量测、现场操作等。

表 5-21　公司用电用气安全专项隐患排查方案

排查部门/项目		排查方式	专项检查
排查范围		排查方法	观察、查看
排查组长		排查时间	××××年××月××日
排查成员			

排查目的：

　　进一步加强公司安全生产工作，扎实做好用电用气安全管理，坚决防范用电用气生产安全事故

排查重点内容：

　　重点排查用电用气安全责任落实情况、安全用电用气操作规范等执行情况，以及用电和燃气设施设备的检修及安全防护情况，重点整治违规使用电器、私拉乱接电线、超负荷用电、私自拆除迁移或改装燃气管道等违规行为

审批人（签名）：　　　　　编制人（签名）：　　　　　日期：××××年××月××日

注：1. 排查方式主要包括综合检查、专项检查、季节性检查、节假日检查和日常检查等；

　　2. 事故隐患主要排查方法有观察、查看、量测、现场操作等。

表 5-22　安全检查和整改记录

编号：　　　号

检查部门(单位)			检查日期		××××年××月××日
检查内容					
受检部门(单位)或项目			受检部门(单位)或项目负责人		现场负责人	
检查记录					
改进建议				整改时间:自　月　日至　月　日	

检查人员	姓名	部门	姓名	部门	检查组长签名: 年　月　日

整改反馈					
复核人签名:　　　　　　　　　　　　　　　　　　　　年　月　日					

注:1.公司对下属部门(单位)或项目检查时填写此表;

　　2.受检部门(单位)或项目另行文字材料反馈,反馈时请将整改后的照片、材料等佐证资料作为附件附在其后;

　　3.本表一式2份,被检查部门(公司)或项目1份,项目经理留存0份,检查部门留1份存档。

表 5-23 事故隐患整改回复单

部门(单位)或项目名称：

致：

　　_____ 接到编号为 _____ 的<u>安全检查和整改记录</u>后,已按要求完成了整改工作,现予以回复,请予以复查。

　　附:(文字资料及照片)

部门(单位)或项目(盖章,如有)

负责人:(签名)

××××年××月××日

5.2.3 事故隐患报告和举报奖励制度

该项目标准分值为 5 分。《评审规程》对该项的要求如表 5-24 所示。

表 5-24 事故隐患报告和举报奖励制度

二级评审项目	三级评审项目	标准分值	评分标准
5.2 隐患排查治理（60 分）	5.2.3 事故隐患报告和举报奖励制度 建立事故隐患报告和举报奖励制度，鼓励、发动职工发现和排除事故隐患，鼓励社会公众举报。对发现、排除和举报事故隐患的有功人员，应给予物质奖励和表彰	5	未建立事故隐患报告和举报奖励制度，扣 2 分； 制度内容不全，每缺一项扣 1 分； 制度内容不符合有关规定，每项扣 1 分； 无物质奖励和表彰记录，扣 5 分

建立事故隐患报告和举报奖励制度，鼓励、发动职工发现和排除事故隐患，鼓励社会公众举报。对发现、排除和举报事故隐患的有功人员，应给予物质奖励和表彰。

安全生产事故隐患举报记录表见表 5-25。

安全生产事故隐患举报奖励记录表见表 5-26。

事故隐患报告和举报奖励制度可参见案例 5-4。

表 5-25 安全生产事故隐患举报记录表

举报时间		举报人姓名	
举报事项			

表 5-26　安全生产事故隐患举报奖励记录表

举报时间		举报人姓名	
奖励形式		奖励金额/元	

奖励原因：

处理结果：

❈❈❈❈❈❈❈❈❈❈❈❈❈❈❈❈❈❈❈❈❈❈❈❈❈❈❈❈❈❈❈❈❈❈

【案例 5-4】　事故隐患报告和举报奖励制度。

×××公司关于印发事故隐患报告和举报奖励制度的通知

（××××安〔××××〕××号）

公司各部门、分公司、控(参)股公司：

　　为贯彻落实水利部、×××上级主管部门安全生产工作部署,进一步明确全员安全生产责任,现颁布公司事故隐患报告和举报奖励制度,请各部门、各公司、各项目遵照执行。

　　附件:公司事故隐患报告和举报奖励制度

×××公司

××××年××月××日

公司事故隐患报告和举报奖励制度

　　第一条　为充分调动公司员工参与安全生产工作的积极性,及时发现和消除事故隐患,有效预防各类事故的发生,最大限度地减少安全风险,实施事故隐患报告和举报奖励机制。

　　第二条　公司根据《水利安全生产信息报告和处置规则》等相关规定实行事故隐患报告制,每月由相关部门按时填报水利安全生产信息系统,同时对隐瞒的事故隐患实行举报奖励制。

　　第三条　任何部门和个人有权对隐瞒的事故隐患进行举报,并获得一定奖励。

　　第四条　举报实行严格的保密制度。安全生产管理部门要妥善保管和使用举报材料,不对外泄露举报人的任何信息。核实情况时,不出示举报材料原件或复印件,不得将举报情况透露给被举报部门或有可能对举报人产生不利后果的其他人员和部门。

　　第五条　举报的事故隐患应当真实,不得捏造、歪曲事实,不得诬告、陷害他人。对借举报之名捏造事实、诬告他人或者以举报为名干扰正常工作的,将追究举报人的责任。

　　第六条　举报范围包括:各类生产过程中的安全隐患,项目管理中的安全管理漏洞,消防安全隐患,交通安全隐患,设备设施安全隐患,以及各类未按规定上报、隐瞒不报的生产安全事故等。

　　第七条　举报和受理

　　(一)举报人可以采取书信、电话、短信等多种形式举报。

　　(二)举报人应提供本人真实姓名、所属部门及联系方式。

　　(三)举报应有事故隐患的详细情况、佐证照片或材料。

　　(四)公司为专职安全员设立独立的号码作为举报电话,并保持畅通。

（五）接到举报后,受理部门要进行跟踪核实,情况属实纳入举报事故隐患整改台账,及时通知相关部门,督促落实整改。

第八条　举报奖励实施

对举报事故隐患经查证属实且属于一般事故隐患者奖励举报人 100 元,属于重大事故隐患奖励 300 元。

第九条　举报奖励金纳入公司安全生产专项经费管理。

5.2.4　重大事故隐患整改

该项目标准分值为 5 分。《评审规程》对该项的要求如表 5-27 所示。

表 5-27　重大事故隐患整改

二级评审项目	三级评审项目	标准分值	评分标准
5.2　隐患排查治理（60 分）	5.2.4　重大事故隐患整改 单位主要负责人组织制定重大事故隐患治理方案,其内容应包括重大事故隐患描述、治理的目标和任务、采取的方法和措施、经费和物资的落实、负责治理的机构和人员、治理的时限和要求、安全措施和应急预案等	5	未制定治理方案,扣 4 分; 治理方案内容不符合要求,每项扣 1 分; 未按治理方案实施,扣 5 分

单位主要负责人组织制定重大事故隐患治理方案,其内容应包括重大事故隐患描述、治理的目标和任务、采取的方法和措施、经费和物资的落实、负责治理的机构和人员、治理的时限和要求、安全措施和应急预案等。

重大事故隐患治理方案可参见案例 5-5。

【案例 5-5】　重大事故隐患治理方案。

重大事故隐患治理方案

一、重大事故隐患描述

××××年 4 月 10 日,××县安全主管部门来××集团公司甲矿进行安全检查,发现甲矿存在安全管理机构不全、矿井钻孔资料不全、瓦斯探头设置不正确、未设置标牌检查板等安全隐患。上述隐患被判定为重大安全隐患,主管部门对××集团公司下达了停工责任整改通知书,要求××集团公司立即对存在的隐患进行整改。整改完成报某安全主管部门验收通过后才能开工。

二、治理的目标和任务

严格按照定措施、定时限、定资金、定预案、定责任人的"五定"原则,针对存在的薄弱环节,采取切实有效措施,进行重点整治,严密防范。同时要求各队、各班组对安全隐患必须本着快速、安全、优质、高效、限期的原则进行整改,确保矿井安全生产。如果发现对隐患整改采取消极态度、拖延或采取应付使整改质量无保证而导致发生事故的,将严厉追究有关人员的责任。

治理目标:确保4月底前按相关规范和上级主管部门的要求完成重大隐患治理任务,5月10日前通过验收,项目恢复开工。

主要治理任务有四项:一是设立矿级安全生产管理机构;二是补充主斜井探放水钻孔竣工图,完善相关资料;三是正确设置副斜井瓦斯探头;四是设置主、副斜井瓦斯检查牌板。

三、落实整改责任,成立组织机构

(一)设立安全隐患整改领导小组

组长:×××矿长(负责隐患落实整改工作的安排布置、全面指挥及组织协调管理工作)。

副组长:×××安全矿长(负责整改工作期间的现场指挥、跟踪、随时抽查跟进隐患整改落实进度情况)。

×××主任工程师(负责审核安全隐患整改方案和协助组长解决过程中出现的技术难题)。

成员:×××、×××、×××(具体负责各项整改工作的实施和安全检查。经常深入现场,根据自身职责分管范围进行隐患整改跟进,力争按质、按量、按时完成整改任务)。

安全隐患整改领导小组职责如下:

(1)对编制的整改方案认真进行会审,并提出会审意见。对整改方案提出的各项安全措施确定是否可行,做到遗漏补充,负责整改工作安全。

(2)制定隐患整改表,对隐患整改进度进行跟踪检查。

(3)严格执行"编号登记、复查销号"的整改制度。

(4)整改领导小组成员分工明确,责任到人,层层落实责任。

(5)对各项整改项目,责任人必须到现场指挥、督查,发现问题应及时处理。

(6)在隐患整改过程中,遇到难以解决的问题时,由领导小组组长负责召开领导小组全体工作人员会议,提出解决问题的方法和措施。

(7)按整改方案进行整改,安全措施不到位决不允许施工。

(8)做好整改期间各项记录。在规定期限内对所有隐患督查整改落实到位。

(二)设立安全隐患整改、复查验收领导小组

组长:×××董事长。

副组长:×××总经理、×××总工程师。

成员:×××、×××、×××。

安全隐患整改、复查验收领导小组职责如下:

(1)负责所有整改项目复查验收工作,对整改不合格的必须重新进行整改,直到合格。

(2)制定各项整改项目验收标准,严格按标准进行验收。

（3）对整改期间"三违"现象进行督查，对各类违章、违纪行为按有关规定进行处罚。

（4）狠抓整改工程质量，对各项整改工程质量跟踪检查，发现问题及时处理。

（5）对整改工作失职人员进行严肃查处。

（6）对整改各项安全检查记录进行检查、完善。

（7）整改结束并经自查自验合格后，报请主管部门验收。

四、整改所需资金及物资设备保障

董事长×××、总经理×××和财务处长×××、综合服务部部长×××负责筹措整改所需资金及整改期间物资设备的正常供应等。

五、隐患内容及整改措施、责任人、整改时间

（一）无矿级安全管理机构文件，安全生产管理机构不健全。

（1）整改措施：成立甲矿的矿级安全管理机构，由×××董事长签发并进行公示，且逐步健全安全生产管理机构。

（2）整改责任人：×××、×××、×××。

（3）整改期限：在4月15日前完成。

（二）主斜井探放水钻孔已施工结束，无钻孔竣工图和允许掘进距离。副斜井探放水资料不完善。

（1）整改措施：要求承建主、斜井的施工单位按照实际比例绘制探放水的平面图和剖面图，在图上必须标示清楚煤（岩）层位和允许掘进距离。要求承建副斜井的施工单位完善探放水资料，资料完成后报甲矿进行审核。

（2）整改责任人：×××、×××、×××。

（3）整改监督人：×××、×××。

（4）整改期限：4月25日前完成。

（三）主、副斜井无瓦斯检查牌板。

（1）整改措施：要求下属两个施工单位在规定位置必须悬挂瓦斯检查牌板，且按有关规定及时检查和填写瓦斯数据。

（2）整改责任人：×××、×××、×××。

（3）整改监督人：×××、×××。

（4）整改期限：4月20日前完成。

（四）副斜井瓦斯探头悬挂不到位。

（1）整改措施：要求承建副斜井的施工单位立即将瓦斯探头吊挂到规定位置。

（2）整改责任人：×××、×××、×××。

（3）整改监督人：×××、×××。

（4）整改期限：4月18日前完成。

（五）申请验收

（1）整改措施：四项整改任务完成并经公司内部验收后，向上级主管部门申请验收，恢复开工。

（2）整改责任人：×××、×××、×××。

（3）整改监督人：×××、×××。

（4）整改期限：5 月 10 日前完成。

六、整改期间安全技术措施

（1）两个施工队根据本次所查出来的隐患问题，制定整改方案，并明确责任人和整改期限，以及整改后达到的标准，确保整改工作顺利。

（2）在隐患整改过程中要加强施工人员的安全思想教育，严格按标准施工，严格按相关操作规程的规定操作，严禁违章作业和在处理隐患过程中发生事故。

（3）在整改期间要加强安全隐患整改过程中的现场指挥工作。

（4）凡本次列入的井下安全隐患必须严格按煤矿安全质量标准化要求对照整改，确保整改质量。

（5）矿分管领导要加强对所分管范围内存在的隐患整改工作指导并监督按要求进行整改。

（6）要加强协调配合，对整改过程中存在的问题要及时反馈信息到整改办公室。

（7）要高度重视这次停产整顿整改工作，要有为矿负责、为职工负责、为本人负责的高度责任感，加强本次整改工作的力度，确保各项整改工作得以很好地落实。

（8）安全矿长要对本次整改工作加强跟踪落实，整改一条，注销一条，直到所有整改工作结束。

（9）各挡车装置必须保持常闭状态，只有在车辆通过时才能打开。

（10）必须有矿管理人员在现场跟班作业，严禁脱岗。

（11）各整改项目整改结束后及时报告公司安监部，并由安监部部长组织相关人员进行验收，对整改不合格、达不到标准的必须进行限期重新整改，再达不到要求的对分管领导和相关单位责任人进行经济处罚。

（12）整改工作结束后，由矿安监部组织进行初验收，确认合格后，及时向上级申请验收。

（13）未述部分严格按公司制定的应急预案、《煤矿安全规程》、《煤矿操作规程》及国家有关规定执行。

❋❋❋❋❋❋❋❋❋❋❋❋❋❋❋❋❋❋❋❋❋❋❋❋❋❋❋❋❋❋❋❋

5.2.5　一般事故隐患整改

该项目标准分值为 7 分。《评审规程》对该项的要求如表 5-28 所示。

表 5-28　一般事故隐患整改

二级评审项目	三级评审项目	标准分值	评分标准
5.2　隐患排查治理（60分）	5.2.5　一般事故隐患整改 一般事故隐患应立即组织整改	7	一般事故隐患未立即组织整改，每项扣 1 分

一般事故隐患应立即组织整改。

一般事故隐患检查和整改记录见表 5-29、表 5-30。

表5-29　安全检查和整改记录

编号：　×××号

检查部门(单位)	×××	检查日期	××××年××月××日

检查内容	日常安全检查,结合《水利部关于印发水利行业安全生产专项整治三年行动实施方案的通知》(水监督〔2020〕78号)、汛期安全生产、防暑降温等活动		

受检部门 (单位)或项目	×××	受检部门(单位) 或项目负责人	×××	现场 负责人	×××

检查记录	1. 现场制定有《×××工地安全守则》; 2. 现场在《×××地质勘察大纲》中进行危险源辨识、环境因素识别评价; 3. 现场制定有《×××应急预案》; 4. 现场有《勘察技术、安全文明交底记录》,参加作业人员有签字确认; 5. 现场有安全隐患自查自纠记录; 6. 现场租住小旅馆有统一配置的灭火器材; 7. 现场配有藿香正气液等防暑药品

改进建议	1. 经了解,现场有蛇出没,自身增配蛇药的同时,请督促外委单位增配蛇药。 2. 请增加制定防暑降温、汛期应急预案 整改时间:自××月××日至××月××日

检查人员	姓名	部门	姓名	部门	检查组长签名: 　　　　　　　××× ××××年××月××日
	×××	×××			

整改反馈	已整改完成 复核人签名:×××　　　　　　　　　　　　　　　　××××年××月××日

注:1. 公司对下属部门(单位)或项目检查时填写此表;

　　2. 受检部门(单位)或项目请另行文字材料反馈,反馈时请将整改后的照片、材料等佐证资料作为附件附在其后;

　　3. 本表一式2份,被检查部门(单位)或项目1份,项目经理留存0份,检查部门留1份存档。

表 5-30　事故隐患整改回复单

部门(单位)或项目名称:×××

致:

　　___×××___接到编号为___×××___的安全检查和整改记录后,已按要求完成了整改工作,现予以回复,请予以复查。

　　附:(文字资料及照片)

部门(单位)或项目(盖章,如有)

负责人:(签名)×××

××××年××月××日

5.2.6   安全防范措施

该项目标准分值为 5 分。《评审规程》对该项的要求如表 5-31 所示。

表 5-31   安全防范措施

二级评审项目	三级评审项目	标准分值	评分标准
5.2 隐患排查治理（60分）	5.2.6 安全防范措施 事故隐患整改到位前，应采取相应的安全防范措施，防止事故发生	5	未采取安全防范措施，每项扣 1 分

事故隐患整改到位前，应采取相应的安全防范措施，防止事故发生。

安全防范措施如图 5-1 所示。

图 5-1   安全防范措施

5.2.7   验证和效果评估

该项目标准分值为 10 分。《评审规程》对该项的要求如表 5-32 所示。

表 5-32　验证和效果评估

二级评审项目	三级评审项目	标准分值	评分标准
5.2　隐患排查治理（60分）	5.2.7　验证和效果评估 重大事故隐患治理完成后，对治理情况进行验证和效果评估。一般事故隐患治理完成后，对治理情况进行复查，并在隐患整改通知单上签署明确意见	10	对于重大事故隐患，未进行验证、效果评估，扣10分； 　对于一般事故隐患，未复查或未签署意见，每项扣2分

重大事故隐患治理完成后，对治理情况进行验证和效果评估。一般事故隐患治理完成后，对治理情况进行复查，并在隐患整改通知单上签署明确意见。

隐患整改记录见表 5-29、表 5-30。

5.2.8　隐患记录与通报

该项目标准分值为 5 分。《评审规程》对该项的要求如表 5-33 所示。

表 5-33　隐患记录与通报

二级评审项目	三级评审项目	标准分值	评分标准
5.2　隐患排查治理（60分）	5.2.8　隐患记录与通报 事故隐患排查治理情况应当如实记录，按月、季、年对隐患排查治理情况进行统计分析，并通过职工大会或者职工代表大会、信息公示栏等方式向从业人员通报。其中，重大事故隐患排查治理情况应当及时向负有安全生产监督管理职责的部门和职工大会或者职工代表大会报告	5	未如实记录，未按规定进行统计分析，每次扣1分； 　未向从业人员通报，每次扣1分； 　重大事故隐患排查治理情况未及时向负有安全生产监督管理职责的部门报告，每次扣2分

事故隐患排查治理情况应当如实记录，按月、季、年对隐患排查治理情况进行统计分析，并通过职工大会或者职工代表大会、信息公示栏等方式向从业人员通报。其中，重大事故隐患排查治理情况应当及时向负有安全生产监督管理职责的部门和职工大会或者职工代表大会报告。

事故隐患排查治理台账记录表见表 5-34。

事故隐患排查治理情况统计分析月报表见表 5-35。

表 5-34　事故隐患排查治理台账记录表

部门（项目）：　　　　　　　　　　　　　　　　　　　　　　　建档日期：　　　　年　　　月　　　日　　　第　　　页　共　　　页

序号	排查日期	排查人员	隐患情况	隐患等级	整改措施	应急预案	治理人员	治理资金	整改期限	整改完成情况	验收人员	公布情况	上报情况	备注

说明：本表由各部门（项目）自行填写，用于归档和备查，按需报公司办公室备案。

部门（项目）负责人：　　　　　　　　　　　　　　　　填表人：

表 5-35　事故隐患排查治理情况统计分析月报表

部门(项目):

统计时段:　　年　月　日 ～ 　年　月　日

类型	一般事故隐患				重大事故隐患							
	隐患排查数/项	已整改数/项	整改率/%	整改投入资金/万元	计划整改数/项	未整改的重大事故隐患列入治理计划						
						落实目标任务/项	落实经费和物质/项	落实机构人员/项	整改期限/项	落实整改/项	落实应急措施/项	整改投入资金/万元
本月数												
本年累计数												

隐患现象	类型			产生原因
	管理型	条,占	%	
	操作型	条,占	%	
	自然型	条,占	%	
	技术型	条,占	%	

事故隐患排查情况分析:

隐患治理防范措施	工程技术措施:
	管理措施:
	教育措施:
	防护措施:
	应急措施:
	总体要求:

参加分析人员:

	签名:	时间: 年 月 日
	签名:	时间: 年 月 日
	签名:	时间: 年 月 日
	签名:	时间: 年 月 日
	签名:	时间: 年 月 日

部门(项目)负责人签名:　　　时间: 年 月 日

部门(项目)负责人(签字):

注:本表由各部门(项目)自行填写,用于归档和备查,以部门为单位每月底前向公司安全生产管理部门备案。

填表人:　　　　　　　　　填表日期:

5.2.9　重大事故隐患治理评估

该项目标准分值为 5 分。《评审规程》对该项的要求如表 5-36 所示。

表 5-36　重大事故隐患治理评估

二级评审项目	三级评审项目	标准分值	评分标准
5.2　隐患排查治理（60 分）	5.2.9　重大事故隐患治理评估 地方人民政府或有关部门挂牌督办并责令全部或者局部停工的重大事故隐患，治理工作结束后，应组织本单位的技术人员和专家对治理情况进行评估。经治理后符合安全生产条件的，向有关部门提出复工的书面申请，经审查同意后，方可复工	5	未按规定进行评估，扣 5 分； 未经审查同意复工，扣 5 分

地方人民政府或有关部门挂牌督办并责令全部或者局部停工的重大事故隐患，治理工作结束后，应组织本单位的技术人员和专家对治理情况进行评估。经治理后符合安全生产条件的，向有关部门提出复工的书面申请，经审查同意后，方可复工。

重大事故隐患治理评估记录见表 5-37。

表 5-37　重大事故隐患治理评估记录

序号	隐患描述	排查时间	隐患整改措施	隐患整改验证效果	整改完成时间	整改负责人

编制人：　　　　　　审核人：　　　　　　批准人：　　　　　　日期：

5.2.10　信息化管理

该项目标准分值为 5 分。《评审规程》对该项的要求如表 5-38 所示。

表 5-38　信息化管理

二级评审项目	三级评审项目	标准分值	评分标准
5.2 隐患排查治理（60分）	5.2.10　信息化管理 运用隐患自查、自改、自报信息系统,通过信息系统对隐患排查、报告、治理、销账等过程进行管理和统计分析,并按照有关要求报送隐患排查治理情况	5	未应用信息系统进行隐患管理和统计分析,扣5分; 隐患管理和统计分析内容不完整,每缺一项扣1分; 未按照要求报送隐患排查治理情况,每次扣1分

运用隐患自查、自改、自报信息系统,通过信息系统对隐患排查、报告、治理、销账等过程进行管理和统计分析,并按照有关要求报送隐患排查治理情况。

水利安全生产信息采集系统见图 5-2。

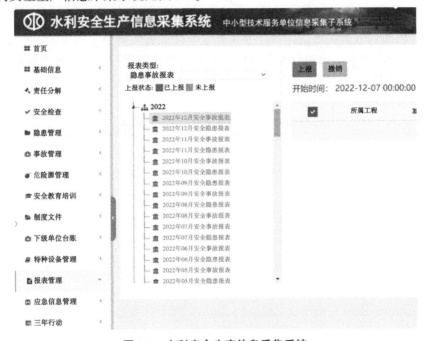

图 5-2　水利安全生产信息采集系统

5.3　预测预警

预测预警总分15分,三级评审项目有3项,分别是5.3.1建立安全生产预测预警体系(5分)、5.3.2及时预警(5分)和5.3.3定期预测预警(5分)。

5.3.1　建立安全生产预测预警体系

该项目标准分值为5分。《评审规程》对该项的要求如表5-39所示。

表 5-39　建立安全生产预测预警体系

二级评审项目	三级评审项目	标准分值	评分标准
5.3　预测预警 （15 分）	5.3.1　建立安全生产预测预警体系 　根据本单位的特点,结合安全风险管理、隐患排查治理及事故等情况,运用定量或定性的安全生产预测预警技术,建立体现安全生产状况及发展趋势的安全生产预测预警体系	5	未建立安全生产预测预警体系,扣 5 分; 　预测预警体系内容不全,每缺一项扣 1 分

　　根据本单位的特点,结合安全风险管理、隐患排查治理及事故等情况,运用定量或定性的安全生产预测预警技术,建立体现安全生产状况及发展趋势的安全生产预测预警体系。

　　预测预警体系可参见案例 5-6。

✿✿✿✿✿✿✿✿✿✿✿✿✿✿✿✿✿✿✿✿✿✿✿✿✿✿✿✿✿✿✿✿✿✿

【案例 5-6】　预测预警体系。

×××公司关于印发安全生产预测预警体系的通知

（××××安〔××××〕××号）

公司各部门、分公司、控（参）股公司：
　　为贯彻落实水利部、×××上级主管部门安全生产工作部署,进一步明确全员安全生产责任,现颁布公司安全生产预测预警体系,请各部门、各公司、各项目遵照执行。

　　附件:公司安全生产预测预警体系

×××公司

××××年××月××日

公司安全生产预测预警体系

　　第一条　公司安全生产领导小组负责组织建立公司预测预警体系。根据收集到的国家、行业法规政策变化,安全生产新形势、新情况、新问题,自然灾害等信息,结合公司安全现状进行分析、判断、预测,及时发布预警信息。

　　第二条　公司安全生产管理部门负责统筹协调公司层面预测预警工作,具体落实公司安全生产领导小组交办的预测预警事宜。

　　第三条　公司各相关部门、相关项目、场所根据各自实际,采取多种途径拓展信息渠道,及时获取、收集、处理、辨伪、存储预测预警信息,进行研判和推断,及时发布本部门、本项目、场所预警信息。

第四条 公司各部门、各项目、现场可以采用公司内网、OA 系统、微信、短信、电话等平台或信息手段,开展预测预警工作。

第五条 各相关部门、相关项目、场所在接到预警报告后,应按照预警通报内容,认真分析和查找各自安全生产薄弱环节和存在的问题,提出有针对性的措施,做出符合各自实际情况的安全生产工作布置。

第六条 公司广大员工应根据公司或本部门、本项目、场所提出的措施和工作布置,认真贯彻落实,确保安全。

第七条 公司外业项目,在进驻现场后,可根据现场实际制定或明确项目现场预测预警措施。总承包项目应督促施工合作单位按照相关规定建立健全项目现场预测预警管理体系。设代现场根据业主要求,配合做好项目预测预警工作,落实好自身人员预测预警工作。

第八条 各相关部门、相关项目、场所结合安全生产信息化技术手段收集的数据,对安全风险管理、隐患排查治理及事故等进行定量或定性统计分析结果,每月至少进行一次安全生产预测预警。

❈❈❈❈❈❈❈❈❈❈❈❈❈❈❈❈❈❈❈❈❈❈❈❈❈❈

5.3.2　及时预警

该项目标准分值为 5 分。《评审规程》对该项的要求如表 5-40 所示。

表 5-40　及时预警

二级评审项目	三级评审项目	标准分值	评分标准
5.3　预测预警（15 分）	5.3.2　及时预警 采取多种途径及时获取水文、气象等信息,在接到有关自然灾害预报时,应及时发出预警通知;发生可能危及安全的情况时,应采取撤离人员、停止作业、加强监测等安全措施,并及时向有关部门报告	5	获取信息不及时,每次扣 2 分; 未及时发出预警通知,扣 5 分; 未采取安全措施,扣 5 分; 未及时报告,每次扣 2 分

采取多种途径及时获取水文、气象等信息,在接到有关自然灾害预报时,应及时发出预警通知;发生可能危及安全的情况时,应采取撤离人员、停止作业、加强监测等安全措施,并及时向有关部门报告。

预警记录表见表 5-41。

水文、气象等信息获取记录台账见表 5-42。

表 5-41　预警记录表

编号：

项目(场所)：

序号	预警事由	预警时间	预警人	预警渠道	预警接受人	安全措施	上报部门

注：1. 预警渠道指电话、短信、微信、QQ、蓝信、邮件、OA 平台等；

　　2. 本表需附相关截图证明。

表 5-42　水文、气象等信息获取记录台账

工程名称：　　　　　　　　　　　　　　设计阶段：

工程所在地：

水文、气象描述	日期及时间	信息来源	记录人	发布人	发布途径	接收情况
天气情况						
台风情况						
洪水情况						
河水位变化情况						

5.3.3　定期预测预警

该项目标准分值为 5 分。《评审规程》对该项的要求如表 5-43 所示。

表 5-43　定期预测预警

二级评审项目	三级评审项目	标准分值	评分标准
5.3 预测预警（15 分）	5.3.3　定期预测预警 　根据安全风险管理、隐患排查治理及事故等统计分析结果，每月至少进行一次安全生产预测预警	5	未定期进行预测预警，每少一次扣1 分

根据安全风险管理、隐患排查治理及事故等统计分析结果，每月至少进行一次安全生产预测预警。

每月进行一次预测预警，见图 5-2。

对高温天气发出的预警，可参见案例 5-7。

【案例5-7】　关于做好防暑降温工作的通知。

关于做好防暑降温工作的通知

公司各部门、分公司,各项目:

　　近期以来,全国大部分地区进入高温酷暑季节,为做好防暑降温工作,切实保障公司员工尤其户外高温作业条件下员工的身体健康和安全。现将相关事宜通知如下:

　　一、高度重视防暑降温工作

　　各部门、各项目,尤其是从事户外作业的外业部门、外业项目要切实贯彻以人为本的原则,充分认识高温季节对户外作业、高温岗位员工身体健康及生产工作的影响,将做好防暑降温工作作为当前一项重要的劳动保护工作抓实、抓好,突出重点岗位、重点人员,做到重点预防、重点防护。

　　二、切实确保员工安全健康

　　(1)及时掌握项目所在地气象主管部门发布的高温天气信息,根据高温天气情况合理安排户外作业时段。

　　(2)加强高温防护、中暑急救等知识技能的培训教育,增强户外作业人员的自救互救能力。

　　(3)及时配发暑期现场防护用品和急救药品,如藿香正气液、十滴水、创可贴等。

　　(4)采取可靠措施,保证户外作业人员饮用水足量供应。

　　(5)结合实际,落实作业现场遮阳、通风、避暑措施,改善作业条件。

　　(6)加强宿舍风扇、空调的维保工作,确保通风降温设备正常运行,做好员工休息保障工作。

　　(7)明确高温中暑应急预案,确保出现异常情况时,能够及时有效处置。

　　(8)公司内业员工公务外出和上下班途中注意采取好遮阳、防晒措施,避免中暑。

　　(9)后勤服务部门要确保办公楼空调和电力供应的正常运行。同时,监督督促食堂外包单位厨房等高温岗位认真落实防暑降温措施。

　　其他未尽事宜参照国家及地方有关防暑降温措施执行。

　　三、监督检查和督促

　　公司将结合日常监督抽查一起,对防暑降温措施落实情况进行监督检查。对检查中发现的问题,督促现场进行整改,切实落实对员工的关爱。

公司安全生产领导小组办公室

××××年××月××日

第6章　应急管理

应急管理总分50分,二级评审项目有3项,分别为6.1应急准备(35分)、6.2应急处置(11分)和6.3应急评估(4分)。

6.1　应急准备

应急准备总分35分,三级评审项目有7项,分别是6.1.1应急管理机构(5分),6.1.2应急预案体系(8分),6.1.3应急救援队伍(5分),6.1.4应急物资、装备(5分),6.1.5应急演练(6分),6.1.6定期评估(3分)和6.1.7配合应急管理(3分)。

6.1.1　应急管理机构

该项目标准分值为5分。《评审规程》对该项的要求如表6-1所示。

表 6-1　应急管理机构

二级评审项目	三级评审项目	标准分值	评分标准
6.1　应急准备（35分）	6.1.1　应急管理机构 按照有关规定建立应急管理组织机构或指定专人负责应急管理工作	5	未设置应急管理机构或未指定专人负责,扣5分

按照有关规定建立应急管理组织机构或指定专人负责应急管理工作。

公司应急管理机构见图6-1。

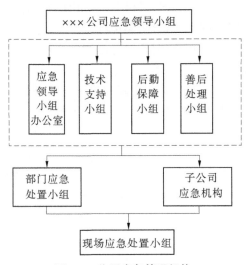

图 6-1　公司应急管理机构

6.1.2 应急预案体系

该项目标准分值为 8 分。《评审规程》对该项的要求如表 6-2 所示。

表 6-2 应急预案体系

二级评审项目	三级评审项目	标准分值	评分标准
6.1 应急准备(35 分)	6.1.2 应急预案体系 针对可能发生的生产安全事故的特点和危害,在开展安全风险评估和应急资源调查的基础上,在风险辨识、评估和应急资源调查的基础上,根据《生产经营单位生产安全事故应急预案编制导则》(GB/T 29639—2020)等有关要求建立健全生产安全事故应急预案体系,包括综合预案、专项预案、现场处置方案。按照有关规定将应急预案报当地主管部门备案,并通报应急救援队伍、周边企业等有关应急协作单位	8	未以正式文件发布,扣 8 分; 应急预案内容不全,每项扣 1 分; 未按有关规定报备、通报,扣 3 分

针对可能发生的生产安全事故的特点和危害,在开展安全风险评估和应急资源调查的基础上,在风险辨识、评估和应急资源调查的基础上,根据 GB/T 29639—2020 等有关要求建立健全生产安全事故应急预案体系,包括综合应急预案、专项应急预案、现场处置方案。按照有关规定将应急预案报当地主管部门备案,并通报应急救援队伍、周边企业等有关应急协作单位。

公司应编制的应急预案种类见表 6-3。

公司交通事故应急预案可参见案例 6-1。

表 6-3 公司应急预案统计表

序号	名称	备注
	(一)综合应急预案	
1	《生产安全事故综合应急预案》	
	(二)专项应急预案	
2	《×××大厦应急预案》	
3	《公司交通事故应急预案》	
	(三)现场处置方案	

续表 6-3

序号		名称	备注
4	物业管理	《火灾应急处置方案》	
5		《治安事件应急方案》	
6		《突发性疾病及疫情应急方案》	
7		《触电事故应急方案》	
8		《电梯困人救援应急方案》	
9		《自然灾害应急方案》	
10		《突发性停电应急方案》	
11		《给排水设备设施应急处理方案》	
12		《消防系统设备故障应急处理方案》	
13		《高空坠物应急方案》	
14		《安防系统故障应急方案》	
15		《有毒物品中毒应急方案》	
16		《燃气泄漏应急预案》	
17	档案	《档案工作突发事件应急处置方案》	
18	食堂	《火灾应急处置方案》	
19		《食物中毒应急处置方案》	
20		《停电、停水、停气应急处置方案》	
21	勘测	《外业人员坠崖、摔伤和物体打击应急处置方案》	
22		《外业人员溺水应急处置方案》	
23		《交通应急救援处置方案》	
24		《毒蛇、毒虫咬伤应急处置方案》	
25		《火灾应急处置方案》	
26		《汛期勘察应急处置方案》	
27		《水上作业应急处置方案》	
28		《防暑降温应急处置方案》	

✦✦✦✦✦✦✦✦✦✦✦✦✦✦✦✦✦✦✦✦✦✦✦✦✦✦✦✦✦✦✦✦✦✦✦✦✦✦

【案例6-1】 公司交通事故应急预案。

×××公司关于印发交通事故应急预案的通知

（××××安〔××××〕××号）

公司各部门、分公司、控（参）股公司：

为贯彻落实水利部、×××上级主管部门安全生产工作部署，进一步明确全员安全生产责任，现颁布公司交通事故应急预案，请各部门、各公司、各项目遵照执行。

附件：公司交通事故应急预案

×××公司

××××年××月××日

公司交通事故应急预案

1 适用范围

本预案所指的交通事故是指公司在生产经营活动过程中，驾驶人员、车辆、道路的不安全因素引发的交通事故。

公司生产安全事故综合应急预案是本预案的编制总纲。

2 事故风险分析

公司本部、勘测设计外业（含设代、检测、监测）等在工作、生产、经营、服务过程或活动中，使用公司或租用外部交通、运输工具，因自然灾害、交通环境、人为疏忽、机械故障等因素，发生道路交通事故，造成我方或他方人员的伤害。

3 应急指挥机构及职责

按公司《生产安全事故综合应急预案》规定的部门安全职责、主要岗位安全职责、事故报告与处理等有关规定，成立应急组织机构。

3.1 当发生特大交通事故时，启动Ⅰ级响应，本预案自动执行公司《生产安全事故综合应急预案》，公司应急办在公司安全生产领导小组领导下，负责事故救援和善后处理的应急决策、指挥、指导和协调等有关工作。

3.2 公司分管安全领导负责重大事故、事件的全面管理，是交通事故应急总协调和总指挥。

3.3 公司安全管理部门是公司安全生产的主管部门，负责交通安全工作的指导、检查、监督；负责与相关安全监督部门的协调、沟通工作；负责组织事故的调查和处理。

3.4 后勤综合服务部门负责制定和落实公司交通事故应急预案，在公司车辆交通事故或出现紧急情况时，是应急协调和处理执行中心。

3.5 当事人

（1）发生事故或紧急情况时，当事人应立即向公司和交警报告，同时向所在部门负责人报告,必要时直接联系请求外援。

(2)积极参与现场抢险和抢救伤亡人员工作。

(3)主动配合事故原因调查和处理工作。

3.6 各部门(事故车辆所属或使用部门、项目部)

(1)部门(项目)负责人是当次事故的现场协调和总指挥。

(2)接到事故报告后,应立即(有人员伤亡事故最迟不超过半小时)报告公司安全管理部门和车辆管理部门。

(3)组织事故应急机构实施应急救援。

(4)参与事故原因调查和处理工作。

3.7 工会、人力资源管理部门

(1)参与事故原因调查和处理工作。

(2)办理事故伤亡人员医疗事项、伤亡保险理赔及善后工作。

4 处置程序

4.1 事故报告

事故报告时应简要说明事故发生时间、地点、性质、影响范围及程度、人员伤亡等有关情况,简要说明事故的情况和已采取的紧急处置措施。事故报告流程见图6-2。

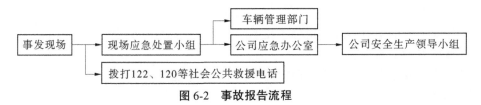

图6-2 事故报告流程

发生人员伤亡,上报时间不得超过半小时;无人员伤亡,但已造成直接经济损失的,上报时间不超过2 h。

4.2 应急响应

按照事故的严重程度和影响范围,对应公司《生产安全事故综合应急预案》中事故等级划分为1~5级事故,分别采取Ⅰ~Ⅴ级应急响应。发生4、5级事故时,一般由项目部或涉事部门组织应急处置,并在规定时间内报告公司管理部门或公司分管安全领导。发生1~3级事故,一般由公司层面组织应急处置。事故应急响应程序参见《生产安全事故综合应急预案》。

Ⅰ~Ⅲ级应急响应主要参加部门或人员见表6-4。

4.3 应急结束

当事故险情已排除、抢救工作已结束、受伤人员已安全撤离、环境符合有关标准,可能导致次生、衍生的隐患已消除后,由应急办公室或现场应急指挥机构宣布现场应急处置工作结束,并要求事发项目、部门提供事故调查所需资料、事故应急工作总结报告等材料。

4.4 后期处置

事故发生部门、项目负责组织事故的善后处置工作,包括人员医疗救治,人员安置,善后赔偿,污染物收集、清理与处理等事项。尽快消除事故影响,妥善安置和慰问受害人员及受影响人员,保证社会稳定,尽快恢复正常秩序。

表 6-4　Ⅰ~Ⅲ级应急响应主要参加部门或人员一览表

部门或人员	Ⅲ级响应		Ⅱ级响应		Ⅰ级响应	
	项目事故	非项目事故	项目事故	非项目事故	项目事故	非项目事故
公司分管安全领导				√		√
项目分管领导			√		√	
项目经理	√		√		√	
事故项目主要涉事部门负责人	√		√		√	
事故部门负责人		√		√		√
安全生产管理部门(负责人)				√		√
安全生产管理部门安全科 (专职安全员)	√	√	√	√	√	√
经营部门(负责人)			√		√	
工会(主席)			(√)	(√)	√	√
人力资源部门(负责人)			(√)	(√)	(√)	(√)
涉事相关人员	√	√	√	√	√	√
法律顾问	(√)	(√)	(√)	(√)	(√)	(√)
其他指定人员	√	√	√	√	√	√

注:1.表中仅列入"应急"的主要人员或部门,未列入本表的人员或部门,在事故的善后中,或仍需担任重要角色。
2.括号"( )"表示根据实际情况确定。

事故善后处置工作结束后,应急组织指挥机构分析总结应急救援经验教训,提出改进应急救援工作的建议,完成应急救援总结报告并及时上报。

5　处置原则及具体要求

当发生交通事故时,现场人员要沉着冷静,预估紧急事件可能演化的结果及严重程度,并启动相应的应急准备和响应预案。

(1)应当坚持"生命第一"的原则,尽可能将事故损失降低到最小程度。

(2)当事故现场可控时,现场人员应根据应急事件的性质确定应采取的具体措施,利用周边的应急物资和装置进行应急处理,必要时联络外部救援。

(3)当事故现场不可控时,除可能自行实施的应急措施外,还需立即进行外部救援联系。

(4)当事故已对环境、生态和人身造成严重伤害,且可能危及现场其他人员生命安全时,应立即实施人员疏散,并立即进行外部救援联系,做好外部救援的应急向导工作。

(5)员工外出及路途中发生交通事故,如遭遇人身伤亡应首先进行自救,立即与当地急救部门和单位联系寻求支援和救急,并立即报告总经理或公司分管安全领导和办公室。

(6)在外业现场发生交通事故,应启动相应的应急准备和相应预案,及时报告业主、外部救援部门和单位,寻求支援和帮助,并报告总经理或公司分管安全领导和办公室。

6 应急保障

6.1 通信与信息保障

正常情况下,各应急小组组长和主要人员应当保持通信设备 24 h 正常畅通。有关应急部门、机构的联系方式:公安交通管理部门(道路交通事故报警电话),122;急救电话,120。

6.2 车辆装备保障

备用轮胎 1 个,千斤顶 1 个,工具箱 1 套,三角架 1 个,灭火器 1 个。

❈❈❈❈❈❈❈❈❈❈❈❈❈❈❈❈❈❈❈❈❈❈❈❈❈❈❈❈❈❈❈❈

6.1.3 应急救援队伍

该项目标准分值为 5 分。《评审规程》对该项的要求如表 6-5 所示。

表 6-5 应急救援队伍

二级评审项目	三级评审项目	标准分值	评分标准
6.1 应急准备(35 分)	6.1.3 应急救援队伍 应按照应急预案建立应急救援组织,组建应急救援队伍,配备应急救援人员。必要时与当地具备能力的应急救援队伍签订应急支援协议	5	未建立应急救援队伍或配备应急救援人员,扣 5 分; 应急救援队伍不满足要求,扣 5 分

应按照应急预案建立应急救援组织,组建应急救援队伍,配备应急救援人员。必要时与当地具备能力的应急救援队伍签订应急支援协议。

公司应急救援队伍见图 6-1。

6.1.4 应急物资、装备

该项目标准分值为 5 分。《评审规程》对该项的要求如表 6-6 所示。

表 6-6 应急物资、装备

二级评审项目	三级评审项目	标准分值	评分标准
6.1 应急准备(35 分)	6.1.4 应急物资、装备 根据可能发生的事故种类特点,设置应急设施,配备应急装备,储备应急物资,建立管理台账,安排专人管理,并定期检查、维护、保养,确保其完好、可靠。外业作业应配备和携带适用的急救用品和药品	5	应急物资、装备的配备不满足要求,每项扣 2 分; 未建立应急物资、装备台账,未安排专人管理或未定期检查、维护、保养,扣 3 分; 外业作业未携带适用的急救用品和药品,扣 3 分

　　根据可能发生的事故种类特点,设置应急设施,配备应急装备,储备应急物资,建立管理台账,安排专人管理,并定期检查、维护、保养,确保其完好、可靠。外业作业应配备和携带适用的急救用品和药品。

　　应急物资或装备台账见表 6-7。

　　应急物资维修台账见表 6-8。

表 6-7　应急物资或装备台账

序号	设备、设施、物资名称	所在位置	启用时间	负责人	使用状态	备注

审核人:　　　　　　　　　　　　证明人:　　　　　　　　　　　　制表人:

表 6-8　应急物资维修台账

序号	物资名称	更换原因	更换日期	备注

审核人:　　　　　　　　　　　　证明人:　　　　　　　　　　　　制表人:

6.1.5 应急演练

该项目标准分值为 6 分。《评审规程》对该项的要求如表 6-9 所示。

表 6-9 应急演练

二级评审项目	三级评审项目	标准分值	评分标准
6.1 应急准备（35 分）	6.1.5 应急演练 根据本单位的事故风险特点,按照《生产安全事故应急演练基本规范》(AQ/T 9007—2019)等有关要求,每年至少组织一次综合应急预案演练或者专项应急预案演练,每半年至少组织一次现场处置方案演练,做到一线从业人员参与应急演练全覆盖,掌握相关的应急知识。按照《生产安全事故应急演练评估规范》(AQ/T 9009—2015)等有关要求,对演练进行总结和评估,根据评估结论和演练发现的问题,修订、完善应急预案,改进应急准备工作	6	未按规定进行演练,每次扣 2 分; 一线从业人员不熟悉相关应急知识,每人扣 1 分; 未进行总结和评估,每次扣 1 分; 未根据评估意见修订、完善预案,每次扣 1 分; 未根据修订、完善后的预案改进工作,每次扣 1 分

根据本单位的事故风险特点,按照 AQ/T 9007—2019 等有关要求,每年至少组织一次综合应急预案演练或者专项应急预案演练,每半年至少组织一次现场处置方案演练,做到一线从业人员参与应急演练全覆盖,掌握相关的应急知识。按照 AQ/T 9009—2015 等有关要求,对演练进行总结和评估,根据评估结论和演练发现的问题,修订、完善应急预案,改进应急准备工作。

现场应急预案演练记录见表 6-10。

6.1.6 定期评估

该项目标准分值为 3 分。《评审规程》对该项的要求如表 6-11 所示。

按 AQ/T 9011—2019 及有关规定定期评估应急预案,根据评估结果及时进行修订和完善,并及时报备。

应急预案演练评估表见表 6-12。

应急预案改进记录见表 6-13。

表 6-10 现场应急预案演练记录

项目名称				
演练类型	□综合　□专项＿＿＿＿＿＿＿		日期	
总指挥		记录人		
参加人员				
演练记录：				
总结评估：				
改进措施：				

表 6-11　定期评估

二级评审项目	三级评审项目	标准分值	评分标准
6.1 应急准备（35 分）	6.1.6　定期评估 按《生产经营单位生产安全事故应急预案评估指南》(AQ/T 9011—2019) 及有关规定定期评估应急预案,根据评估结果及时进行修订和完善,并及时报备	3	未定期评估,扣 3 分; 评估对象、内容不全,未及时修订和完善,或未及时报备,每项扣 1 分

表 6-12　应急预案演练评估表

科目名称				演练地点		
科目管理部门		现场总指挥		演练开始时间		年　月　日
				演练结束时间		年　月　日
参演部门或班组				评估记录人		
演练类别		演练包括的流程		预警发布 □　　　应急处置 □		
				信息上报 □　　　后期处置 □		
				应急响应 □　　　预警解除 □		
过程评估	演练目标		目标明确 □　　没有目标 □　　目标结合实际 □			
	风险评估		基于风险 □　　未基于风险 □　　基于风险并控制风险 □			
	组织构架		组织合理并分工明确 □　　　分工混乱责任不明确 □			
	演练情景		结合实际情况 □　　　　未结合实际情况 □			
	实施步骤		实施流畅,设计合理 □　　　部分流程不顺畅,设计有待改进 □			
	演练流程节点		评价标准		符合情况	
					符合	不符合
	预警与信息发布		1. 根据监测系统、事故险情紧急程度和发展势态或有关部门提供的预警信息及时进行预警			
			2. 演练单位内部信息通报系统能够及时投入使用,能够及时向有关部门和人员报告事故信息			
			3. 演练中事故信息报告程序规范,符合应急预案要求			
			4. 在规定时间内能够完成向上级主管部门和地方人民政府报告事故信息程序,并持续更新			

续表 6-12

	演练流程节点	评价标准	符合情况	
			符合	不符合
过程评估	应急响应	1. 能够依据应急预案快速确定事故的严重程度及等级,并启动相应的应急响应,采用有效的工作程序,警告、通知和动员相应范围内人员		
		2. 能够通过应急总指挥或总指挥授权人员及时启动应急响应		
		3. 应急响应迅速,演练动员效果较好		
	事故监测与研判	1. 在接到事故报告后,能够及时开展事故早期评估,获取事件的准确信息		
		2. 能够持续跟踪、监测事故全过程		
		3. 事故监测人员能够科学评估其潜在危害性或发生次生灾害的可能性,并及时报告事态评估信息		
	指挥与协调	1. 能够及时成立现场应急指挥部,各成员分工明确,能够及时提出有针对性的事故应急处置措施或制定切实可行的现场处置方案		
		2. 指挥人员能够指挥和控制其职责范围内所有的参与单位及部门、救援队伍和救援人员的应急响应行动		
		3. 现场指挥部制定的救援方案科学可行,调集了足够的应急救援资源和装备		
		4. 现场指挥部与当地政府或本单位指挥中心信息畅通,并实现信息持续更新和共享		
	现场应急处置	1. 参演人员能够按照处置方案规定或在指定的时间内迅速到达现场开展救援		
		2. 参演人员能够对事故先期状况做出正确判断,采取的先期处置措施科学、合理,处置结果有效		
		3. 现场参演人员职责清晰、分工合理		
		4. 应急处置程序正确、规范,能够有效执行应急处置措施		
		5. 参演人员之间有效联络,沟通顺畅有效,并能够有序配合,协同救援		
		6. 事故现场处置过程中,参演人员能够对现场实施持续安全监测或监控		
		7. 事故处置过程中采取了措施防止次生或衍生事故的发生		
		8. 针对事故现场采取必要的安全措施,为应急救援人员配备适当的个体防护装备,或采取了必要的自我安全防护措施确保救援人员安全		

续表 6-12

	演练流程节点	评价标准	符合情况	
			符合	不符合
过程评估	应急物资管理	1.能够根据事态评估结果识别和确定应急行动所需的各类资源,同时根据需要联系资源供应方		
		2.参演人员能够快速、科学地使用外部提供的应急资源并投入应急救援行动		
		3.应急设施、设备、器材等数量和性能能够满足现场应急需要		
	警戒与管制	1.关键应急场所的人员进出通道受到有效管制		
		2.合理设置了交通管制点,划定管制区域		
		3.各种警戒与管制标志、标识设置明显,警戒措施完善		
		4.有效控制出入口,清除道路上的障碍物,保证道路畅通		
	医疗救护	1.应急响应人员对受伤害人员采取有效先期急救,急救药品、器材配备有效		
		2.及时与场外医疗救护资源建立联系求得支援,确保伤员及时得到救治		
		3.现场医疗人员能够对伤病人员伤情做出正确诊断,并按照医疗程序对伤病人员进行处置		
		4.急救车辆能够及时、准确地将伤员送往医院		
	应急结束	1.事故现场得以控制,环境符合有关标准		
		2.事故现场次生、衍生事故隐患已消除		
		3.应急总指挥宣布应急处置结束		
效果评估	人员到位情况	迅速准确□ 基本按时到位□ 个别人员不到位□ 重要人员不到位□		
	物资到位情况	现场物资:现场物资充分□ 现场准备不充分□ 个人防护:全部人员防护到位□ 个别人员防护不到位□		
	协调组织情况	整体组织:准确高效满足要求□ 效率低有待改进□ 疏散组分工:安全快速□ 基本完成任务□ 效率低□		
	实战效果情况	达到预期目的□ 基本达到目的□ 没有达到目标,需重新演练□		
	支援部门的协作有效性	信息上报:报告及时□ 联系不上□ 安全部门:按要求协作□ 行动迟缓□ 救援后勤部门:按要求协作□ 行动迟缓□ 警戒撤离配合:按要求协作□ 行动迟缓□		

续表 6-12

评估总结	

评估记录人：　　　　　　　　　　　　　演练记录时间：　　　年　　　月　　　日

表 6-13　应急预案改进记录

序号	应急预案名称	发现问题评估		预案原内容	修订后内容	修订时间	修订人	审核人
		定期评估	演练评估					

6.1.7　配合应急管理

该项目标准分值为 3 分。《评审规程》对该项的要求如表 6-14 所示。

表 6-14　配合应急管理

二级评审项目	三级评审项目	标准分值	评分标准
6.1　应急准备（35 分）	6.1.7　配合应急管理 配合项目法人进行在建工程应急管理	3	未配合项目法人做好在建工程应急管理,扣 3 分; 配合不到位,每项扣 1 分

配合项目法人进行在建工程应急管理。

配合法人进行在建工程应急管理,见表 6-10。

项目法人高边坡坍塌事故应急救援演练方案可参见案例 6-2。

❧❧❧❧❧❧❧❧❧❧❧❧❧❧❧❧❧❧❧❧❧❧❧❧❧❧❧❧❧❧

【案例 6-2】　项目法人高边坡坍塌事故应急救援演练方案。

×××项目法人×××项目高边坡坍塌事故应急救援综合演练方案

一、演练内容介绍

(一)应急演练背景

为贯彻落实习近平总书记重要指示批示精神和党中央决策部署,突出××省先行先试的工作纲领精神,结合新理念、新手段、新标准,积极预防和妥善处理意外事故,最大限度减少事故造成的损失,检验高边坡坍塌事故应急综合救援适应性、可靠性,提高应急指挥人员应急处置能力,完善应急准备,确保在遇到突发事件时,能及时、高效地处置突发事件,最大限度地保护人民群众生命和财产的安全,特此实施此次实战演练。

（二）演练目的

通过此次实战演练,检验参建各方对高边坡坍塌事故应急响应程序的合理性、现场处置措施的可操作性,提高参演人员和观摩人员高边坡坍塌的防范意识,普及预防各种因素引起的高边坡作业危险因素,掌握高边坡坍塌逃生自救知识和技能,项目部假想遭遇台风后特大暴雨引起高边坡垮塌及人员遇险险情进行的演练,通过演练达到高边坡作业人员安全行为的四个能力:检查高边坡作业存在的安全隐患能力、组织初始险情抢险能力、组织人员疏散逃生能力和险情发生后正确传递信息的能力。此演练也是检验《×××公司生产安全综合应急预案》和×××施工项目部编制的《坍塌事故专项应急预案》有效性,预防和减少应急突发事件带来的危害,切实提高高边坡作业人员避免事故、预防事故、抵抗事故的能力,同时也通过此次演练,对×××公司在应急管理方面的信息化应用、外部救援力量联动机制等方面进行检验。

（三）法律依据

依据《中华人民共和国安全生产法》《中华人民共和国突发事件应对法》《建设工程安全生产管理条例》《国务院办公厅关于印发〈国务院有关部门和单位制定和修订突发公共事件应急预案框架指南〉的函》《生产经营单位生产安全事故应急预案编制导则》等法律、法规、规划、制度,以及《×××公司生产安全事故综合应急预案》《×××公司生产安全综合应急预案》《×××高边坡坍塌事故专项应急预案》《×××公司淹溺事故现场处置方案》等,制定本演练方案。

（四）应急演练内容

（1）模拟×××工程高边坡发生坍塌后的应急处置。

（2）模拟人员被掩埋后的应急救援处置。

（3）模拟人员落水后的应急救援处置。

（五）科目实战演习

（1）事故前期处理与安全勘察汇报。

（2）现场及周边应急警戒。

（3）紧急疏散。

（4）高边坡绳索索降。

（5）被困人员搜索与定位。

（6）被困人员救援。

（7）救护（心肺复苏 CPR）。

（8）落水人员救援。

二、演练组织机构及职责

（一）演练组织单位

主办单位:×××省水利厅、×××公司。

承办单位:×××公司。

协办单位:×××项目部、×××建设、×××公司、×××县 120 急救中心、×××救援队。

(二)演练现场领导小组

总指挥:××× 党委书记、董事长。

常务副总指挥:××× 总经理。

副总指挥:×××、××× 、×××。

组员:×××、×××、×××、×××、×××、×××、×××、×××、×××、×××、×××。

(三)现场指挥部

现场指挥:×××。

组员:×××、×××、×××、×××、×××、×××。

(四)主要职责

(1)总指挥:按活动领导小组的要求,落实具体的承办工作,负责本次高边坡坍塌事故应急救援演练的指挥。

(2)常务副总指挥:根据总指挥制授权,履行总指挥相关职责,在总指挥不在现场时,全面履行总指挥相关职责,负责本次演练的全过程指挥工作。

(3)副总指挥:协助领导小组总指挥负责本次演练的方案编制、演练指挥,以及演练开始、结束等过程。

(4)现场指挥:按照领导小组要求,负责本次演练的现场布置、安排和演练方案编制,并负责本次演练现场指挥各项工作。

(5)现场领导小组组员:具体负责整个演练活动策划、组织与演练等工作。

(6)现场指挥组员:主要负责整个应急演练活动具体实施,负责各应急小组模拟演练等。

(五)演练现场小组人员及职责

(1)现场抢险组(共 9 人):组长×××,组员为×××、×××、×××、×××、×××、×××、×××、×××。具体负责演练过程中实施抢险抢修的应急方案和措施,寻找受害者,并将其转移至安全地带,抢险、抢修或救援结束后,直接报告现场指挥并对结果进行复查和评估。

(2)通信联络组(共 4 人):组长为×××,组员为×××、×××、×××。具体负责本次应急演练过程的记录及对外联络。

(3)技术保障组(共 4 人):组长为×××,组员为×××、×××、×××。具体负责在本次演练中提出抢险抢修及避免事故扩大的临时应急方案和措施。

(4)安全警戒组(共 4 人):组长为×××,组员为×××、×××、×××。具体负责用安全警示带封闭现场,对现场及周围人员进行防护指导、人员疏散及物资转移,协助交通管制,引导社会救援力量等工作。人员安全疏散后,防止作业人员、当地居民未经许可进入事故现场"看热闹"。

(5)医疗救护组(共 4 人):组长为×××,组员为×××、×××、×××。具体负责对本次模拟演练过程中受伤人员抢救工作。

(6)物资保障组(共 4 人):组长为×××,组员为×××、×××、×××。具体负责本次演练的物资保障工作。

(7)现场安全员(共 1 人)、×××。负责检查演练活动现场是否具备安全演练条件,并负责监督保证整个演练过程安全,有意外情况及时向总指挥报告。

(8)边坡施工作业人员(共 19 人):组长为×××,组员为×××等。具体负责模拟演练边坡施工人员及受困人员。

(9)专家组(共 3 人):×××、×××、×××。具体负责此次应急演练的外部技术指导工作。

(六)外部救援组

(1)×××县 120 急救中心。

(2)×××救援队。

三、应急演练时间地点

(一)开展"××·××"演练前宣贯培训

(1)时间:××××年××月××日××:00。

(2)地点:×××工程主体项目部会议室。

(3)宣贯培训内容:《×××公司×××工程高边坡防坍塌事故应急救援综合演练方案》宣贯、救护知识宣贯(×××救援队)、地质灾害方面培训宣贯(×××厅专家)等。

(4)参加人员:×××公司领导班子成员及各部门负责人、安全管理人员,在建项目各参建单位主要负责人及主要安全管理人员、×××项目部等。

(二)"××·××"演练

(1)时间:××××年××月××日××:××。

(2)地点:×××工程现场。

(3)参演人员及观摩人员。

①观摩人员:省国资委领导、省水利厅领导、省应急厅领导,×××公司领导、各部门负责人以及应急管理部成员,×××各二级公司主要负责人、分管安全领导,以及安全管理部门负责人和安全管理人员代表(限 3 人),×××集团党委书记、董事长、总经理、分管安全领导,质量安全部人员,各在建项目建管部负责人,各参建单位安全管理人员代表(每个在建项目限 2 人)。

②参演人员:演练领导小组和演练小组人员、×××主体施工项目部班组人员。

③活动规模:130 人左右。

④活动方式:本次活动通过线下实地演练、线上实时远程交互传送现场视频数据的形式来举办,通过线上照片、视频直播及后期的宣传推广来实现活动影响力最大化,切实推动生产安全的宣传与落实。

四、演练注意事项

(一)演练前进行培训及彩排,使全体人员熟悉应急撤离的正确方法,明确预警信号的方式,讲明演练的程序、内容、时间和纪律要求,以及各个部门疏散的路线和到达的区域,同时强调演练是预防性、模拟性练习,并非真正的突发应急救援和疏散,以免发生误解而引发不必要的谣传。

(二)演练前对疏散路线必经之处和到达的"安全地带"进行实地仔细检查,对存在的问题及时进行整改,消除障碍和隐患,确保线路畅通和安全。

（三）主持人口播演习开始，现场大屏播报演习模拟事故情景介绍视频，启动全程直播、航拍、摄影摄像工作等；网络平台同时现场全程图片直播。

（四）当演练过程出现意外事故时演练立即终止，组织救护和事故处理。

（五）提前联系媒体及摄影师，以便活动当天做好资料收集、整理和发布工作。

（六）演练期间所有参与者不得嬉戏打闹。

（七）在演练期间，施工区内不接待外来参观人员。

（八）在演练当中，演练参与者如出现身体不舒服应立即向随队医护人员报告。

（九）演练结束后，参加演练人员列队集中听取演练的评价和总结。

五、演练开始前工作

（一）由×××领导做演练前的动员讲话。

（二）由总指挥介绍本次高边坡坍塌应急演练内容、办法、目的和注意事项。

（三）现场安全员对演练区域的安全通道进行全面检查和疏通，确保演练正常进行。

（四）各应急小组分别检查参加演练人员应急救援工器具准备情况。

（五）检查参加演练人员着装情况（要求：统一工作服，统一佩戴安全帽，施工人员佩戴反光背心，不得佩戴装饰品，不准穿高跟鞋和拖鞋）。

（六）×××主体施工项目部做好演练现场布置、会场准备、会务及演练医疗保障等工作。

（七）×××集团综合事务部做好拍照及宣传资料的收集工作。

（八）×××集团质量安全部负责本次演练活动方案的组织编写、协助落实，负责整个演练活动资料收集、整理、汇总、总结、上报等工作。

六、演练实施具体工作

（一）边坡开挖支护正常作业流程

边坡开挖支护正常作业流程见图6-3。

（二）高边坡坍塌事故应急救援演练过程

场景一：模拟×××工程高边坡发生坍塌后的应急救援处置。

（1）××月××日09：00，在台风暴雨过后，地方政府发布地质灾害蓝色预警信息，×××施工项目部及时通过手机微信平台、短信、广播等方式向项目部所有人员发布，项目部应急领导小组办公室24 h值班，安排人员进行安全监测和安全巡查。

（2）安全监测人员发现左岸113—99高程边坡变形监测数据异常，向应急办公室报告，应急办公室组织进行人工排查，发现边坡上部已出现长约15 m、宽约2.5 cm的横向裂隙，且有继续扩大的趋势。

（3）经请示现场指挥后，项目部组织技术力量进行险情评估，组织危险区域人员撤离，对边坡采取裂隙填缝、铺设塑料膜等措施进行防护，同时采用项目部广播发布黄色预警。

（4）在进行再次强降雨后，××月××日10：00发生了高边坡坍塌事故，项目部逐级上报了事故信息，在进行事故研判后第一时间启动了高边坡坍塌事故应急Ⅱ级响应，并拉响了应急警报，各应急救援小组集合到位，进入应急状态。

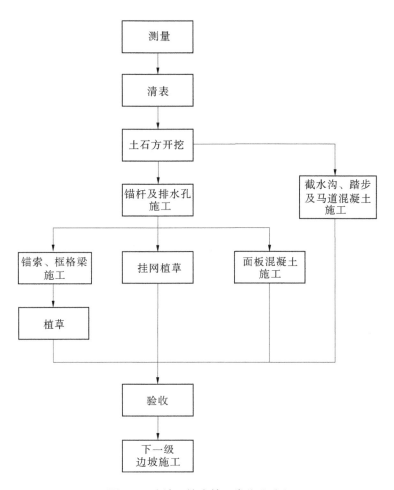

图 6-3　边坡开挖支护正常作业流程

（5）由物资保障组协调装载机、挖掘机、自卸汽车等相关设备物资赶往现场；技术保障组与专家连线研究坍塌处置方案，确定采用挖掘机、反铲清理塌方体，并用自卸车运出场外。

场景二：模拟人员被掩埋后的应急救援处置。

（1）因边坡土体水分含量大，在处理塌方体过程中，土方进一步坍塌，一辆自卸汽车及驾驶员被埋。

（2）收到报告后，项目部组织在坍塌体外围进行挖掘救援，但由于该段边坡其他部位出现局部坍塌，造成马道被阻，抢险设备及物资无法正常通行，情况已超出项目部处置能力。

（3）项目部立即启动了高边坡坍塌应急救援Ⅰ级响应，逐级上报事故信息，并向×××县 120 急救中心、外部应急协作单位×××救援队求援。

（4）×××集团接到事故报告后，启动公司综合应急预案应急Ⅰ级响应，主要领导及分管项目领导赶往现场。

（5）在外部力量到来之前，×××集团公司领导、建管部、监理单位人员、设计单位人员与项目部一起商讨，远程连线相关地质专家研判边坡坍塌情况，在专家的指导下进行现场边坡稳固和人员救援处置，经过处置，边坡已经初步稳定，可进行搜救。

（6）外部力量到来后，由×××救援队制定了救援方案，采用高边坡绳索索降到塌方现场，出动搜救犬，确定人员掩埋位置后采取机械挖掘和人员挖掘方式进行救援，救出的人员由×××县120急救中心进行CPR和AED急救，并送往医院治疗。

（7）救出人员后，现场指挥部解除了应急响应，按程序向政府和上级报告救援信息，组织安排对救援现场稳固措施、善后处理和事故调查工作。

场景三：模拟人员落水后的应急救援处置。

（1）暴雨过后，河道水位上升，河水湍急。在导流洞进口下游河道，巡查人员发现1名人员落水。

（2）现场班组立即启动了淹溺事故现场处置方案，利用河边设置的救生圈和救生绳进行救援，同时向项目部报告事故信息。

（3）项目部接到事故信息后，第一时间向×××县120急救中心、×××救援队请求支援。同时向×××建管部、×××集团安委办、×××安委办、×××县应急管理局逐级汇报，并启动了项目部淹溺事故应急预案，组织各应急救援队伍到现场开展救援。

（4）经过一番努力，人员成功获救上岸，由120救护车送往医院进一步治疗，项目部解除了落水应急响应。

七、观摩人员点评

（一）演习结束后，请现场观摩人员对本次演练活动进行点评。

（二）要点：

（1）信息报告程序是否顺畅。

（2）应急指挥及各应急小组的职责是否明确。

（3）应急指挥及各应急小组之间是否协调。

（4）场景模拟是否有针对性。

（5）现场处置是否合理。

（6）应急资源准备是否充分。

（7）人员操作是否熟练。

（8）观摩人员是否从中受到教育。

八、领导讲话

（略）

九、应急救援能力评估

现场总指挥和各专业组在高边坡防坍塌事故应急救援综合演练结束后应进行总结，对应急救援能力做出评估，就事故应急救援过程中暴露出来的问题，及时进行调整、完善，制定改进的措施。

（一）评估的内容

通过应急抢险过程中发现的问题，对应急抢险物质准备情况的评估；对各专业救援组在抢险过程中的救援能力、协调的评估。

评估的内容包括:对应急指挥部的指挥效果的评估,对应急抢险过程中通信保障的评估,对预案有关程序、内容的建议和改进意见,在防护器具、抢救设置等方面的改进意见。

(二)实施过程评估

组织评估:评价组对应急救援过程中各小组的组织能力全面评估和改善。

职责评估:评价组对应急救援过程中各小组的职责分配评估和修订。

响应评估:评价组对事故控制的结果与预计结果对比,正确判断相应效果与实际响应中存在的差异,做进一步的修订。

应急物资供应能力评估:组织评估在应急救援过程中,应急物资供应的能力评估。

培训继续评估:评估实际应急救援中各环节的操作弱项,加强弱项的培训。

附件:演练活动现场布置图、应急演练人员联系方式、突发事件报告联系电话、应急物资表、演练活动地点行车路线图、天气温馨提示等。

❀❀

6.2 应急处置

应急处置总分 11 分,三级评审项目有 3 项,分别是 6.2.1 启动应急预案(5 分)、6.2.2 防止事故扩大(3 分)和 6.2.3 善后处理(3 分)。

6.2.1 启动应急预案

该项目标准分值为 5 分。《评审规程》对该项的要求如表 6-15 所示。

表 6-15 启动应急预案

二级评审项目	三级评审项目	标准分值	评分标准
6.2 应急处置 (11 分)	6.2.1 启动应急预案 发生事故后,启动相关应急预案,报告事故,采取应急处置措施,开展事故救援,必要时寻求社会支援	5	发生事故未及时启动应急预案,扣 5 分; 未及时采取应急处置措施,扣 5 分

发生事故后,启动相关应急预案,报告事故,采取应急处置措施,开展事故救援,必要时寻求社会支援。

相关应急预案见表 6-3 及案例 6-1。

6.2.2 防止事故扩大

该项目标准分值为 3 分。《评审规程》对该项的要求如表 6-16 所示。

表 6-16　防止事故扩大

二级评审项目	三级评审项目	标准分值	评分标准
6.2　应急处置（11 分）	6.2.2　防止事故扩大 采取有效措施，防止事故扩大，并保护事故现场及有关证据	3	抢救措施不力，导致事故扩大，扣 3 分； 未有效保护现场及有关证据，扣 3 分

采取有效措施，防止事故扩大，并保护事故现场及有关证据。

相关应急预案见表 6-3 及案例 6-1。

6.2.3　善后处理

该项目标准分值为 3 分。《评审规程》对该项的要求如表 6-17 所示。

表 6-17　善后处理

二级评审项目	三级评审项目	标准分值	评分标准
6.2　应急处置（11 分）	6.2.3　善后处理 应急救援结束后，应尽快完成善后处理、环境清理、监测等工作	3	善后处理不到位，扣 3 分

应急救援结束后，应尽快完成善后处理、环境清理、监测等工作。

事故处理后协议可参见案例 6-3。

❈❈❈❈❈❈❈❈❈❈❈❈❈❈❈❈❈❈❈❈❈❈❈❈❈❈❈❈❈❈❈❈❈❈❈

【**案例** 6-3】　事故处理后协议。

事故处理后协议

甲方：＿＿＿＿＿＿＿＿＿＿＿，身份证号：＿＿＿＿＿＿＿＿＿＿＿＿。

乙方：＿＿＿＿＿＿＿＿＿＿＿，身份证号：＿＿＿＿＿＿＿＿＿＿＿＿。

因乙方驾驶摩托车＿＿＿＿＿从＿＿＿＿到＿＿＿＿方向行驶，在行至＿＿＿＿处与甲方驾驶的车牌为"＿＿＿＿"的小车相撞，致＿＿＿＿受伤，＿＿＿＿受伤较重，在＿＿＿＿医院治疗。现在治疗已告一段落，＿＿＿＿已基本康复。

经甲乙双方在平等、公平、诚信的基础上协商，达成如下协议，双方共同遵守，任何一方不能反悔。

一、乙方两人在医院治疗的医疗费用＿＿＿＿元（大写＿＿＿＿元整）由甲方支付。

二、除医疗费用外,甲方一次性赔偿乙方两人共计人民币_____元(大写_____元整)。该款由乙方两人自行分配(如何分配与甲方无关)。本款包括住院伙食补助费、住院护理费、误工费、交通费等所有费用。

三、双方因此次事故造成的车辆损失及修理费用各自承担。

四、双方当事人在协议上签字后,甲方应当场支付赔偿费用。

五、乙方收到该款后,放弃了任何形式的赔偿和补偿。不得以任何理由和借口纠缠甲方,包括向任何机关和部门通过诉讼或非诉讼的形式再主张权利。

六、甲乙双方签字后,乙方将向保险公司索赔的权利全部转移给甲方。乙方有义务协助甲方办理保险索赔。乙方应在签订协议书当日向甲方提供身份证复印件及住院病历复印件。

七、乙方向甲方提供保险索赔的相关证件后,由甲方自行办理保险索赔事宜。如果索赔不成功,甲方不得以任何理由要求乙方返还;如果索赔成功,乙方也不得以任何理由要求对甲方取得的保险利益进行分配。

八、本协议一式三份,甲方一份、乙方两份。

九、本协议双方签字(或盖章)后生效。

甲方(签字):_____　　　　乙方(签字):_____

联系电话:_____　　　　联系电话:_____

_____年___月___日　　　　_____年___月___日

❋❋❋❋❋❋❋❋❋❋❋❋❋❋❋❋❋❋❋❋❋❋❋❋❋❋❋❋❋❋❋❋❋❋

6.3　应急评估

应急评估总分4分,三级评审项目有1项,即6.3.1应急评估(4分)。

该项目标准分值为4分。《评审规程》对该项的要求如表6-18所示。

表6-18　应急评估

二级评审项目	三级评审项目	标准分值	评分标准
6.3　应急评估(4分)	6.3.1　应急评估 每年应进行一次应急准备工作的总结评估。险情或事故应急处置结束后,应对应急处置工作进行总结评估	4	未按规定进行总结评估,扣4分; 总结评估内容不全,每项扣1分

每年应进行一次应急准备工作的总结评估。险情或事故应急处置结束后,应对应急处置工作进行总结评估。

应急评估总结可参见案例6-4。

【案例 6-4】 应急评估总结。

依据《水利水电勘测设计单位安全生产标准化评审规程》(T/CWEC 17—2020)要求,对××××年度公司应急准备工作的评估如表 6-19 所示。

表 6-19　公司应急准备工作评估

序号	评估要求	评估情况
1	按照有关规定建立应急管理组织机构或指定专人负责应急管理工作	已在公司应急预案中明确应急管理机构
2	针对可能发生的生产安全事故的特点和危害,在风险辨识、评估和应急资源调查的基础上,根据 GB/T 29639—2020 建立健全生产安全事故应急预案体系,包括综合预案、专项预案、现场处置方案。按照有关规定将应急预案报当地主管部门备案,并通报应急救援队伍、周边企业等有关应急协作单位	已建立应急预案体系,应急预案内容基本齐全,各级应急预案均以正式文件发布,并按有关规定报备
3	应按照应急预案建立应急救援组织,组建应急救援队伍,配备应急救援人员。必要时与当地具备能力的应急救援队伍签订应急支援协议	根据公司综合应急预案要求,暂不组建常设实体应急机构。发生事故时,相应组建"应急指挥机构""应急处置技术支持小组""现场应急处置小组",满足相关要求
4	根据可能发生的事故种类特点,设置应急设施,配备应急装备,储备应急物资,建立管理台账,安排专人管理,并定期检查、维护、保养,确保其完好、可靠。外业作业应配备和携带适用的急救用品和药品	各级应急物资、装备的配备基本满足要求,外业作业均携带有适用的急救用品和药品;但个别项目或单位存在未建立应急物资、装备台账的情况
5	根据本单位的事故风险特点,按照 AQ/T 9007—2019 的要求,每年至少组织一次综合应急预案演练或者专项应急预案演练,每半年至少组织一次现场处置方案演练,做到一线从业人员参与应急演练全覆盖,掌握相关的应急知识。按 AQ/T 9009—2015 等有关要求,对演练进行总结和评估,根据评估结论和演练发现的问题,修订、完善应急预案,改进应急准备工作	各单位(部门)和大部分项目均按规定进行演练,一线从业人员基本掌握相关应急知识,演练后均进行总结和评估,并根据评估意见修订完善预案;但存在演练针对性不强、个别小项目未及时开展演练的情况
6	按 AQ/T 9011—2019 及有关规定定期评估应急预案,根据评估结果及时进行修订和完善,并及时报备	各级均能做到定期评估应急预案,根据评估结果及时修订、及时报备
7	配合项目法人进行在建工程应急管理	各项目均能做到配合项目法人做好在建工程应急管理工作

从表 6-19 可以看出,公司××××年度应急准备工作基本到位,但在演练针对性、演练频次规定、应急物资台账等方面需要加强宣传教育和监督指导。

第 7 章　事故管理

事故管理总分 30 分,二级评审项目有 3 项,分别为 7.1 事故报告(7 分)、7.2 事故调查和处理(20 分)和 7.3 事故档案管理(3 分)。

7.1　事故报告

事故报告总分 7 分,三级评审项目有 2 项,分别是 7.1.1 事故管理制度(3 分)和 7.1.2 事故及时报告(4 分)。

7.1.1　事故管理制度

该项目标准分值为 3 分。《评审规程》对该项的要求如表 7-1 所示。

表 7-1　事故管理制度

二级评审项目	三级评审项目	标准分值	评分标准
7.1　事故报告(7 分)	7.1.1　事故管理制度 事故管理制度应明确事故报告(包括程序、责任人、时限、内容等)、调查和处理等内容(包括事故调查、原因分析、纠正和预防措施、责任追究、统计与分析等),应将造成人员伤亡(轻伤、重伤、死亡等人身伤害和急性中毒)、财产损失(含未遂事故)和较大涉险事故纳入事故调查和处理范畴	3	未以正式文件发布,扣 3 分; 制度内容不全,每缺一项扣 1 分; 制度内容不符合有关规定,每项扣 1 分

事故管理制度应明确事故报告(包括程序、责任人、时限、内容等)、调查和处理等内容(包括事故调查、原因分析、纠正和预防措施、责任追究、统计与分析等),应将造成人员伤亡(轻伤、重伤、死亡等人身伤害和急性中毒)、财产损失(含未遂事故)和较大涉险事故纳入事故调查和处理范畴。

事故管理制度可参见案例 7-1。

❄❄❄❄❄❄❄❄❄❄❄❄❄❄❄❄❄❄❄❄❄❄❄❄❄❄❄❄❄❄❄❄❄❄❄❄❄

【案例7-1】 公司事故管理制度。

×××公司关于印发事故管理制度的通知

（××××安〔××××〕××号）

公司各部门、分公司、控(参)股公司：

为贯彻落实水利部、×××上级主管部门安全生产工作部署,进一步明确全员安全生产责任,现颁布公司事故管理制度,请各部门、各公司、各项目遵照执行。

附件：公司事故管理制度

×××公司
××××年××月××日

公司事故管理制度

第一条 若发生生产安全事故,现场有关人员应当按本制度第三条规定立即报告本项目负责人和本部门主要负责人。项目或部门负责人接到事故报告后,应当迅速采取有效措施,按对应的应急救援预案组织抢救,防止事故扩大,减少人员伤亡和财产损失,并按本制度第二条规定逐级或越级报告;发生人员重伤以上事故的,还应按照国家有关规定立即如实报告当地负有安全生产监督管理职责的部门,不得隐瞒不报、谎报或者拖延不报,不得故意破坏事故现场、毁灭有关证据。

第二条 发生事故应按下列规定及时报告。事故报告根据具体情形可采用口头或书面,当面或电话等形式,以可靠、有效为准;内容包括发生事故的时间、地点、过程、伤亡及各项损失和应急处置等情况,并应初步分析事故原因。

（一）发生本制度规定的五级事故(预计情况,下同)后,项目或部门负责人应在12 h内报告公司安全生产领导小组办公室,48 h内报告公司相关领导。

（二）发生本制度规定的四级事故后,项目或部门负责人应在6 h内报告公司安全生产领导小组办公室或项目分管领导和公司分管安全领导,12 h内报告公司相关领导。

（三）发生本制度规定的一至三级事故后,项目或部门负责人应在1 h内向公司主要领导、项目分管领导、分管安全领导和公司安全生产领导小组办公室报告,并在不迟于24 h内提交书面报告材料。公司安全生产领导小组办公室应立即请示公司主要领导,并根据主要领导指示和相关规定启动应急预案及时向上级主管部门报告。

（四）发生人员重伤或可能存在事故索赔情况的,主管部门要及时(最迟不超过事故后2 d)知会公司法律顾问,如实向法律顾问说明事故起因、经过、善后处置等情况,包括已掌握的相关证据。

第三条 事故发生后,各级相关领导应根据事故可能的损害程度,按以下规定及时赶赴现场指挥救援工作。除轻微事故外,项目经理或部门负责人一般应在接到事故报告后,按以下规定第一时间赶赴现场组织救援工作:

(一)初估属于五级事故的,项目经理应与作业班组所在部门负责人协商指派现场相关人员负责有关救援处置工作。

(二)初估达到四级事故的,项目经理应协调作业班组所在部门负责人指派熟悉情况的干部及时(1 d 以内)赶赴现场或亲赴现场组织后续救援和善后工作。

(三)初估达到三级事故的,项目经理和作业班组所在部门负责人至少一人应迅速(不超过 12 h)赶赴现场组织后续救援和善后工作。公司专职安全员应尽快赶赴现场参与事故调查工作。

(四)初估为二级事故的,项目经理和作业班组所在部门负责人至少一人应第一时间(不超过 6 h)赶赴现场组织后续救援和善后工作;项目分管领导应尽快(不超过 2 d)赶赴现场指挥救援和善后工作,公司专职安全员应同赴现场协助,并参与事故调查工作。

(五)发生一级事故的,项目经理或作业班组所在部门负责人至少一人或同时第一时间赶赴现场组织救援和善后工作;项目分管领导和公司分管安全领导至少一人应及时赶赴现场指挥救援、组织协调与当地相关部门的配合工作等;若事故严重程度偏高、影响较大,必要时董事长应亲临现场指挥。生产管理部门、安全生产管理部门等领导指定的有关人员应同时前往,参与应急救援和事故调查等工作。

第四条 公司各部门和个人均有义务配合公司的事故应急救援工作,根据需要提供便利条件。因推诿、扯皮而影响救援工作的,公司将追究有关人员责任。

第五条 事故发生后,根据国家有关规定,由有关人民政府组织事故调查的,公司相关部门(项目)应积极配合。事故等级较低,受政府委托由公司进行调查者,事故调查处理程序遵循如下规定:

(一)发生五至四级事故的,由安全生产管理部门会同生产管理部门、工会等有关部门组成事故调查组进行调查,并提出初步处理意见;安全生产管理部门负责人审查,主要相关部门会签、分管安全领导审定、董事长批准。

(二)发生三至一级事故的,由分管安全领导组织安全生产管理部门等有关人员进行调查,并提出处理意见,报董事长批准。

第六条 事故调查处理应当按照实事求是、尊重科学的原则,及时、准确地查清事故原因,查明事故性质和责任,切实做到"四不放过",即事故原因分析不清不放过、事故责任者没处理不放过、领导和干部群众没有受到教育不放过、防范措施没落实不放过。

第七条 公司根据实际情况,建立事故档案和管理台账,按照有关规定和确定的事故统计指标开展事故统计分析。

※※

7.1.2 事故及时报告

该项目标准分值为 4 分。《评审规程》对该项的要求如表 7-2 所示。

表 7-2　事故及时报告

二级评审项目	三级评审项目	标准分值	评分标准
7.1　事故报告（7分）	7.1.2　事故及时报告 发生事故后按照有关规定及时、准确、完整地向有关部门报告,事故报告后出现新情况时,应当及时补报	4	未按规定及时补报,扣4分; 存在迟报、漏报、谎报、瞒报事故等行为,不得评定为安全生产标准化达标单位

发生事故后按照有关规定及时、准确、完整地向有关部门报告,事故报告后出现新情况时,应当及时补报。

事故(事件)报告记录见表 7-3。

表 7-3　事故(事件)报告记录表

事故(事件):_____　　　　　　编号:_____

事故(事件)发生单位概况				
事故(事件)发生时间				
事故(事件)发生地点				
事故(事件)现场情况				
事故(事件)简要经过				
事故(事件)已经造成或者可能造成的伤亡人数(含下落不明人数)	死亡/人		初步估计的直接经济损失	
	重伤/人			
	轻伤/人			
	失踪/人			
已经采取的措施				
其他情况				
备注				(盖章) ××××年××月××日

7.2　事故调查和处理

　　事故调查和处理总分 20 分,三级评审项目有 5 项,分别是 7.2.1 保护现场(4 分)、7.2.2 事故调查(7 分)、7.2.3 配合事故调查(3 分)、7.2.4 事故处理(4 分)和 7.2.5 事故善后(2 分)。

7.2.1　保护现场

　　该项目标准分值为 4 分。《评审规程》对该项的要求如表 7-4 所示。

表 7-4　保护现场

二级评审项目	三级评审项目	标准分值	评分标准
7.2　事故调查和处理(20 分)	7.2.1　保护现场 发生事故后,采取有效措施,防止事故扩大,并保护事故现场及有关证据	4	抢救措施不力,导致事故扩大,扣 4 分; 未有效保护现场及有关证据,扣 4 分

　　发生事故后,采取有效措施,防止事故扩大,并保护事故现场及有关证据。
　　保护事故现场应注意以下事项:一是立即对事故现场进行警戒与封锁;二是进行录像、拍照,以固定现场原始状态;三是对现场散落、遗留的所有物品,应尽量保持原位,如因灭火、救护、排险需要移位,应记录原始状态;四是严格保护现场的痕迹和物证,非现场勘查人员不得提取和移动。

7.2.2　事故调查

　　该项目标准分值为 7 分。《评审规程》对该项的要求如表 7-5 所示。

表 7-5　事故调查

二级评审项目	三级评审项目	标准分值	评分标准
7.2　事故调查和处理(20 分)	7.2.2　事故调查 事故发生后按照有关规定,组织事故调查组对事故进行调查,查明事故发生的时间、经过、原因、波及范围、人员伤亡情况及直接经济损失等。事故调查组应根据有关证据、资料,分析事故的直接原因、间接原因和事故责任,提出应吸取的教训、整改措施和处理建议,编制事故调查报告	7	无事故调查报告,扣 7 分; 报告内容不符合规定,每项扣 2 分

事故发生后按照有关规定,组织事故调查组对事故进行调查,查明事故发生的时间、经过、原因、波及范围、人员伤亡情况及直接经济损失等。事故调查组应根据有关证据、资料,分析事故的直接原因、间接原因和事故责任,提出应吸取的教训、整改措施和处理建议,编制事故调查报告。

7.2.3　配合事故调查

该项目标准分值为 3 分。《评审规程》对该项的要求如表 7-6 所示。

表 7-6　配合事故调查

二级评审项目	三级评审项目	标准分值	评分标准
7.2　事故调查和处理（20 分）	7.2.3　配合事故调查 事故发生后,由有关人民政府组织事故调查的,应积极配合开展事故调查	3	未积极配合开展事故调查,扣 3 分

事故发生后,由有关人民政府组织事故调查的,应积极配合开展事故调查。

7.2.4　事故处理

该项目标准分值为 4 分。《评审规程》对该项的要求如表 7-7 所示。

表 7-7　事故处理

二级评审项目	三级评审项目	标准分值	评分标准
7.2　事故调查和处理（20 分）	7.2.4　事故处理 按照"四不放过"的原则进行事故处理	4	未按"四不放过"的原则处理,扣 4 分

按照"四不放过"的原则进行事故处理。

7.2.5　事故善后

该项目标准分值为 2 分。《评审规程》对该项的要求如表 7-8 所示。

表 7-8　事故善后

二级评审项目	三级评审项目	标准分值	评分标准
7.2　事故调查和处理（20 分）	7.2.5　事故善后 做好事故善后工作	2	善后处理不到位,扣 2 分

做好事故善后工作。

事故善后可参见案例 6-3。

7.3　事故档案管理

事故档案管理 3 分,三级评审项目有 1 项,即事故档案和管理台账(3 分)。

该项目标准分值为 3 分。《评审规程》对该项的要求如表 7-9 所示。

表 7-9　事故档案和管理台账

二级评审项目	三级评审项目	标准分值	评分标准
7.3　事故档案管理（3 分）	7.3.1　事故档案和管理台账 建立完善的事故档案和事故管理台账,并定期按照有关规定对事故进行统计分析	3	未建立事故档案和管理台账,扣 3 分; 　事故档案或管理台账不全,每缺一项扣 2 分; 　事故档案或管理台账与实际不符,每项扣 1 分; 　未统计分析,扣 3 分

建立完善的事故档案和事故管理台账,并定期按照有关规定对事故进行统计分析。

事故月报见表 7-10。

事故(事件)统计分析表见表 7-11。

表 7-10　××××年××月水利生产安全事故月报表

填报单位:(盖章)×××公司　　　　　　　　　　　　　　填报时间:××××年××月××日

序号	事故发生时间	发生事故单位		事故工程	事故类别	事故级别	死亡人数	重伤人数	直接经济损失	事故原因	事故简要情况
		名称	类型								

单位负责人签章:　　　　　　　　部门负责人签章:　　　　　　　　制表人签章:

填表说明:1. 发生事故单位类型填写:①水利工程建设;②水利工程管理;③农村水电站及配套电网建设与运行;④水文测验;⑤水利工程勘测设计;⑥水利科学研究试验与检验;⑦后勤服务和综合经营;⑧其他。非水利系统事故单位的,应予以注明。

2. 事故不涉及工程的,事故工程栏填无。

3. 事故类别填写内容为:①物体打击;②提升、车辆伤害;③机械伤害;④起重伤害;⑤触电;⑥淹溺;⑦灼烫;⑧火灾;⑨高处坠落;⑩坍塌;⑪冒顶片帮;⑫透水;⑬放炮;⑭火药爆炸;⑮瓦斯煤层爆炸;⑯其他爆炸;⑰容器爆炸;⑱煤与瓦斯突出;⑲中毒和窒息;⑳其他伤害。可直接填写类别代号。

4. 事故级别按照《企业职工伤亡事故分类》(GB 6441—1986)和《事故伤害损失工作标准》(GB/T 15499—1995)定性。

5. 直接经济损失按照《企业职工伤亡事故经济损失统计标准》(GB 6721—1986)确定。

6. 每月 6 日前通过水利安全生产信息上报系统逐级上报至水利部安全监督司。

本月无事故,应在表内填写"本月无事故"。

表 7-11　事故(事件)统计分析表

分析项	事故(事件)		
	第一件事故(事件)	第二件事故(事件)	第三件事故(事件)
事故(事件)部门			
事故(事件)种类			
发生的时间特性			
伤害发生的地点			
伤害部位			
受伤人员年龄结构			
人员用工形式			
事故(事件)原因分析 (人的不安全行为、物的 不安全状态、环境分析……)			
职业卫生重要因素分析			
工伤事故率分析			
事故(事件)费用分析			
标准化系统元素分析			
其他情况			

第 8 章　持续改进

持续改进总分 30 分,二级评审项目有 2 项,分别为 8.1 绩效评定(15 分)和 8.2 持续改进(15 分)。

8.1　绩效评定

绩效评定总分 15 分,三级评审项目有 5 项,分别是 8.1.1 安全生产标准化绩效评定制度(2 分)、8.1.2 年度评定(6 分)、8.1.3 发放评定报告(2 分)、8.1.4 纳入年度绩效考评(3 分)和 8.1.5 落实安全生产报告制度(2 分)。

8.1.1　安全生产标准化绩效评定制度

该项目标准分值为 2 分。《评审规程》对该项的要求如表 8-1 所示。

表 8-1　安全生产标准化绩效评定制度

二级评审项目	三级评审项目	标准分值	评分标准
8.1　绩效评定（15 分）	8.1.1　安全生产标准化绩效评定制度 安全生产标准化绩效评定制度应明确评定的组织、时间、人员、内容与范围、方法与技术、报告与分析等要求,并以正式文件发布实施	2	未以正式文件发布,扣 2 分; 制度内容不全,每处扣 2 分; 制度内容不符合有关规定,每项扣 1 分

安全生产标准化绩效评定制度应明确评定的组织、时间、人员、内容与范围、方法与技术、报告与分析等要求,并以正式文件发布实施。

安全生产标准化绩效评定制度可参见案例 8-1。

❀❀❀❀❀❀❀❀❀❀❀❀❀❀❀❀❀❀❀❀❀❀❀❀❀❀❀❀❀❀❀❀

【案例 8-1】　公司安全生产标准化绩效评定制度。

×××公司关于印发安全生产标准化绩效评定制度的通知

（××××安〔××××〕××号）

公司各部门、分公司、控(参)股公司:

为贯彻落实水利部、×××上级主管部门安全生产工作部署,进一步明确全员安全生产责任,现颁布公司安全生产标准化绩效评定制度,请各部门、各公司、各项目遵照执行。

附件:公司安全生产标准化绩效评定制度

×××公司
××××年××月××日

公司安全生产标准化绩效评定制度

第一条　公司安全生产领导小组组长全面负责安全生产标准化绩效评定组织工作,公司分管安全生产领导在安全生产领导小组组长授权范围内具体负责安全生产标准化绩效评定工作。

第二条　公司安全生产管理部门负责组织拟定安全生产标准化绩效评定计划和实施,组织编制安全生产标准化绩效自评报告,并对报告中所确认的改进和纠正措施进行具体的跟踪和督促落实。

第三条　各部门、各项目根据公司统一安排开展本部门、本项目安全生产标准化绩效评定。

第四条　公司结合安全生产年度考核,每年至少组织一次安全生产标准化实施情况的检查评定,验证各项安全生产制度措施的适宜性、充分性和有效性,检查安全生产目标、指标的完成情况,提出改进意见,形成评定报告。

安全生产绩效评定一般定期在年底或次年初进行评定。

第五条　绩效评定

(1)评定目的:检查评定安全生产工作目标、指标的完成情况,验证公司安全生产制度措施的适宜性、充分性和有效性,发现存在的问题,提出改进建议,形成评定报告。

(2)评定依据:《水利水电勘测设计单位安全生产标准化评审规程》(T/CWEC 17—2020),国家、行业、地方相关法律法规、技术标准、规程、规范和操作规程,公司有关制度规定等。

(3)绩效评定内容要求:

①检查评定安全生产目标完成情况。

②检查评定现场安全状况与标准化条款的符合情况。

③检查评定安全管理实施计划的落实情况。

(4)评定方式:通过查阅文件资料、检查现场、调取证据等方式对标准化达标评审标准所要求的内容开展全面的评审。

(5)自评组长由公司分管安全领导担任。成员由各部门专(兼)职安全员或特邀专家担任。成员应具备以下能力:

①熟悉相关的安全、健康的法律法规、标准;

②具备与评审对象相关的技术知识和技能;

③具备辨别危险源和评估风险的能力;

④具备安全标准化绩效评定所需的沟通能力及合理的判断能力。

第六条　公司安全生产绩效评定报告经安全生产领导小组组长批准后应以正式文件印发,并向所有部门通报安全标准化工作评定结果。

第七条　公司严格落实安全生产报告制度,定期向有关部门报告安全生产情况,并公示。

第八条　公司安全生产标准化自评结果纳入部门年度绩效考评。

第九条　持续改进

(1)根据安全标准化的评定结果,确定下一步安全标准化的工作计划和措施,需要时修订完善安全生产目标、规章制度、操作规程、应急预案等,持续改进,实施 PDCA 循环,不断提高安全绩效。

(2)公司安全生产管理部门根据存在的问题,制定整改计划,督促责任部门实施整改。

8.1.2　年度评定

该项目标准分值为 6 分。《评审规程》对该项的要求如表 8-2 所示。

表 8-2　年度评定

二级评审项目	三级评审项目	标准分值	评分标准
8.1 绩效评定（15 分）	8.1.2　年度评定 每年至少组织一次安全标准化实施情况的检查评定,验证各项安全生产制度措施的适宜性、充分性和有效性,检查安全生产目标、指标的完成情况,提出改进意见,形成评定报告。发生生产安全责任死亡事故,应重新进行评定,全面查找安全生产标准化管理体系中存在的缺陷	6	未按规定组织绩效评定或无评定报告,扣 6 分; 检查评定内容不符合规定,每项扣 2 分; 发生死亡事故后未重新进行评定,扣 6 分

每年至少组织一次安全标准化实施情况的检查评定,验证各项安全生产制度措施的适宜性、充分性和有效性,检查安全生产目标、指标的完成情况,提出改进意见,形成评定报告。发生生产安全责任死亡事故,应重新进行评定,全面查找安全生产标准化管理体系中存在的缺陷。

安全生产标准化年度自评报告应参照《水利水电勘测设计单位安全生产标准化评审规程》(T/CWEC 17—2020)进行,应图文并茂、证据齐全,以达到发现问题、教育当事部门或当事人,以及持续改进的目的。

8.1.3　发放评定报告

该项目标准分值为 2 分。《评审规程》对该项的要求如表 8-3 所示。

表 8-3 发放评定报告

二级评审项目	三级评审项目	标准分值	评分标准
8.1 绩效评定（15 分）	8.1.3 发放评定报告 评定报告以正式文件印发，向所有部门、所属单位通报安全标准化工作评定结果	2	评定报告未以正式文件发布或评定结果未通报，扣 2 分

评定报告以正式文件印发，向所有部门、所属单位通报安全标准化工作评定结果。

评定报告签收记录见表 8-4。

表 8-4 评定报告签收记录

部门	姓名	部门	姓名	部门	姓名

发放人： 发放时间： 年 月

8.1.4 纳入年度绩效考评

该项目标准分值为 3 分。《评审规程》对该项的要求如表 8-5 所示。

表 8-5 纳入年度绩效考评

二级评审项目	三级评审项目	标准分值	评分标准
8.1 绩效评定（15 分）	8.1.4 纳入年度绩效考评 将安全生产标准化自评结果纳入单位年度绩效考评	3	未将安全生产标准化自评结果纳入年度绩效考评，扣 3 分

将安全生产标准化自评结果纳入单位年度绩效考评。

纳入年度绩效考评可参见案例 8-1。

8.1.5 落实安全生产报告制度

该项目标准分值为 2 分。《评审规程》对该项的要求如表 8-6 所示。

表 8-6　落实安全生产报告制度

二级评审项目	三级评审项目	标准分值	评分标准
8.1 绩效评定（15 分）	8.1.5 落实安全生产报告制度 落实安全生产报告制度,定期向有关部门报告安全生产情况,并公示	2	未定期向有关部门报告安全生产情况并公示,扣 2 分

落实安全生产报告制度,定期向有关部门报告安全生产情况,并公示。

年度安全生产工作总结可参见案例 8-2。

❀❀❀❀❀❀❀❀❀❀❀❀❀❀❀❀❀❀❀❀❀❀❀❀❀❀❀❀❀❀❀❀❀

【案例 8-2】　关于报送公司安全生产工作总结的函。

×××公司关于报送××××年安全生产工作总结的函

（××××安〔××××〕××号）

×××安全主管部门：

××××年以来,在上级部门的正确领导下,公司坚持"安全第一、预防为主、综合治理"的方针,认真贯彻落实水利部、×××上级主管部门各级部署,扎实开展了各项安全生产工作,安全生产形势良好,全年没有发生安全生产事故。现将公司××××年安全生产工作总结报送至贵处。

附件:公司××××年安全生产工作总结

×××公司

××××年××月××日

公司××××年安全生产工作总结

在×××上级主管部门的正确领导下,公司坚决贯彻落实水利部、×××上级主管部门安全生产工作部署要求,精心谋划公司××××年安全生产工作,认真开展安全生产标准化创建,全面落实安全生产责任制,严防生产安全事故,扎实开展了"安全生产月"、安全生产专项排查整治、安全生产宣传教育培训等重要活动,进一步筑牢公司安全生产基础。通过公司上下共同努力,全年未发生安全事故,为公司全面完成经营生产目标奠定了良好安全基础。现将公司××××年安全生产工作情况总结如下。

一、××××年安全生产主要工作

（一）紧抓安全生产标准化创建

安全生产标准化建设工作是贯彻落实新颁布的《中华人民共和国安全生产法》以及水利部、×××等上级主管部门有关要求的重要举措,对增强公司安全发展理念、强化安全生产红线意识、夯实安全生产基础、提升安全生产管理水平、遏制安全生产事故等发挥积极作用。××××年以来,在×××上级主管部门的正确领导下,公司积极派人员参加培训,统筹策划编制专门工作方案,成立领导小组及工作专班,积极部署、高效协作、扎实推进,顺利完成安全生产标准化创建工作。重建公司安全生产管理体系,组织新编制度××项、修订××项、补充××项,安全生产长效机制进一步健全。公司提交的创建工作报告和自评报告,获×××上级主管部门评审组高度肯定,作为模板在公司内推广。

(二)持续开展专项整治三年行动

公司高度重视水利安全生产专项整治三年行动,按照水利部、×××上级主管部门和公司部署和安排,××××年集中攻坚开展专项整治行动。为切实落实各项工作,在发布的《公司水利安全生产专项整治三年行动实施方案》和成立公司工作专班的基础上,专门编制了《公司水利安全生产专项整治三年行动集中攻坚责任清单》,把各项工作细化至公司年度安全生产工作计划中,并经公司党委会研究审议。按照方案和清单,认真组织开展了各项工作,按时填报水利安全生产信息系统中有关三年行动专题数据和报表,××××年第四季度提交了专项工作总结。

(三)推进公司双重预防机制建设

根据安全生产标准化管理要求,公司建立了《危险源辨识、风险评价与分级管控办法》和《隐患排查治理制度》,健全了公司安全风险分级管控和隐患排查治理双重预防工作机制。日常工作中公司主要通过现场监督检查或会议等方式,组织各部门、各项目按照安全生产标准化要求,结合现场实际进行危险源辨识与评价,形成危险源清单,对危险源制定了有效管控措施并认真落实。在醒目位置和重点区域设置了安全风险公告栏。另外,公司各部门、各项目按制度开展隐患排查,与重要时间节点结合在一起进行,对发现的安全隐患及时进行了整改闭环,建立了台账记录。公司安全生产状况每月依规按时填报至水利安全生产信息系统。

(四)落实安全生产多次专项检查

(1)水利工程安全隐患排查开展情况。

《水利部办公厅关于开展水利工程安全隐患排查行动进一步强化安全生产工作的紧急通知》收悉后,立即进行了传达布置,要求各部门、各项目根据通知精神,认真贯彻落实。专项排查结束后按时向×××上级主管部门提交了工作报告。

(2)易燃易爆品专项排查整治开展情况。

××月××日××省××市××区××××社区集贸市场燃气爆炸事故发生后,公司立即结合七一建党节前重要节点发布通知,要求各部门、分公司、控(参)股公司、各外业项目,认真开展易燃易爆品自查工作。×××上级主管部门正式文件收悉后,公司又正式传达和布置,按时报送了专项排查整治报告。

(3)用电用气安全专项排查整治情况。

公司接到《×××上级主管部门办公室关于开展用电用气安全专项排查整治的通知》后,立即进行传达布置,对员工食堂等重点区域检查,并组织相关部门开展了自查、自纠,按时向×××报送了排查整改工作报告。

(五)抓好安全监督检查重点工作

公司结合几次专项排查、汛期、暑期等,对×××、×××、×××、×××、×××等重点项目外业现场及其他项目开展检查,督促整改不足,扎实做好了项目日常安全生产和防汛备汛、防暑降温等特殊时期的安全工作。

结合春节、五一劳动节、七一建党节、国庆节等重要时段以及几次专项排查、防疫、安全考核等组织对办公大楼、员工食堂等开展多轮次大规模检查,确保了后勤安全。

(六)扎实开展安全生产教育培训

通过学习习近平总书记有关重要指示批示、传达上级文件精神、安全事故典型案例警示教育、开展部门(公司)工作经验交流等形式,开展各种形式的教育培训。组织全员观看《生命重于泰山》专题教育片,公司党委中心组(扩大)专门组织观看了此教育专题片。集中内部管理人员教育培训××人次,组织对新入职员工开展安全教育培训和考核××名,组织参加水利部、×××上级主管部门安全培训××人次,组织开展安全生产标准化制度宣贯培训××人次。采购并发放新颁布《中华人民共和国安全生产法》、《水利水电勘测设计单位安全生产标准化评审规程》(T/CWEC 17—2020)各××本。通过一系列安全教育培训,提高了相关人员的安全生产知识和技能。

(七)落实全员安全生产责任制

修编并组织签订了各部门(公司)安全生产(消防)目标管理责任书,确定了各部门(公司)安全生产管理的职责和目标,明确了各部门(公司)负责人为本部门(公司)安全生产第一责任人。各部门(公司)结合自身业务实际,制定相应的安全生产防范措施,组织本部门员工开展各项安全生产活动,规范人员安全生产行为等。

另外,公司按要求制定了安全生产管理责任清单,明确了基本原则、工作范围,厘清了领导责任、管理责任、综合监管和监管责任。公司各部门、人员,通过组织安全生产教育培训、进行隐患排查治理、落实防范措施等认真进行履职。

(八)落实好上级重要指示精神

公司各部门、各项目以各种形式,组织学习习近平总书记关于安全生产重要论述和观看《生命重于泰山》专题教育片,把中央的重要精神及时广泛传达。公司领导利用各种会议集中机会,及时传达水利部、×××主管部门等上级有关精神,不断强调安全生产工作。及时调整安全生产领导小组,制订年度专门工作计划,并经公司党委会专门研究,组织召开××××年度安全生产工作会议,总结上年度工作,开展交流和培训,分析存在的问题,部署相关工作等。

(九)认真开展各项安全主题活动

结合实际制定公司"安全生产月"活动实施方案,认真组织开展"一把手"谈水利安全发展、"全国水利安全生产知识网络竞赛"、制作主题宣传栏等安全生产月活动。通过内网公告、制作电子条幅、张贴宣传栏等,组织开展了××××年"落实消防责任 防范安全风险"全国主题消防安全月活动。全国第五个《中华人民共和国安全生产法》宣传周期间,采购《最新修订安全生产法全面解读》宣教挂图,制作成展板张挂于一楼大厅供广大员工阅览学习,内网发通知组织开展专项活动。通过各项主题活动的开展,营造了良好的安全文化氛围。

(十)强化安全生产考核激励导向

编制安全生产专门考核方案,组织各部门兼职安全员采取交叉方式,对公司××个部门(公司)的上年度安全生产工作进行了专项考核,评比出了××家先进单位进行表彰,并组织开展了经验交流。根据考核结果,兑现了上年度安全奖发放,强化了公司安全生产考核的激励导向。

(十一)持续加强应急和车辆管理

为切实加强公司日常安全工作,提高员工消防安全意识,提升员工防火救灾的实战技能,按照安全生产工作计划,举行了××××年度消防演习活动(暨综合应急演练)。每逢节假日特殊时段,均与公司领导和职能部门干部沟通落实节日期间在岗值班,落实了节日应急值班值守工作。为确保行车交通安全,要求有车部门严格做好车辆日常维护及检查工作,定期进行检查、维修、保养,确保用车安全,每逢节假日将公车使用计划和结果报备。

二、安全生产工作存在的问题

通过现场检查和考核发现,当前公司安全生产工作中存在的不足主要体现在以下几方面:

一是各部门(公司)安全生产责任制落实参差不齐,个别问题重复出现。

二是安全风险分级管控和隐患排查治理双重预防机制落实还不够扎实。

三是个别部门和项目安全台账记录不完整,表述不清,甚至缺少相关台账。

四是个别重要场所必要的安全警示标志标识、安全操作规程设置不到位。

三、次年安全生产工作重点

次年,公司安全生产工作将以问题为导向,按照水利部、×××上级主管部门、公司工作部署,开展好以下重点工作:

一是根据《×××进一步做好水利安全生产专项整治三年行动工作方案》和《公司水利安全生产专项整治三年行动实施方案》的相关要求,通过强化组织领导,细化工作推进措施,完善推进机制,加大监督检查和宣传教育力度,认真开展好专项整治三年行动巩固提升阶段各项工作,确保专项整治三年行动取得成效。

二是根据《水利水电勘测设计单位安全生产标准化评审规程》(T/CWEC 17—2020)和公司安全生产标准化制度体系相关要求,加强安全生产标准化宣贯和执行,抓好安全生产标准化运行,切实提高管理水平,努力实现安全生产标准化申报一级达标。

三是以《中华人民共和国安全生产法》为指引,认真贯彻落实水利部、×××上级主管部门各级部署。按照公司新发布的《安全生产管理办法》等系列制度,以公司管理数字化建设为契机,进一步加强安全生产信息化建设,加大安全监督检查力度,抓好安全生产全员责任制的落实等,开展好年度各项安全生产工作,促进安全基础工作做细、做实。

四是重点加强上级有关文件精神宣贯、引导和监督检查,加强有针对性的整改。促进安全生产双重预防机制贯彻落实不偏不倚。加强安全管理与生产管理紧密结合,落实好公司区域一体化管理机制。完善落实好各处安全警示标志标识、操作规程检查维护等。

❀❀❀❀❀❀❀❀❀❀❀❀❀❀❀❀❀❀❀❀❀❀❀❀❀❀❀❀

8.2　持续改进

持续改进总分15分,三级评审项目有1项,即持续改进(15分)。

该项目标准分值为 15 分。《评审规程》对该项的要求如表 8-7 所示。

表 8-7 持续改进

二级评审项目	三级评审项目	标准分值	评分标准
8.1 绩效评定（15 分）	8.1.1 持续改进 根据安全生产标准化绩效评定结果和安全生产预测预警系统所反映的趋势，客观分析本单位安全生产标准化管理体系的运行质量，及时调整、完善相关规章制度、操作规程和过程管控，不断提高安全生产绩效	15	未分析本单位安全生产标准化管理体系的运行质量，扣 15 分； 未根据绩效评定结果和安全生产预测预警等信息及时调整、完善相关规章制度，扣 15 分； 改进内容不全，每处扣 2 分

根据安全生产标准化绩效评定结果和安全生产预测预警系统所反映的趋势，客观分析本单位安全生产标准化管理体系的运行质量，及时调整、完善相关规章制度、操作规程和过程管控，不断提高安全生产绩效。

持续改进应纳入制度中，可参见案例 8-1。

参 考 文 献

［1］中国水利企业协会.水利水电勘测设计单位安全生产标准化评审规程:T/CWEC 17—2020［S］.北京:中国水利水电出版社,2021.

［2］广东省建筑工程质量安全监督检测总站.广东省建筑安全管理资料统一用表［M］.北京:中国建筑工业出版社,2011.

［3］中华人民共和国水利部.水利水电工程水文地质勘察规范:SL 373—2007［S］.北京:中国水利水电出版社,2008.

［4］中华人民共和国水利部.水利水电工程测量规范:SL 197—2013［S］.北京:中国水利水电出版社,2014.

［5］中华人民共和国水利部.混凝土面板堆石坝设计规范:SL 228—2013［S］.北京:中国水利水电出版社,2013.

［6］中华人民共和国水利部.碾压式土石坝设计规范:SL 274—2020［S］.北京:中国水利水电出版社,2020.